新課程

実力をつける，実力をのばす

体系数学１　幾何編 パーフェクトガイド

この本は，数研出版が発行するテキスト「新課程　体系数学１　幾何編」に沿って編集されたもので，テキストで学ぶ大切な内容をまとめた参考書です。

テキストに取り上げられたすべての問題の解説・解答に加え，オリジナルの問題も掲載していますので，この本を利用して実力を確かめ，さらに実力をのばしましょう。

【この本の構成】

学習のめあて　そのページの学習目標を簡潔にまとめています。学習が終わったとき，ここに記された事柄が身についたかどうかを，しっかり確認しましょう。

学習のポイント　そのページの学習内容の要点をまとめたものです。

テキストの解説　テキストの本文や各問題について解説したものです。テキストの理解に役立てましょう。

テキストの解答　テキストの練習の解き方と解答をまとめたものです。答え合わせに利用するとともに，答をまちがったり，問題が解けなかったときに参考にしましょう。
(テキストの確認問題，演習問題の解答は，次の確かめの問題，実力を試す問題の解答とともに，巻末にまとめて掲載しています。)

確かめの問題　テキストの内容を確実に理解するための補充問題を，必要に応じて取り上げています。基本的な力の確認に利用しましょう。

実力を試す問題　テキストで身につけた実力を試す問題です。問題の中には，少しむずかしい問題もありますが，どんどんチャレンジしてみましょう。

この本の各ページは，「新課程　体系数学１　幾何編」の各ページと完全に対応していますので，効率よくそして確実に，学習を行うことができます。

この本が，みなさまのよきガイド役となって，これから学ぶ数学がしっかりと身につくことを願っています。

目　次

この本の目次は，体系数学テキストの目次とぴったり一致しています。

小学校の復習問題

面積・体積の復習 (1)

1　正方形，長方形の面積

(正方形の面積)＝(1 辺)×(1 辺)

(長方形の面積)＝(縦)×(横)

2　三角形，四角形の面積

(三角形の面積)＝(底辺)×(高さ)÷2

(平行四辺形の面積)＝(底辺)×(高さ)

(台形の面積)＝(上底＋下底)×(高さ)÷2

3　円の面積，周の長さ

(円の面積)＝(半径)×(半径)×(円周率)

(円の周の長さ)＝(直径)×(円周率)

＊円周率は，3.14159……とどこまでも数字の続く数である。

面積・体積の復習 (2)

1　立方体，直方体の体積

(立方体の体積)＝(1 辺)×(1 辺)×(1 辺)

(直方体の体積)＝(縦)×(横)×(高さ)

2　角柱，円柱の体積

(角柱の体積)＝(底面積)×(高さ)

(円柱の体積)＝(底面積)×(高さ)

3　面積・体積の求め方の工夫

公式が利用できないときは，次のように考えるとよい。

[1]　いくつかの図形・立体に分ける。

[2]　大きな図形・立体から小さな図形・立体を除く。

1の解答

(1)　$6\times5\div2=15$ から　　**15 cm^2**

(2)　$4\times7=28$ から　　**28 cm^2**

(3)　$(6+9)\times4\div2=30$ から　　**30 cm^2**

(4)　底辺が 10 cm，高さが 6 cm の三角形を 4 個合わせたものになるから

$(10\times6\div2)\times4=120$

よって　　**120 cm^2**

2の解答

表面積

$(3\times6+4\times6+4\times3)\times2=108$

よって　　**108 cm^2**

体積

$3\times6\times4=72$

よって　　**72 cm^3**

3の解答

右の図のように，2 つの直方体に分けると

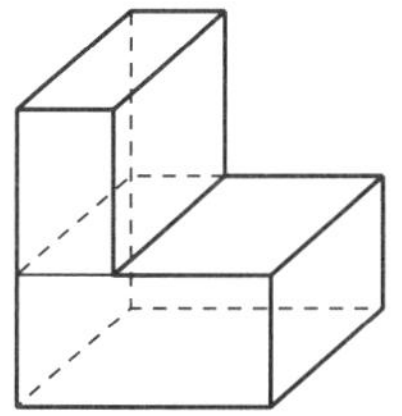

$6\times8\times4+6\times3\times5$

$=282$

よって　　**282 cm^3**

別解　右の図のように，2 つの直方体に分けると

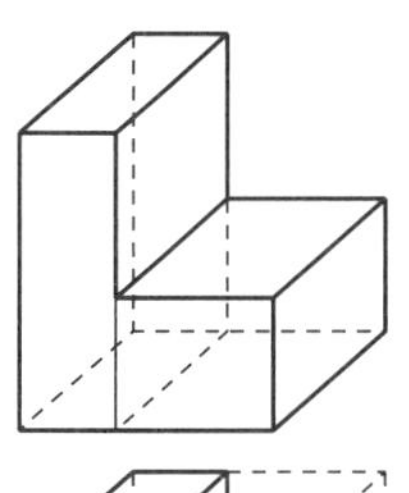

$6\times3\times9+6\times5\times4$

$=282$

よって　　**282 cm^3**

別解　右の図のように，大きな直方体から小さな直方体を除くと

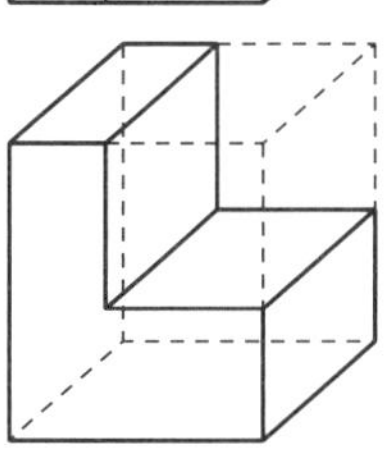

$6\times8\times9-6\times5\times5$

$=282$

よって　　**282 cm^3**

テキスト4ページ

第1章　平面図形

この章で学ぶこと

① **平面図形の基礎**（6～11ページ）

平面上の最も基本的な図形である直線の性質を考え，2直線の位置関係，いろいろな距離の意味や，角の意味と大きさなどについて学習します。

また，直線に続いて，円の性質や円と直線の位置関係について考えます。

新しい用語と記号

直線，線分，半直線，交点，⊥，垂線，//，2点間の距離，垂線の足，点と直線の距離，平行な2直線間の距離，∠，頂点，辺，弧，$\overset{\frown}{AB}$，弦，中心角，扇形，接する，接線，接点

② **図形の移動**（12～17ページ）

線対称な図形と点対称な図形の意味を知って，それぞれの図形の特徴や性質を調べます。

また，私たちがこれまでに学んだ，長方形などのいろいろな図形の対称性について考えます。

図形を，その形と大きさを変えずにほかの位置に動かす方法として，平行移動，回転移動，対称移動を考えます。

また，これらの移動やこれらの移動を組み合わせた移動によって，図形がどんな図形に移されるかを調べます。

新しい用語と記号

合同，線対称，対称の軸，点対称，対称の中心，移動，平行移動，回転移動，回転の中心，点対称移動，対称移動，対称の軸

③ **作図**（18～25ページ）

図形を，定規とコンパスだけを用いてかく作図について学びます。

また，垂直二等分線，角の二等分線，垂線の作図方法を知るとともに，それらの作図法を利用して，いろいろな図形を作図する方法を考えます。

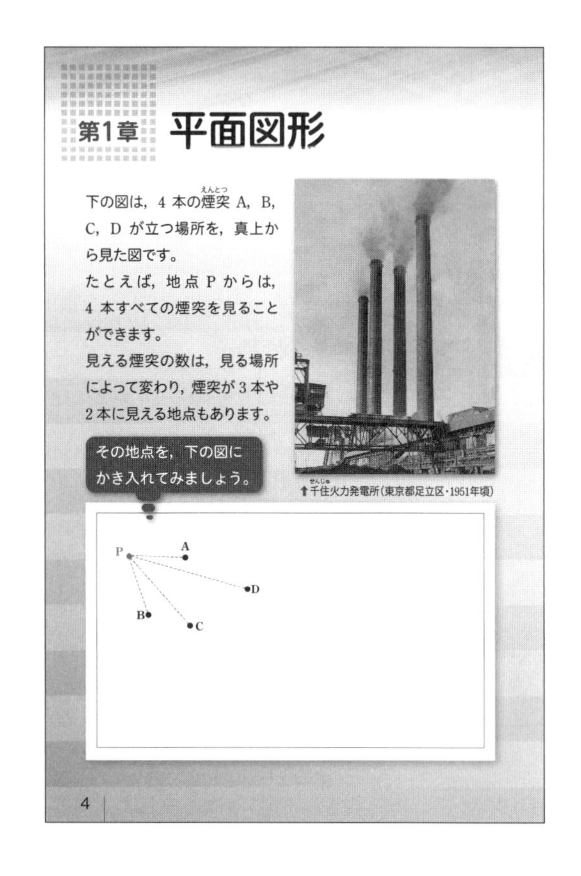

新しい用語と記号

作図，中点，垂直二等分線，二等分線

④ **面積と長さ**（26～32ページ）

三角形，四角形，円の面積の公式を復習するとともに，扇形の弧の長さと面積の求め方を学びます。

また，この章で学習する図形の対称性や図形の移動などを利用して，いろいろな図形の長さや面積を求める方法を考えます。

新しい用語と記号

π，軌跡

テキストの解説

□煙突の見え方

○煙突が4本すべて見えるのは，どの煙突も重ならずに見える場合である。

○テキストでは，地点Pから4本の煙突を見るときの視線を点線で示している。

（次ページに続く）

テキストの解説

□煙突の見え方（前ページの続き）

○テキスト6ページで学習するように，中学校では，まっすぐな線を次のように区別して扱う。

【直線 AB】

2点 A，B を通るまっすぐな線
（両側とも端がない線）

【線分 AB】

直線 AB のうち，2点 A，B を端とする部分
（両側とも端がある線）

○たとえば，2本の煙突 A，B が重なって1本に見える地点は，直線 AB から線分 AB を除く部分にある。

○したがって，たとえば，煙突 A，B が重なって1本に見えて，煙突 C，D が重なって1本に見える地点では，4本の煙突が2本に見える。

○また，4本の煙突が3本に見えるのは，2本の煙突だけが重なって見える地点である。

○煙突が2本に見える地点，3本に見える地点を図に示すと，次のようになる。

（2本に見える地点）

図の地点 P，Q

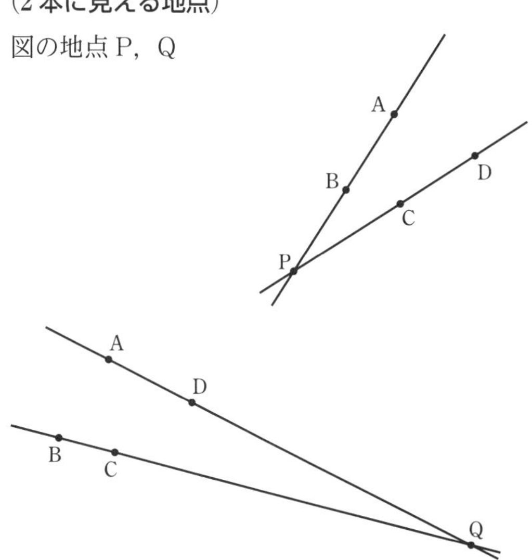

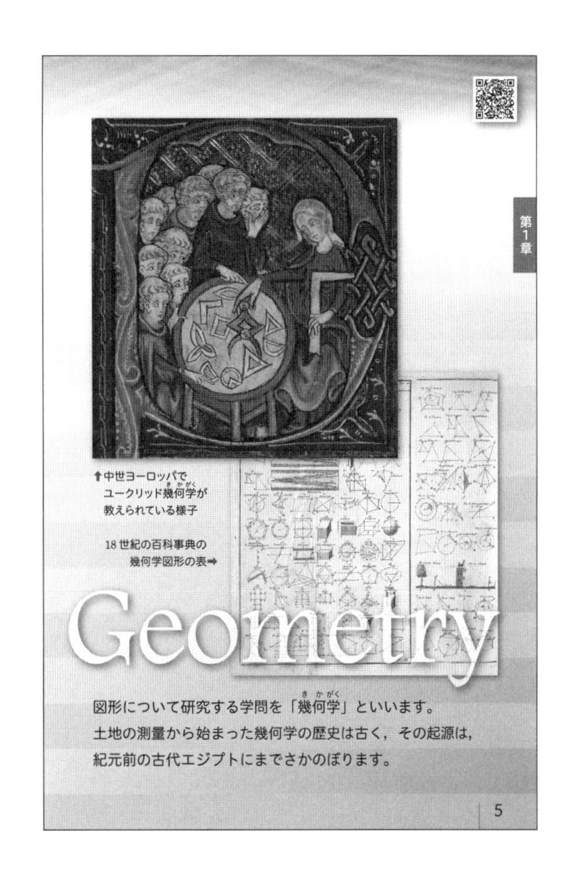

（3本に見える地点）

図の，各直線から線分 AB，CD，AD，BC，AC，BD と地点 P，Q を除く地点

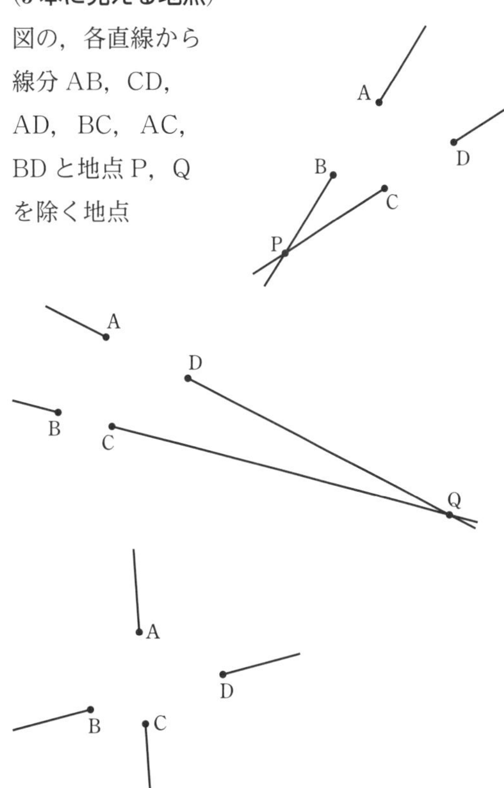

テキスト6ページ

1．平面図形の基礎

学習のめあて

直線，線分，半直線の意味を理解すること。

学習のポイント

直線，線分，半直線

両方向に限りなくのびたまっすぐな線を **直線** という。

2点A，Bを通る直線に対し，2点A，Bを端とする部分を **線分** という。

また，一方の点を端とし，もう一方に限りなくのびた部分を **半直線** という。

テキストの解説

□直線，線分，半直線

○小学校では，単にまっすぐにのびた線のことを直線とよんでいたが，これからは，まっすぐな線を次のように区別して扱う。

[直　線]　両方向に限りなくのびている。

[線　分]　両方向とも端がある。

[半直線]　一方に端がある。他方は限りなくのびている。

○正の数，負の数で学ぶ数直線（代数編で学ぶ）は，両方向に限りなくのびているから，この線は直線である。

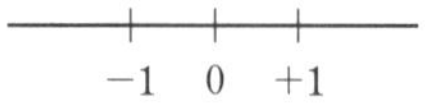

−1　0　+1

一方，小学校で学んだ数直線は，0を端として正の方向だけに限りなくのびているから，この線は半直線である。

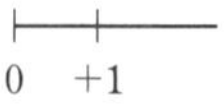

0　+1

○半直線について，半直線ABと半直線BAは異なることに注意する。

○1点を通る直線は無数にあるが，2点を通る直線はただ1つに決まる。これは，直線のもつ最も基本的な性質である。

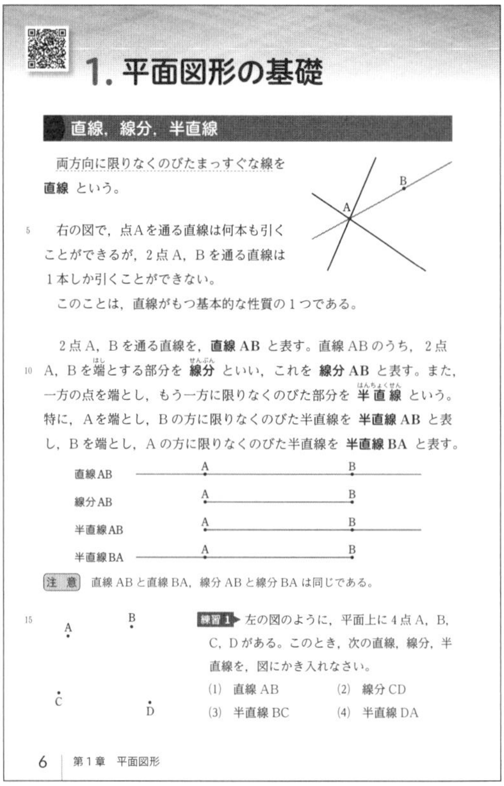

1．平面図形の基礎

直線，線分，半直線

両方向に限りなくのびたまっすぐな線を **直線** という。

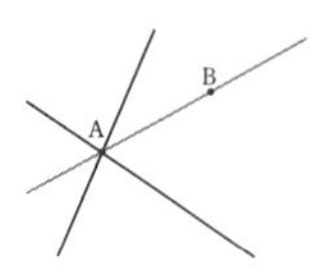

右の図で，点Aを通る直線は何本も引くことができるが，2点A，Bを通る直線は1本しか引くことができない。

このことは，直線がもつ基本的な性質の1つである。

2点A，Bを通る直線を，**直線AB** と表す。直線ABのうち，2点A，Bを端（はし）とする部分を **線分**（せんぶん） といい，これを **線分AB** と表す。また，一方の点を端とし，もう一方に限りなくのびた部分を **半直線**（はんちょくせん） という。特に，Aを端とし，Bの方に限りなくのびた半直線を **半直線AB** と表し，Bを端とし，Aの方に限りなくのびた半直線を **半直線BA** と表す。

直線AB　A　B
線分AB　A　B
半直線AB　A　B
半直線BA　A　B

注意　直線ABと直線BA，線分ABと線分BAは同じである。

A　B　C　D

練習1 左の図のように，平面上に4点A，B，C，Dがある。このとき，次の直線，線分，半直線を，図にかき入れなさい。

(1)　直線AB　　(2)　線分CD
(3)　半直線BC　　(4)　半直線DA

6　第1章　平面図形

□練習1

○直線，線分，半直線の意味を考えて，それらを図にかき入れる。

テキストの解答

練習1　(1)　2点A，Bを通る限りなくのびたまっすぐな線

(2)　2点C，Dを端とするまっすぐな線

(3)　点Bを端とし，点Cの方に限りなくのびたまっすぐな線

(4)　点Dを端とし，点Aの方に限りなくのびたまっすぐな線

したがって，次の図のようになる。

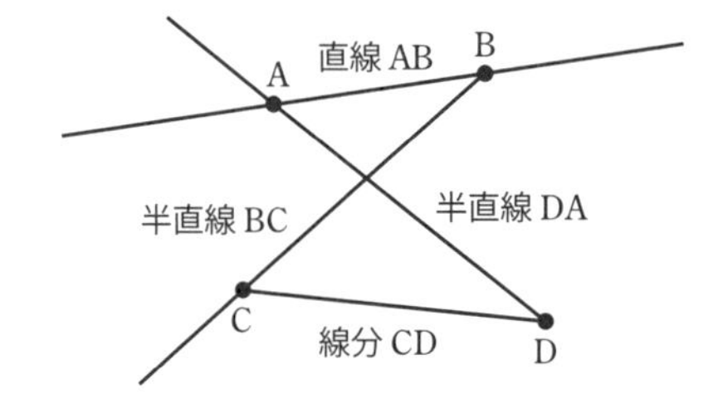

学習のめあて

平面上の2直線の位置関係について理解すること。また，垂直な2直線や平行な2直線を，記号を用いて表すことができるようになること。

学習のポイント

2直線の位置関係

平面上の異なる2直線の位置関係には，次の2つの場合がある。

[1]　交わる　　　[2]　交わらない

2直線が交わるとき，その交わる点を，2直線の **交点** という。

垂直な2直線

2直線AB，CDが垂直に交わることを，記号⊥を用いて，AB⊥CDと表す。

垂直な2直線の一方を，他方の **垂線** という。

平行な2直線

平面上の交わらない2直線は平行である。

2直線AB，CDが平行であることを，記号∥を用いて，AB∥CDと表す。

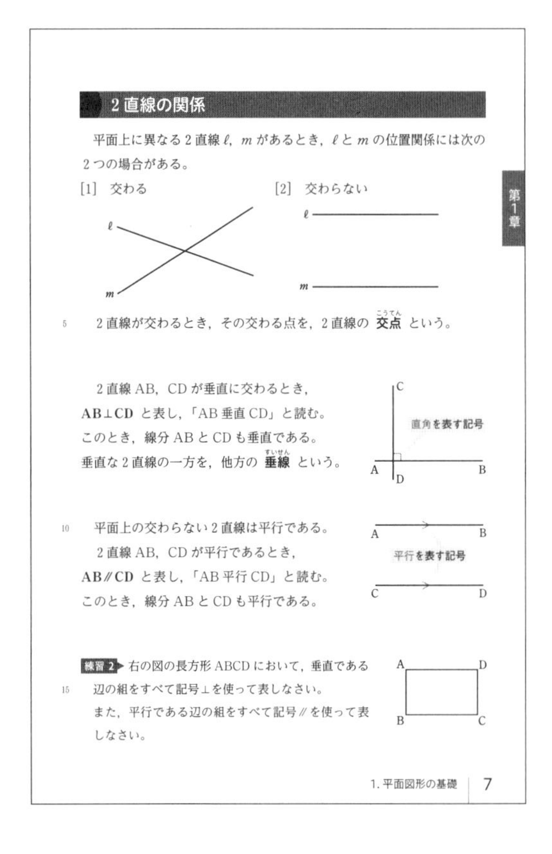

2直線の関係

平面上に異なる2直線 ℓ，m があるとき，ℓ と m の位置関係には次の2つの場合がある。

[1]　交わる　　　[2]　交わらない

2直線が交わるとき，その交わる点を，2直線の **交点**（こうてん） という。

2直線AB，CDが垂直に交わるとき，**AB⊥CD** と表し，「AB垂直CD」と読む。
このとき，線分ABとCDも垂直である。
垂直な2直線の一方を，他方の **垂線**（すいせん） という。

平面上の交わらない2直線は平行である。
2直線AB，CDが平行であるとき，**AB∥CD** と表し，「AB平行CD」と読む。
このとき，線分ABとCDも平行である。

練習 2 右の図の長方形ABCDにおいて，垂直である辺の組をすべて記号⊥を使って表しなさい。
また，平行である辺の組をすべて記号∥を使って表しなさい。

テキストの解説

□2直線の位置関係

○平面上の異なる2直線は，交わるか交わらないかのどちらかである。

○平面上の2直線の垂直と平行については，小学校でも学んでいる。2直線が交わってできる角の大きさが90°であるとき，これら2直線は垂直である。また，2直線がどこまでいっても交わらないとき，これら2直線は平行である。

○垂直な線分や平行な線分についても，同じように考える。

○たとえば，2つの直線AB，CDが垂直であるとき，2つの線分AB，CDも垂直である。
また，2つの直線AB，CDが平行であるとき，2つの線分AB，CDも平行である。

□練習2

○垂直である辺の組と平行である辺の組を，それぞれ記号⊥，∥を用いて表す。

○長方形の辺は線分であるが，直線の場合と同じように考えて，垂直や平行な関係を表す。

○4つの角が等しい四角形が長方形であり，長方形の1つの角の大きさはすべて90°である。長方形の隣り合う辺はそれぞれ垂直であり，向かい合う辺はそれぞれ平行である。

テキストの解答

練習2　垂直である辺の組は

AB⊥BC，AB⊥AD，

AD⊥DC，BC⊥DC

平行である辺の組は

AB∥DC，AD∥BC

学習のめあて

2点間の距離，点と直線の距離，平行な2直線間の距離の意味について知ること。

学習のポイント

平面図形上の距離

[1]　**2点間の距離**

2点A，Bに対して，線分ABの長さを，2点A，B間の距離という。

[2]　**点と直線の間の距離**

直線ℓと，ℓ上にない点Pに対して，Pからℓに垂線を引き，ℓとの交点をQとする。このとき，Qを **垂線の足** といい，線分PQの長さを点Pと直線ℓの距離という。

[3]　**平行な2直線間の距離**

平行な2直線ℓ，mに対して，ℓ上の点P(どこにとってもよい)とmとの距離を，平行な2直線ℓ，m間の距離という。

距　離

平面上の図形のいろいろな距離(きょり)について考えてみよう。

2点A，Bに対して，線分ABの長さを，**2点A，B間の距離** という。

線分ABの長さを，**AB** で表す。

たとえば，2点A，B間の距離が5cmであるとき，AB=5cm のように表される。

AとBを結ぶ線のうち，最も短いものの長さが，2点A，B間の距離である。

直線ℓと，ℓ上にない点Pに対して，Pからℓに垂線を引き，ℓとの交点をQとするとき，Qを **垂線の足** という。

また，線分PQの長さを **点Pと直線ℓの距離** という。

点Pと直線ℓの距離は，Pとℓ上の点を結ぶ線分のうち，最も短いものの長さとなっている。

平行な2直線ℓ，mに対して，ℓ上のどこに点Pをとっても，Pとmの距離は一定である。

この一定の距離を，**平行な2直線ℓ，m間の距離** という。

線分①の長さはすべて等しい。

練習3　右の図において，次の距離を求めなさい。ただし，方眼の1めもりは1cmとする。

(1)　2点A，B間の距離

(2)　点Cと直線ABの距離

(3)　平行な2直線BE，DC間の距離

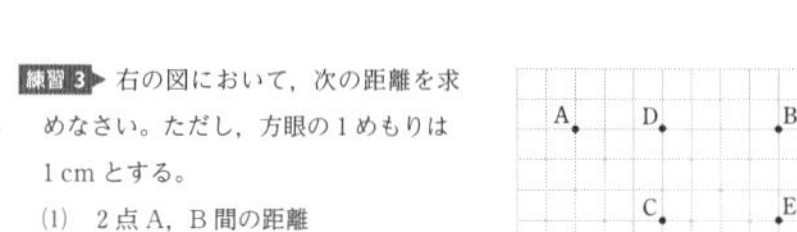

8　第1章　平面図形

テキストの解説

□距離

○平面上の2つの図形の位置関係を表すものに，近さの度合いがある。

たとえば，右の図で，点Aは点Bより点Cに近い位置にある。

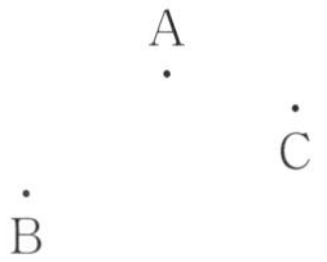

A
C
B

○図形の近さの度合いを表すものが距離である。距離には，次の3つのものがある。

[1]　2点間の距離

[2]　点と直線の間の距離

[3]　平行な2直線間の距離

○距離は，それぞれの図形を結ぶ線のうち，最も短いものの長さということができる。たとえば，2点を結ぶ線のうち，最も短いものは2点を結んだ線分であるから，その線分の長さが2点間の距離になる。

○どのような2点に対してもその間の距離は定まり，また，どのような点と直線に対してもその間の距離は定まる。一方，2つの直線については，それらが平行な場合にだけ距離が定まる。

□練習3

○2点間の距離，点と直線の距離，平行な2直線間の距離を求める。

○点と直線の距離や平行な2直線間の距離も，2点間の距離を考えて求めることができる。

テキストの解答

練習3　(1)　線分ABの長さに等しいから

7cm

(2)　線分CDの長さに等しいから

3cm

(3)　線分DBまたは線分CEの長さに等しいから　**4cm**

テキスト9ページ

学習のめあて

角とその大きさの意味について理解すること。

学習のポイント

角

1点Oを端とする2つの半直線OA，OBによって角ができる。この角を，記号∠を用いて∠AOBまたは∠BOAと表す。
また，このとき，Oを **頂点**，2つの半直線OA，OBを **辺** という。

テキストの解説

□2つの半直線がつくる角

○2つの半直線OA，OBによってはさまれる部分が角である。

○2つの半直線OA，OBがつくる角は，次の図のように2つ考えることができるが，特に断りがなければ，普通，小さい方の角を考える。

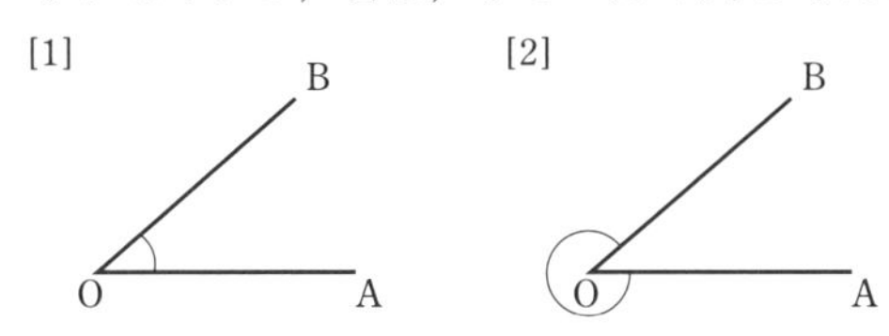

○180°より大きい角は，半直線OA，OBがはさむ部分を図[2]のように考えたときの角である。

□練習4

○点を用いて角を表す。頂点と辺を考える。

○∠aは，頂点Bを用いて∠Bと表してもよいが，∠bや∠cを∠C，∠Eのようには表さないことに注意する。その理由は，∠BCAや∠ECDも∠Cであるから，∠Cでは，∠ACEを表すとは限らないからである。同じように考えると，∠Eでは，∠DECを表すとは限らない。

角

1点Oを端とする2つの半直線OA，OBを引くと，右の図のように角ができる。この角を，記号 ∠ を用いて ∠**AOB** または ∠**BOA** と表す。

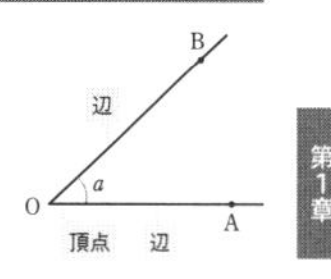

右の図の∠AOBは，∠O，∠aとも表す。∠AOBにおいて，Oを **頂点**，2つの半直線OA，OBを **辺** という。

第1章

練習4 右の図において，∠a，∠b，∠cをそれぞれ，∠BCDのように，A，B，C，D，Eを用いて表しなさい。

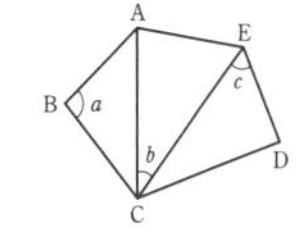

∠AOBにおいて，2辺OA，OBの開きぐあいは角の大きさを表す。
角の大きさは，下の図のように，半直線を，その端を固定して回転させたときの，回転の大きさと考えることもできる。

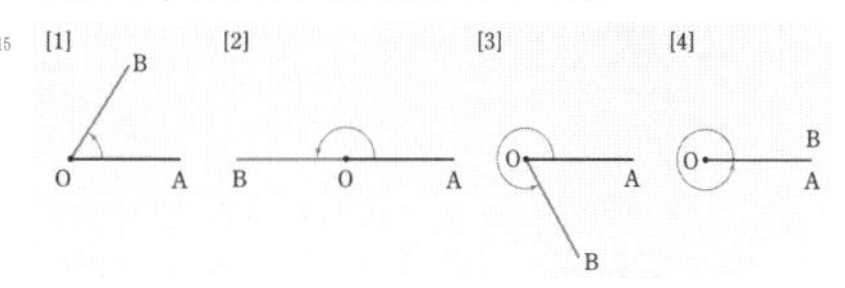

たとえば，[2]のように半回転したときの角の大きさは180°であり，[4]のように1回転したときの角の大きさは360°である。
角の大きさも，記号∠を用いて表す。たとえば，∠AOBの大きさが180°であるとき，∠AOB=180°と表す。

1. 平面図形の基礎 9

□回転によってできる角

○2つの半直線の開きぐあいで角の大きさを表すとき，できる角の大きさは360°までである。

○角の大きさは，2つの半直線のうち，その一方を固定して，他方を回転させたときの回転の大きさと考えることもできる。

○半直線が1回転したときの角の大きさが360°である。1回転より多く回転した場合の角の大きさは，360°より大きい角と考える。

○このように考えることで，540°などの大きさの角も意味をもつことになる。

テキストの解答

練習4 ∠aは　∠**ABC**　（または∠**CBA**）
∠bは　∠**ACE**　（または∠**ECA**）
∠cは　∠**CED**　（または∠**DEC**）

学習のめあて

円と扇形について理解すること。

学習のポイント

円の弧と弦

円周上の 2 点 A，B に対して，A，B によって分けられた円周のおのおのの部分を **弧 AB** といい，記号で $\overset{\frown}{AB}$ と表す。

弧の両端を結んだ線分を **弦** という。両端が A，B である弦を **弦 AB** と表す。

扇形

円の中心を頂点とし，2 辺が弧の両端を通る角を，その弧に対する **中心角** という。

1 つの弧とその中心角を与える 2 辺によって囲まれた図形を **扇形** という。

テキストの解説

□円

○円は，まっすぐでない線によってできる図形のうち，最も基本的なものである。

○円周上の点と中心との距離は一定であり，この一定の距離が半径である。

○円周の一部分が弧である。また，弧の両端を結んだ線分が弦である。弧と弦の違いに注意する。

□練習 5

○円の直径も弦の 1 つである。円の弦のうち最も長いものが直径である。

□扇形

○扇形は円の一部分である。

○扇形の中心角は 180° より小さいとは限らない。

右の図形も円 O からできる扇形であり，その中心角は 180° より大きい。

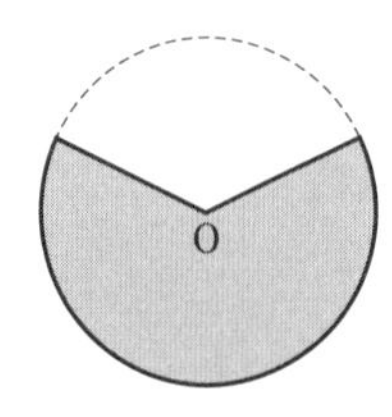

円

平面上の 1 点 O から等しい距離にある点の集まりは，点 O を中心とする円周を表す。円周のことを，単に円ともいう。点 O を中心とする円を，円 O と表す。

円周上の 2 点 A，B に対して，A，B によって分けられた円周のおのおのの部分を **弧 AB** といい，記号で $\overset{\frown}{AB}$ と表す。

弧の両端を結んだ線分を **弦** という。両端が A，B である弦を **弦 AB** と表す。

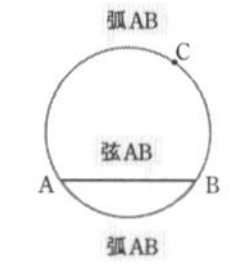

注意　たとえば，上の図のように弧 AB 上に点 C がある場合，この部分の弧 AB を，$\overset{\frown}{ACB}$ と表すこともある。

練習 5 ▶ 円の内部に点 P がある。点 P を通るこの円の弦のうち，最も長いものはどのような弦であるか説明しなさい。

円の中心を頂点とし，2 辺が弧の両端を通る角を，その弧に対する **中心角** という。

たとえば，右の図の円 O で，∠AOB は $\overset{\frown}{AB}$ に対する中心角である。

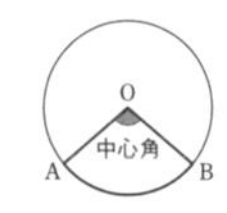

1 つの弧とその中心角を与える 2 辺によって囲まれた図形を **扇形** という。

右の図では，∠AOB が，この扇形の中心角である。

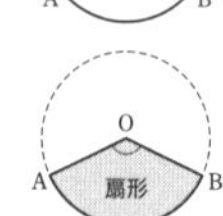

練習 6 ▶ 円形の紙を右の図のように 3 回折ってできる扇形の中心角の大きさを求めなさい。

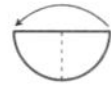

10　第 1 章　平面図形

□練習 6

○扇形の中心角。紙を 1 回折ると，中心角の大きさは半分になる。

テキストの解答

練習 5　点 P を通るこの円の弦のうち，最も長い弦は **この円の直径** である。

練習 6　1 回折ると，中心角は

$360°÷2=180°$

2 回折ると，中心角は

$180°÷2=90°$

したがって，3 回折ると，中心角は

$90°÷2=$ **45°**

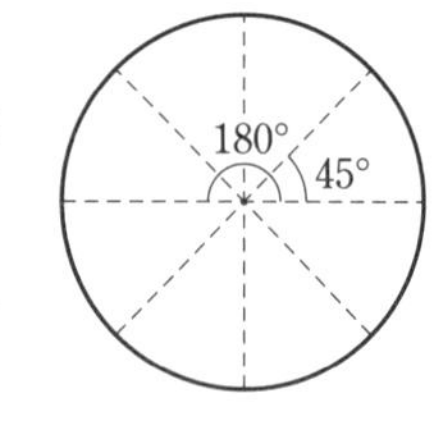

確かめの問題　解答は本書 153 ページ

1　半径が 5 cm である円の周上に点 A がある。この円周上を動く点 B に対して，2 点 A，B 間の距離が最も大きくなるとき，その距離を求めなさい。

テキスト 11 ページ

学習のめあて

円の接線の意味とその性質を知るとともに，円と直線の位置関係について理解すること。

学習のポイント

円と接線

円Oの周上の1点Pだけを通る直線を ℓ とする。このとき，円Oと直線 ℓ は **接する** といい，直線 ℓ を円Oの **接線**，接する点Pを **接点** という。

円の接線の性質

円の接線は，接点を通る半径に垂直である。

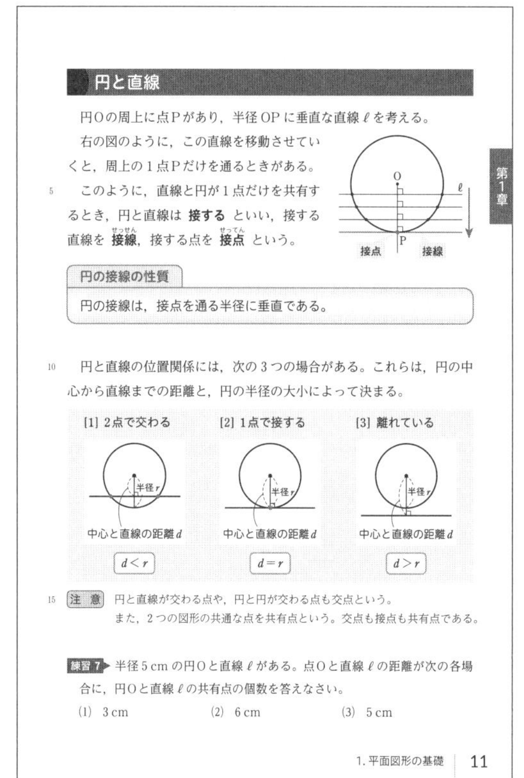

円と直線

円Oの周上に点Pがあり，半径 OP に垂直な直線 ℓ を考える。

右の図のように，この直線を移動させていくと，周上の1点Pだけを通るときがある。

このように，直線と円が1点だけを共有するとき，円と直線は **接する** といい，接する直線を **接線**（せっせん），接する点を **接点**（せってん） という。

円の接線の性質

円の接線は，接点を通る半径に垂直である。

円と直線の位置関係には，次の3つの場合がある。これらは，円の中心から直線までの距離と，円の半径の大小によって決まる。

注意 円と直線が交わる点や，円と円が交わる点も交点という。
また，2つの図形の共通な点を共有点という。交点も接点も共有点である。

練習 7 半径 5 cm の円Oと直線 ℓ がある。点Oと直線 ℓ の距離が次の各場合に，円Oと直線 ℓ の共有点の個数を答えなさい。

(1) 3 cm　　(2) 6 cm　　(3) 5 cm

1. 平面図形の基礎　11

テキストの解説

□円と直線

○円と2点で交わる直線を，円の中心から遠ざけていくと，円周上の2つの交点は近づいていき，やがて1点となる。この1点となったときの直線が接線であり，円と直線の共有点が接点である。

○円の接線の性質「円の接線は，接点を通る半径に垂直である」は重要であるから，しっかり覚えておく。

□円と直線の位置関係

○直線と直線の位置関係には，次の2つの場合があった。

[1]　1点で交わる　　[2]　交わらない

○同じように，円と直線の位置関係を交わるかどうかで分類すると，次のようになる。

[1]　2点で交わる　　→ 共有点は　2個

[2]　1点で接する　　→ 共有点は　1個

[3]　交わらない（離れている）

→ 共有点は　0個

○この関係は，テキストの図にあるように，円の中心から直線までの距離と，円の半径の大小によって分類することができる。

□練習 7

○円と直線の位置関係。図をかいて考えると，わかりやすい。

テキストの解答

練習 7　点Oと直線 ℓ の距離と，半径の大小を比較する。

(1)　3 cm＜5 cm
であるから，
共有点は　**2個**

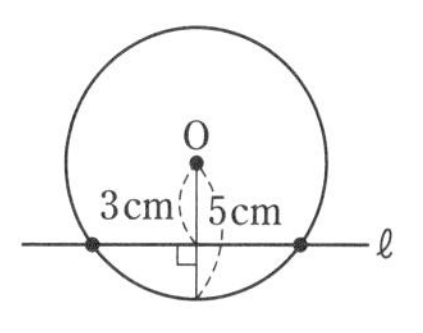

(2)　6 cm＞5 cm
であるから，
共有点は　**0個**

(3)　5 cm＝5 cm
であるから，
共有点は　**1個**

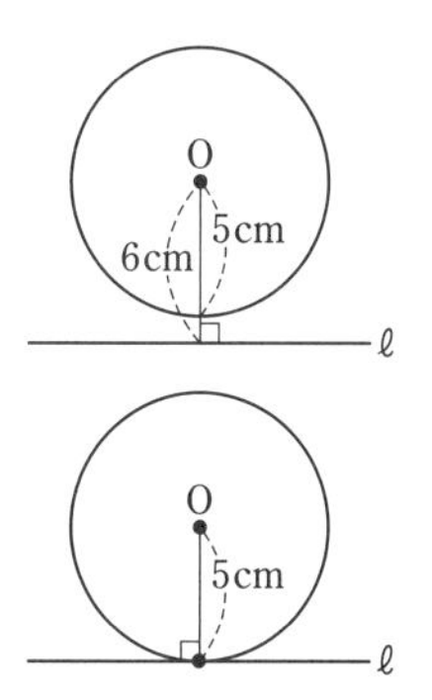

2. 図形の移動

学習のめあて

線対称な図形について知ること。また，線対称な図形がもつ性質を理解すること。

学習のポイント

合同な図形

2つの図形について，一方をずらしたり裏返したりして他方にぴったりと重ねることができるとき，それらの図形は **合同** であるという。

線対称な図形

1つの直線を折り目として図形を折ったとき，その直線の両側の部分がぴったりと重なる図形は **線対称** であるといい，折り目とした直線を **対称の軸** という。

線対称な図形の性質

線対称な図形において，対称の軸は，対応する2点を結ぶ線分を垂直に2等分する。

2. 図形の移動

対称な図形

2つの図形について，一方をずらしたり裏返したりして他方にぴったりと重ねることができるとき，それらの図形は **合同** であるという。

ここで，小学校で学んだ対称な図形についてまとめておこう。

1つの直線を折り目として図形を折ったとき，その直線の両側の部分がぴったりと重なる図形は **線対称** であるといい，折り目とした直線を **対称の軸** という。また，ぴったりと重なる点を対応する点という。

たとえば，正方形は，対角線を含む直線を対称の軸とする線対称な図形である。また，円は直径を含む直線を対称の軸とする線対称な図形である。

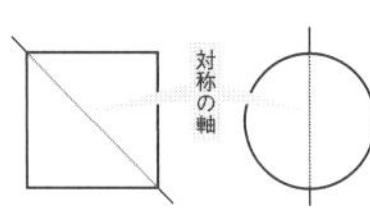

練習 8 下の図形は線対称な図形である。それぞれについて，対称の軸をすべてかき入れなさい。

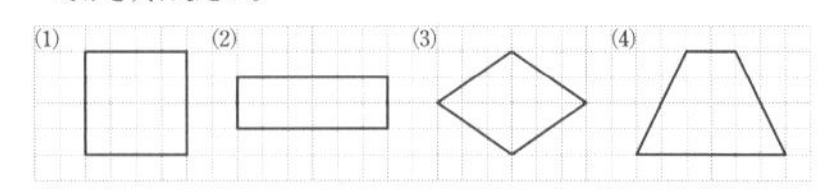

線対称な図形について，次のことが成り立つ。

線対称な図形において，対称の軸は，対応する2点を結ぶ線分を垂直に2等分する。

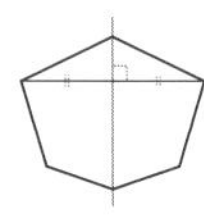

12 第1章 平面図形

テキストの解説

□合同な図形

○たとえば，次の2つの三角形①と②は合同であり，三角形③と④はともに三角形①を裏返したものであるとする。このとき，三角形①，②，③，④はすべて合同である。

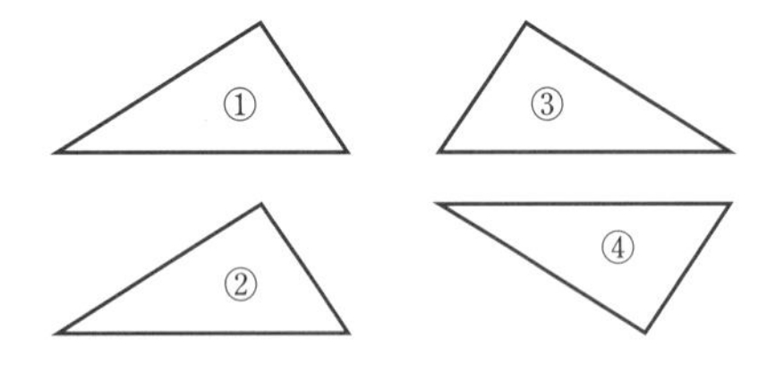

□線対称な図形

○線対称な図形において，対応する辺の長さや角の大きさは等しい。

□練習 8

○線対称な図形において，ある直線に関して折り返したとき，その直線の両側の部分がぴったりと重なるような直線は，すべて対称の軸であることに注意する。

テキストの解答

練習 8 1つの直線を折り目として折ったとき，その直線の両側の部分がぴったりと重なる直線が対称の軸である。

したがって，次の図のようになる。

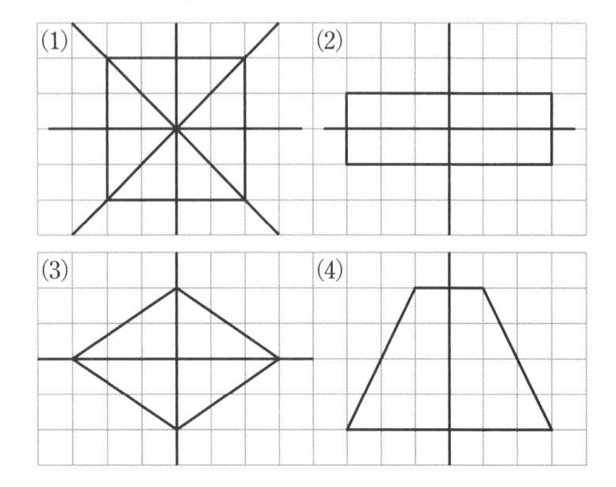

テキスト 13 ページ

学習のめあて

点対称な図形について知ること。また，点対称な図形がもつ性質を理解すること。

学習のポイント

点対称な図形

1つの点を中心として図形を 180° 回転させたとき，もとの図形とぴったりと重なる図形は **点対称** であるといい，回転の中心とした点を **対称の中心** という。

点対称な図形の性質

点対称な図形において，対応する 2 点を結ぶ線分は対称の中心を通り，対称の中心はこの線分を 2 等分する。

1つの点を中心として図形を 180° 回転させたとき，もとの図形とぴったりと重なる図形は **点対称**（てんたいしょう）であるといい，回転の中心とした点を **対称の中心** という。また，ぴったりと重なる点を対応する点という。

第1章

たとえば，正方形は，対角線の交点を対称の中心とする点対称な図形である。また，円はその中心を対称の中心とする点対称な図形である。

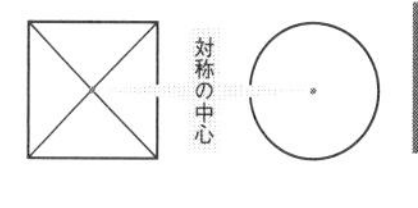

練習 9 下の図形は点対称な図形である。それぞれについて，対称の中心をかき入れなさい。

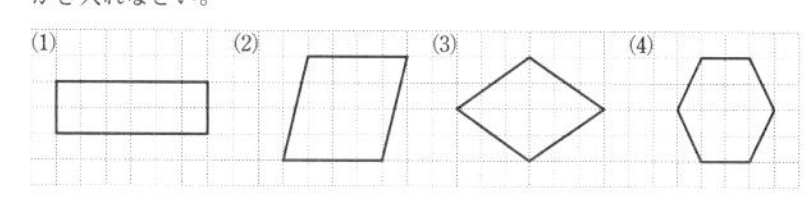

点対称な図形について，次のことが成り立つ。

点対称な図形において，対応する 2 点を結ぶ線分は対称の中心を通り，対称の中心はこの線分を 2 等分する。

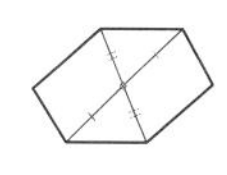

小学校で学んだ四角形や正多角形についてまとめると，次のようになる。

	線対称	点対称
長方形	○	○
正方形	○	○
平行四辺形	×	○
ひし形	○	○
台形	×	×

	線対称	点対称
正三角形	○	×
正五角形	○	×
正六角形	○	○
正七角形	○	×
正八角形	○	○

2. 図形の移動　13

テキストの解説

□点対称

○線対称な図形がある直線に関して対称な図形を意味していることに対し，点対称な図形はある点に関して対称な図形を意味している。

□点対称な図形の性質

○たとえば，平行四辺形は点対称な図形であり，対称の中心は 2 本の対角線の交点である。また，対角線はそれぞれ，対角線の交点によって 2 等分される。

□練習 9

○点対称な図形における対称の中心。

○対称の中心は，対応する 2 点を結ぶ線分の真ん中の点であり，四角形の場合， 2 本の対角線の交点になる。

□線対称と点対称

○正三角形，正五角形，正七角形は，頂点の数がそれぞれ 3，5，7 で，どれも奇数である。これらの図形は，線対称な図形ではあるが，点対称な図形ではない。一方，正方形，正六角形，正八角形は，頂点の数がそれぞれ 4，6，8 でどれも偶数である。これらの図形は，線対称な図形であり，点対称な図形でもある。

テキストの解答

練習 9　もとの図形とぴったりと重なるように，1つの点を中心として 180° 回転させたとき，その中心とした点が対称の中心である。したがって，次の図のようになる。

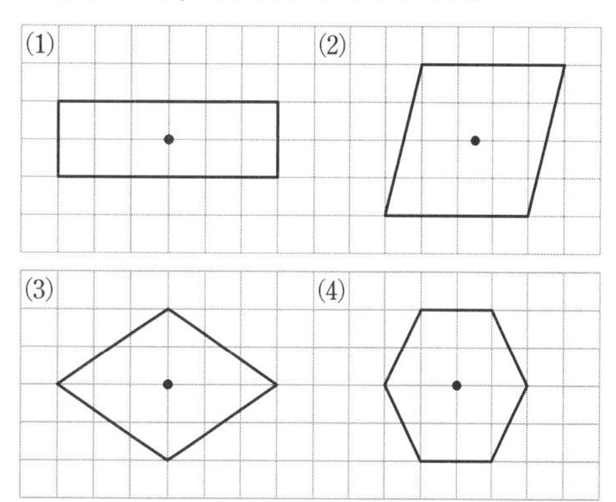

テキスト 14 ページ

学習のめあて

平行移動の意味を知って，図形を平行移動することができるようになること。

学習のポイント

移動

図形を，その形と大きさを変えずにほかの位置に動かすことを **移動** という。

平行移動

図形を，一定の向きに一定の距離だけずらすことを **平行移動** という。

テキストの解説

□移動

○2つの図形があるとき，それらを比較して考えるためには，その一方を比較しやすい位置に動かすことができないといけない。このとき，動かす前と後で，図形の形や大きさが変わってしまっては，比較することができない。

○このように，図形を動かすとき，その形と大きさを変えずに動かすことを移動という。

○移動によって，ぴったりと重なる点を，対応する点という。

□平行移動

○図形を，一定の向きに一定の距離だけずらす移動が平行移動である。図形をずらすだけであるから，図形を動かす前と後で，図形の形も大きさも変わることはない。したがって，平行移動する前の図形と平行移動した後の図形は合同である。

□例 1

○三角形の平行移動。移動する前と後で，三角形は形も大きさも変わらない。

○対応する点について，次のことが成り立つ。

一定の向き　→　AP∥BQ∥CR

一定の距離　→　AP＝BQ＝CR

図形を，その形と大きさを変えずにほかの位置に動かすことを **移動** という。
5 移動によってぴったりと重なる点を，対応する点という。

1つの図形を繰り返し移動してできる日本古来の文様
左から 麻の葉文様，青海波文様，亀甲文様

いろいろな平面上の図形の移動について考えよう。

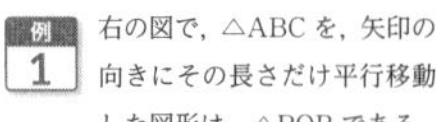

平行移動

10 図形を，一定の向きに一定の距離だけずらすことを **平行移動** という。

例 1 右の図で，△ABC を，矢印の向きにその長さだけ平行移動した図形は，△PQR である。

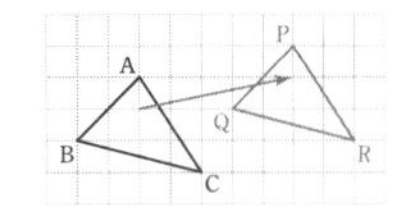

注意 3点 A，B，C を頂点とする三角
15 形を，記号で △ABC と表す。

平行移動では，図形上の各点を同じ向きに同じ距離だけ移すから，対応する2点を結ぶ線分は，どれも平行で長さが等しい。したがって，例1において，AP，BQ，CR は平行で，AP＝BQ＝CR が成り立つ。

20

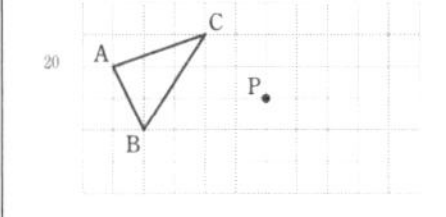

練習 10 左の図において，△ABC を，点Aが点Pに移るように平行移動した図形をかきなさい。

14 | 第1章 平面図形

□練習 10

○三角形の平行移動。点Aと点Pが対応することから，移動する向きと移動する距離がわかる。

○点 A，B，C の順にそれぞれが移る点を考えるとよい。

テキストの解答

練習 10 点Aを，右へ5目もり，下へ1目もり移動すると点Pに重なるから，△ABC を右へ5目もり，下へ1目もり移動させる。
したがって，次の図のようになる。

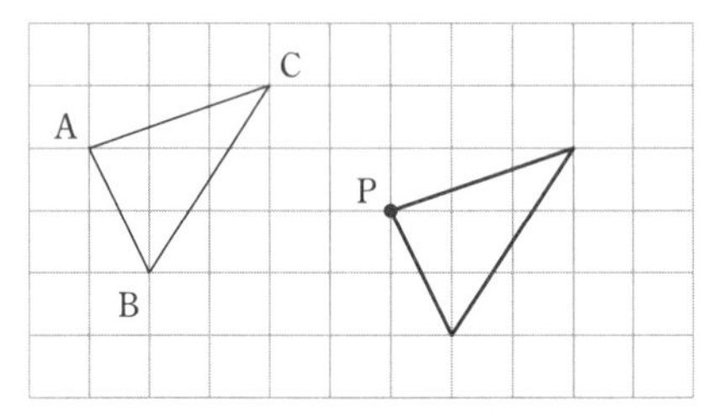

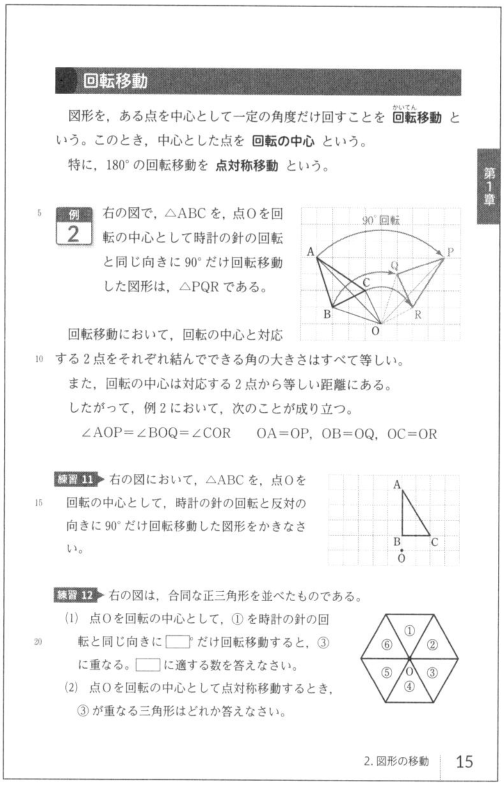

テキスト 15 ページ

学習のめあて

回転移動の意味を知って，図形を回転移動することができるようになること。

学習のポイント

回転移動

図形を，ある点を中心として一定の角度だけ回すことを **回転移動** という。このとき，中心とした点を **回転の中心** という。

特に，180° の回転移動を **点対称移動** という。

テキストの解説

□回転移動

○図形を，ある点を中心として一定の角度だけ回す移動が回転移動である。回転するだけであるから，図形を動かす前と後で，図形の形も大きさも変わることはない。

□例 2

○三角形の回転移動。点 A，B，C の順にそれぞれが移る点を考えるとよい。

○回転の中心は，三角形の内部にあってもよい。たとえば，右の図で，△ABC を，点 O を回転の中心として時計の針の回転と同じ向きに 90° だけ回転移動した図形は，△PQR である。

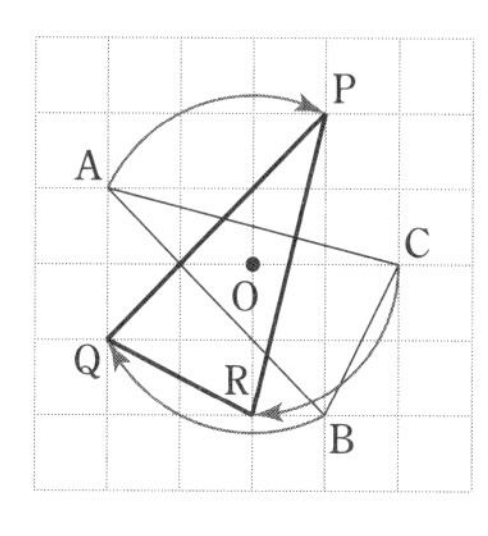

□練習 11

○三角形の回転移動。3 点 A，B，C が移る点をそれぞれ P，Q，R とすると

$OA=OP$，$OB=OQ$，$OC=OR$

$\angle AOP=\angle BOQ=\angle COR=90°$

○時計の針の回転と反対の向きに回転するから，例 2 とは逆向きの回転である。

回転移動

図形を，ある点を中心として一定の角度だけ回すことを **回転移動**（かいてん）という。このとき，中心とした点を **回転の中心** という。

特に，180° の回転移動を **点対称移動** という。

第1章

例 2 右の図で，△ABC を，点 O を回転の中心として時計の針の回転と同じ向きに 90° だけ回転移動した図形は，△PQR である。

回転移動において，回転の中心と対応する 2 点をそれぞれ結んでできる角の大きさはすべて等しい。

また，回転の中心は対応する 2 点から等しい距離にある。

したがって，例 2 において，次のことが成り立つ。

$\angle AOP=\angle BOQ=\angle COR$　　$OA=OP$，$OB=OQ$，$OC=OR$

練習 11 右の図において，△ABC を，点 O を回転の中心として，時計の針の回転と反対の向きに 90° だけ回転移動した図形をかきなさい。

練習 12 右の図は，合同な正三角形を並べたものである。

(1) 点 O を回転の中心として，① を時計の針の回転と同じ向きに □° だけ回転移動すると，③ に重なる。□ に適する数を答えなさい。

(2) 点 O を回転の中心として点対称移動するとき，③ が重なる三角形はどれか答えなさい。

2. 図形の移動　15

□練習 12

○正三角形の 1 つの角の大きさが 60° であることを利用して考える。

○(2)　点対称移動　→　180° の回転移動

テキストの解答

練習 11　次の図のようになる。

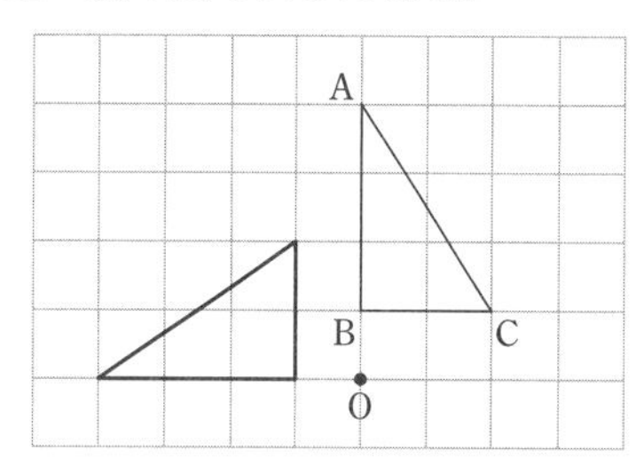

練習 12 (1)　正三角形の 1 つの角の大きさは 60° であるから，点 O を回転の中心として，① を時計の針の回転と同じ向きに **120°** だけ回転移動すると，③ に重なる。

(2)　③ を点対称移動すると ⑥ に重なるから，求める三角形は　⑥

学習のめあて

対称移動の意味を知って，図形を対称移動することができるようになること。

学習のポイント

対称移動

図形を，1つの直線を折り目として折り返すことを **対称移動** という。このとき，折り目とした直線を **対称の軸** という。

テキストの解説

□対称移動

○図形を，1つの直線を折り目として折り返す移動が対称移動である。折り返すだけであるから，図形を動かす前と後で，図形の形も大きさも変わることはない。

○対称移動を行うと，移動後の図形は，もとの図形を裏返した形になる。

□例 3

○三角形の対称移動。直線 ℓ を折り目として，$\triangle$ABC を折り返したものが $\triangle$PQR である。ここで，$\triangle$PQR は，$\triangle$ABC を裏返した形になっている。

○対応する 2 点を結ぶ線分は，対称の軸によって，垂直に 2 等分される。すなわち

$$\mathrm{AD}=\mathrm{PD},\ \mathrm{AP}\perp\ell$$
$$\mathrm{BE}=\mathrm{QE},\ \mathrm{BQ}\perp\ell$$
$$\mathrm{CF}=\mathrm{RF},\ \mathrm{CR}\perp\ell$$

○対称の軸は，三角形の内部を通る直線であってもよい (練習 13 (2))。

□練習 13

○三角形の対称移動。点 A，B，C の順にそれぞれが移る点を考えるとよい。

○(1) 対称の軸が斜めの直線である場合。少し考えにくいが，ℓ を折り目として折り返した点を考える。

対称移動

図形を，1つの直線を折り目として折り返すことを **対称移動** という。このとき，折り目とした直線を **対称の軸** という。

例 3 右の図で，$\triangle$ABC を，直線 ℓ を対称の軸として対称移動した図形は，$\triangle$PQR である。

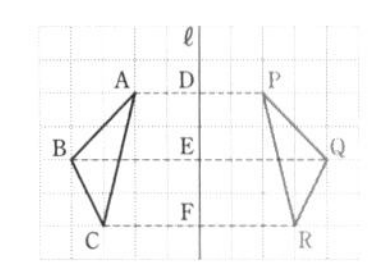

対称移動において，対応する 2 点を結ぶ線分は，対称の軸によって垂直に 2 等分される。

したがって，例 3 において，次のことが成り立つ。

AD=PD，AP$\perp\ell$　BE=QE，BQ$\perp\ell$　CF=RF，CR$\perp\ell$

練習 13 下の図において，$\triangle$ABC を，直線 ℓ を対称の軸として対称移動した図形をかきなさい。

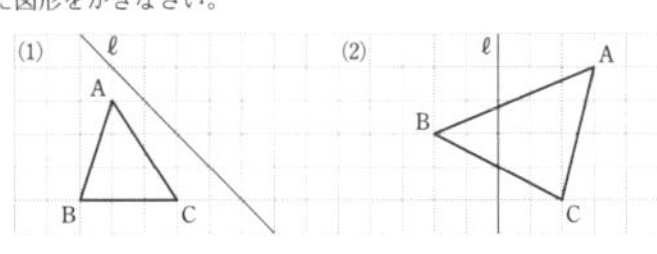

練習 14 正方形の紙を，右の図のように折り曲げ，斜線部分を切り取る。この紙を広げたとき，切り取られた部分はどのようになるか。最初の正方形にかき入れなさい。

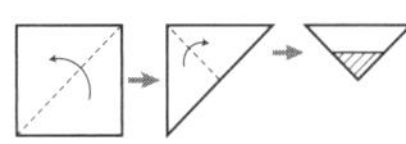

16 ｜ 第 1 章　平面図形

□練習 14

○正方形は対角線を対称の軸とする線対称な図形である。正方形を，対角線を折り目として折り返してできる図形は，直角二等辺三角形である。

テキストの解答

練習 13 直線 ℓ を折り目として折り返した図形になるから，次の図のようになる。

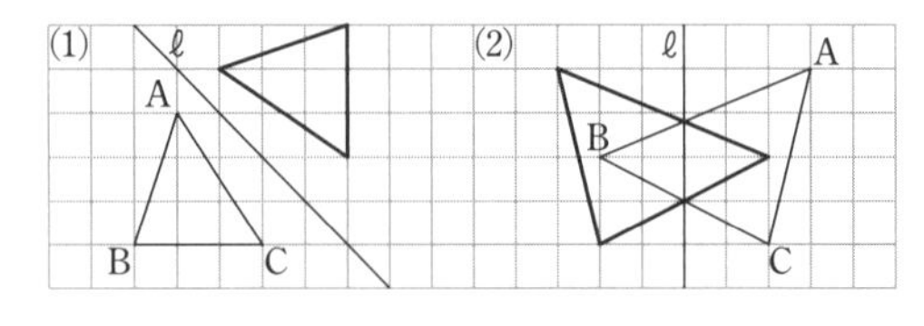

練習 14 折った紙を順に広げて考えると，次の図のようになる。

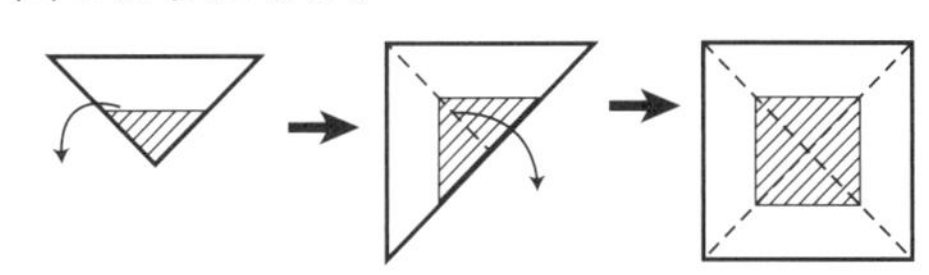

テキスト 17 ページ

平行移動，回転移動，対称移動を組み合わせて図形を移動しても，移動後の図形はもとの図形と合同である。

平行移動，回転移動，対称移動について，さらに考えてみよう。

第1章

右の図で，2 直線 ℓ，m は平行である。このとき，ℓ，m を対称の軸として，△ABC を 2 回対称移動した図形が，△PQR である。

この図から，1 回の平行移動で，△ABC は △PQR に移ることがわかる。

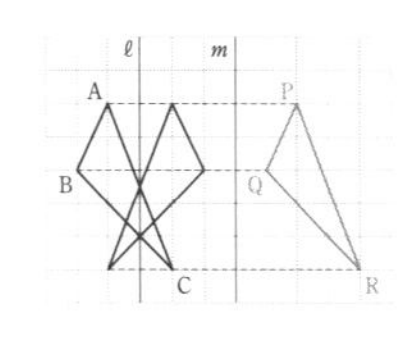

練習 15 右の図は，正方形 ABCD を 8 つの合同な直角二等辺三角形に分けたものである。① を次のように移動して得られる図形を，それぞれ記号で答えなさい。

(1) 直線 HF を対称の軸として対称移動した後，直線 AC を対称の軸として対称移動する。

(2) 点 I を回転の中心として，時計の針の回転と反対の向きに 90° 回転移動する。

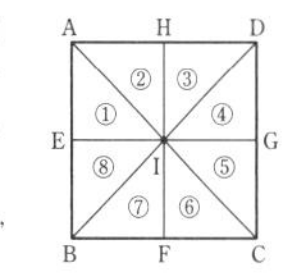

練習 16 右の図は，8 つの合同な台形 ①～⑧ を並べたものである。台形 ① を台形 ⑧ の位置に，ちょうど 2 回の移動で移す方法はいろいろある。その中の 2 通りを答えなさい。
ただし，1 回目の移動で台形 ①～⑧ 以外の位置には動かさないものとする。

2. 図形の移動　17

学習のめあて

平行移動，回転移動，対称移動を組み合わせた移動について理解すること。

学習のポイント

いくつかの移動を組み合わせた移動

平行移動，回転移動，対称移動を組み合わせて図形を移動しても，移動後の図形はもとの図形と合同である。

テキストの解説

□いくつかの移動を組み合わせた移動

○移動によって，図形はそれと合同な図形に移る。したがって，いくつかの移動を組み合わせて図形を移動しても，移動後の図形はもとの図形と合同である。

○一般に，平行移動を 2 回続けて移される図形は，1 回の平行移動で移すことができる。
また，回転移動を 2 回続けて移される図形は，1 回の回転移動で移すことができる。

○対称移動を 2 回続けて移される図形は，1 回の平行移動や回転移動で移すことができる。
テキストの例は，1 回の平行移動で移すことができるものである。

□練習 15

○(1) 対称移動を 2 回続けて移される図形。この図形は 1 回の回転移動で移すことができる。

□練習 16

○図形のいろいろな移動。平行移動，回転移動，対称移動を組み合わせて考える。

テキストの解答

練習 15 (1) ① を直線 HF を対称の軸として対称移動すると，④ に重なる。
④ を直線 AC を対称の軸として対称移動すると，⑦ に重なる。
したがって，求める図形は ⑦

(2) 3 点 A，E，I は，それぞれ B，F，I に重なる。
したがって，求める図形は ⑦

練習 16 次のような方法がある。

(例 1) **直線 CH を対称の軸として対称移動した後，直線 KO を対称の軸として対称移動する。**

(例 2) **点 L を回転の中心として 180° 回転移動（点対称移動）した後，点 L が点 N に重なるように平行移動する。**

(例 3) **点 L が点 N に重なるように平行移動した後，点 N を回転の中心として 180° 回転移動（点対称移動）する。**

(例 4) **直線 KO を対称の軸として対称移動した後，直線 CH を対称の軸として対称移動する。**

テキスト18ページ

3．作　図

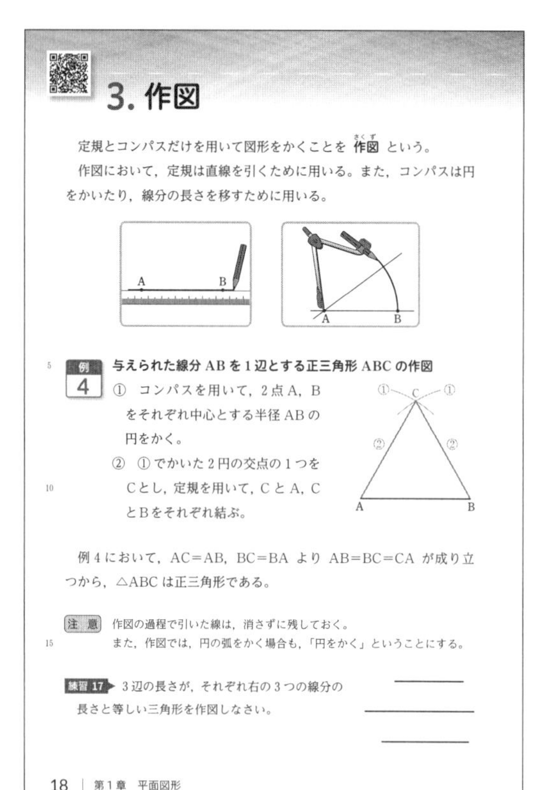
3. 作図

定規とコンパスだけを用いて図形をかくことを 作図（さくず） という。
作図において，定規は直線を引くために用いる。また，コンパスは円をかいたり，線分の長さを移すために用いる。

例 4 与えられた線分 AB を 1 辺とする正三角形 ABC の作図

① コンパスを用いて，2 点 A，B をそれぞれ中心とする半径 AB の円をかく。
② ① でかいた 2 円の交点の 1 つを C とし，定規を用いて，C と A，C と B をそれぞれ結ぶ。

例 4 において，AC=AB，BC=BA より AB=BC=CA が成り立つから，△ABC は正三角形である。

注意 作図の過程で引いた線は，消さずに残しておく。
また，作図では，円の弧をかく場合も，「円をかく」ということにする。

練習 17 3 辺の長さが，それぞれ右の 3 つの線分の長さと等しい三角形を作図しなさい。

18　第 1 章　平面図形

学習のめあて

作図の意味を理解して，簡単な図形を作図することができるようになること。

学習のポイント

作図

定規とコンパスだけを用いて図形をかくことを **作図** という。

定規　　直線や線分をかくために用いる。

コンパス　円をかいたり，線分の長さを移すために用いる。

テキストの解説

□作図

○まず，作図の意味をきちんと理解する。

○定規を用いると，直線を引くことができ，コンパスを用いると，円をかくことができる。

○長さが与えられた線分をかくためには，コンパスを用いて，その線分の長さを移す。

□例 4

○与えられた線分 AB を 1 辺とする正三角形 ABC の作図。正三角形の 3 辺は等しいことに着目して，辺 AB の長さを，コンパスを利用して残りの 2 辺に移す。

□練習 17

○与えられた 3 つの線分と 3 辺の長さが等しい三角形を作図する。

○与えられた線分と長さが等しい線分を作図するには，次のようにする。

① 定規を用いて適当な直線を引く。

② コンパスを用いて，与えられた線分の長さを，① でかいた直線に移す。

与えられた線分

与えられた線分と長さが等しい半径の円

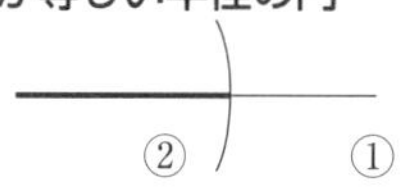

テキストの解答

練習 17 ① 点 A を端点とする半直線をかく。点 A を中心として，一番上の線分と長さが等しい半径の円をかき，半直線との交点を B とする。

② 点 A を中心として，2 番目の線分と長さが等しい半径の円をかき，点 B を中心として，3 番目の線分と長さが等しい半径の円をかく。

③ ② でかいた 2 円の交点の 1 つを C とし，C と A，C と B をそれぞれ結ぶ。

このとき，△ABC は求める三角形である。

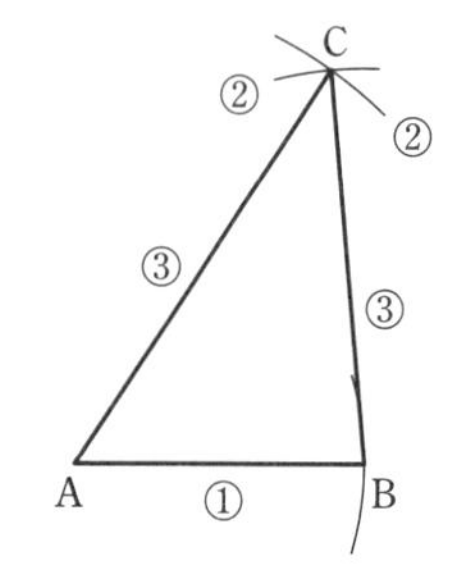

テキスト19ページ

学習のめあて

垂直二等分線の意味を理解して，垂直二等分線を作図することができるようになること。

学習のポイント

垂直二等分線

線分の両端から等しい距離にある線分上の点を，その線分の **中点** という。また，線分の中点を通り，線分に垂直な直線を，その線分の **垂直二等分線** という。

テキストの解説

□垂直二等分線とその作図

○線分ABの垂直二等分線を ℓ とする。このとき，ℓ と線分ABとの交点をMとすると，AM=BM である。

○また，ℓ 上のどこに点Pをとっても，△PABは直線 ℓ を対称の軸とする線対称な図形になるから，PA=PB が成り立つ。

○このことは，線分ABの垂直二等分線が，2点A，Bからの距離が等しい点の集まりであることを意味している。

○直線は，通る2点が決まるとただ1つに決まる。したがって，線分ABの両端から等しい距離にある点を2つとって，それら2点を通る直線を引けば，その直線が線分ABの垂直二等分線になる。

□練習18

○垂直二等分線と中点の作図。

○(1) 垂直二等分線の作図法に従い，辺ABの両端A，Bをそれぞれ中心として，等しい半径の円をかく。

○(2) 線分の垂直二等分線は，線分の中点を通るから，辺BCの垂直二等分線を作図すればよい。

垂直二等分線

線分の両端から等しい距離にある線分上の点を，その線分の **中点**（ちゅうてん） という。また，線分の中点を通り，線分に垂直な直線を，その線分の **垂直二等分線** という。

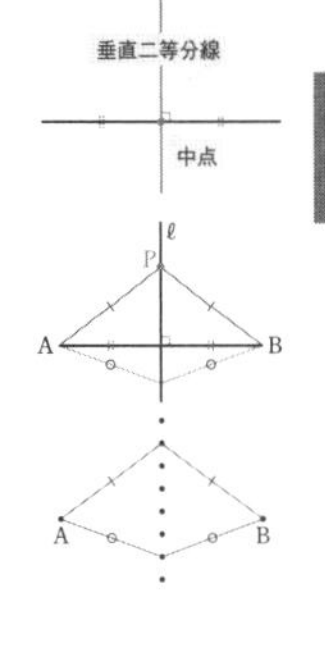

線分ABの垂直二等分線を ℓ とする。ℓ 上に点Pをとると，△PABは ℓ を対称の軸として線対称であるから，次のことが成り立つ。

PA=PB

このように，線分ABの垂直二等分線は，2点A，Bから等しい距離にある点の集まりである。線分ABの垂直二等分線を作図するには，A，Bから等しい距離にある点を2つ求めるとよい。

垂直二等分線の作図

① 線分の両端A，Bをそれぞれ中心として，等しい半径の円をかく。

② ①でかいた2円の交点をそれぞれP，Qとして，直線PQを引く。

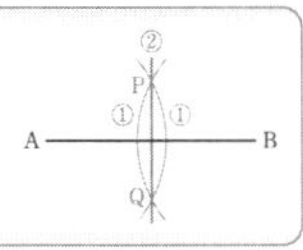

練習18 右の図のような△ABCをかいて，次の図形を作図しなさい。

(1) 辺ABの垂直二等分線

(2) 辺BCの中点

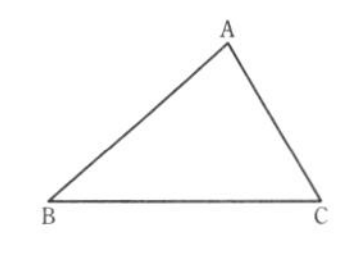

第1章

3. 作図 19

テキストの解答

練習18 (1) ① 2点A，Bをそれぞれ中心として，等しい半径の円をかく。

② この2円の交点をそれぞれP，Qとして，直線PQを引く。

このとき，直線PQは，辺ABの垂直二等分線である。

(2) ① 2点B，Cをそれぞれ中心として，等しい半径の円をかく。

② この2円の交点を通る直線を引き，辺BCとの交点をMとする。

このとき，点Mは辺BCの中点である。

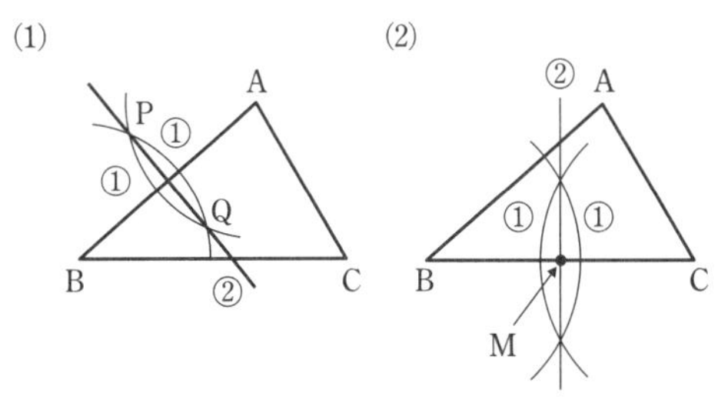

テキスト 20 ページ

学習のめあて

角の二等分線の意味を理解して，角の二等分線を作図することができるようになること。

学習のポイント

角の二等分線

1つの角を2等分する半直線を，その角の **二等分線** という。

角の二等分線

1つの角を2等分する半直線を，その角の **二等分線** という。

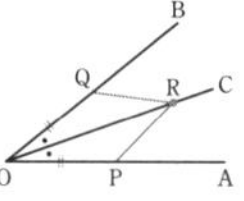

∠AOB の二等分線を OC とし，辺 OA，OB 上に，それぞれ OP=OQ となる点 P，Q をとる。このとき，半直線 OC 上に点Rをとると，四角形 OPRQ は OC を対称の軸として線対称であるから，次のことが成り立つ。

PR=QR

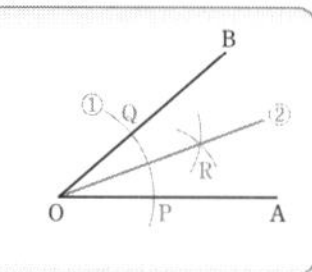

角の二等分線を作図するには，このような点Rを1つ求めるとよい。

角の二等分線の作図

① 点Oを中心とする円をかき，辺 OA，OB との交点をそれぞれ P，Q とする。

② 2点 P，Q をそれぞれ中心として，等しい半径の円をかく。その交点の1つをRとして，半直線 OR を引く。

角の二等分線は，角の2辺から等しい距離にある点の集まりである。

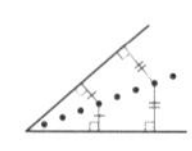

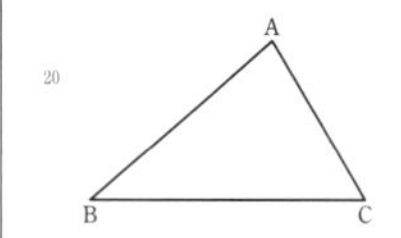

練習 19 左の図のような △ABC をかいて，次の図形を作図しなさい。

(1) ∠ABC の二等分線

(2) ∠BAC の二等分線と辺 BC の交点

20 第1章 平面図形

テキストの解説

□角の二等分線とその作図

○∠AOB の辺 OA，OB 上に，それぞれ OP=OQ となる点 P，Q をとる。このとき，∠AOB の二等分線 OC 上のどこに点Rをとっても，四角形 OPRQ は OC を対称の軸とする線対称な図形になる。

○線対称な図形において，対称の軸は，それが通る頂点の角を2等分する。角の二等分線は，このことを利用して作図することができる。

○∠AOB の二等分線上の点は，辺 OA，OB から等しい距離にある。

○また，∠AOB の2辺 OA，OB から等しい距離にある点は，∠AOB の二等分線上にある。このことは，角の二等分線が，角の2辺から等しい距離にある点の集まりであることを意味している。

□練習 19

○角の二等分線の作図。まとめにある方法に従って，作図すればよい。

テキストの解答

練習 19 (1) ① 点Bを中心とする円をかき，辺 BC，BA との交点を，それぞれ P，Q とする。

② 2点 P，Q をそれぞれ中心として，等しい半径の円をかく。その交点の1つをRとし，半直線 BR を引く。

このとき，半直線 BR は，∠ABC の二等分線である。

(2) ① 点Aを中心とする円をかき，辺 AB，AC との交点を，それぞれ S，T とする。

② 2点 S，T をそれぞれ中心として，等しい半径の円をかく。点Aとその交点の1つを通る半直線を引き，辺 BC との交点を U とする。

このとき，点 U は，∠BAC の二等分線と辺 BC の交点である。

(1)

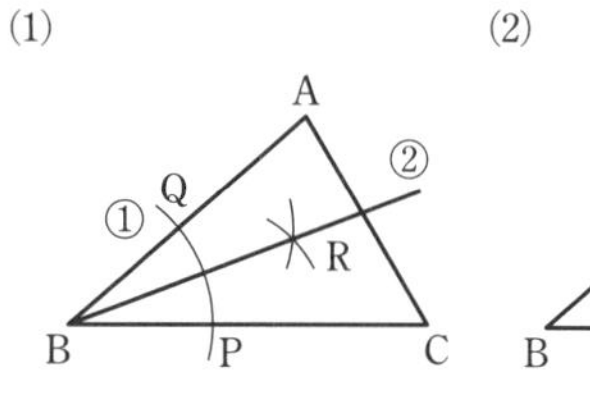

(2)

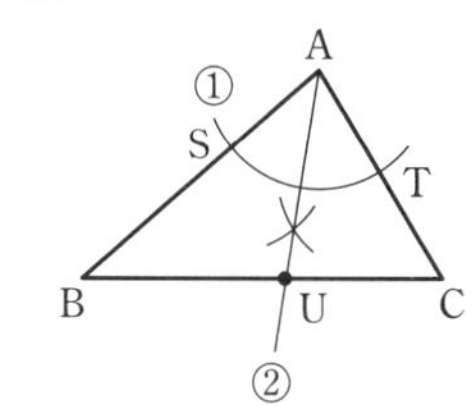

テキスト21ページ

> ### 垂線
>
> 線分の垂直二等分線は，その線分に垂直である。
> この性質を利用すると，垂線を作図することができる。
>
> 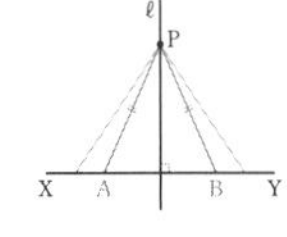
>
>
> 点Pを通り，直線 XY に垂直な直線を ℓ とする。このとき，PA=PB となるような XY 上の異なる2点A，Bについて，
>
> $\ell \perp AB$
>
> が成り立つ。
>
> 垂線を作図するには，このような線分 AB を求めて，線分 AB の垂直二等分線を作図するとよい。
>
> **垂線の作図**
>
> ① 点Pを中心とする円をかき，直線 XY との交点をそれぞれA，Bとする。
> ② 2点A，Bをそれぞれ中心として，等しい半径の円をかく。その交点の1つをQとして，直線 PQ を引く。
>
> 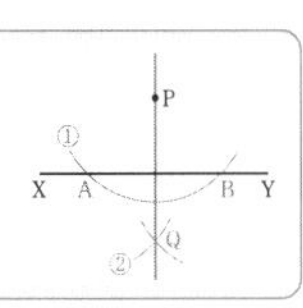
>
>
> 点Pを通る直線 XY の垂線は，P が XY 上にある場合も，同じように作図することができる。
>
> 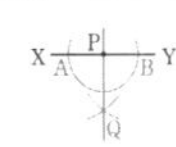
>
>
> **練習 20** 右の図のような △ABC をかいて，次の図形を作図しなさい。
> (1) 頂点Aを通る辺 BC の垂線
> (2) 頂点Bを通る辺 AB の垂線
>
> 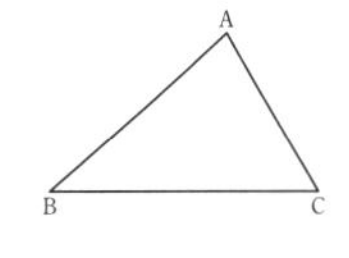
>
>
> 3. 作図 21

学習のめあて

垂線の意味を理解して，垂線を作図することができるようになること。

学習のポイント

垂線の作図

線分の垂直二等分線の性質を利用する。

テキストの解説

□垂線の作図

○線分 AB の両端から等しい距離にある2点をP，Qとすると，直線 PQ は線分 AB の垂直二等分線であり，線分 AB の垂線である。

○直線 XY と点Pに対して，Pを中心とする円と直線 XY との交点をA，Bとする。
このとき，Pは2点A，Bから等しい距離にあるから，2点A，Bから等しい距離にある点をもう1つ見つけることで，Pを通る，直線 XY の垂線を作図することができる。

○直線 XY 上にない点Pを通る直線 XY の垂線は，直線 XY 上に適当な2点A，Bをとって，次の図のように作図する方法もある。

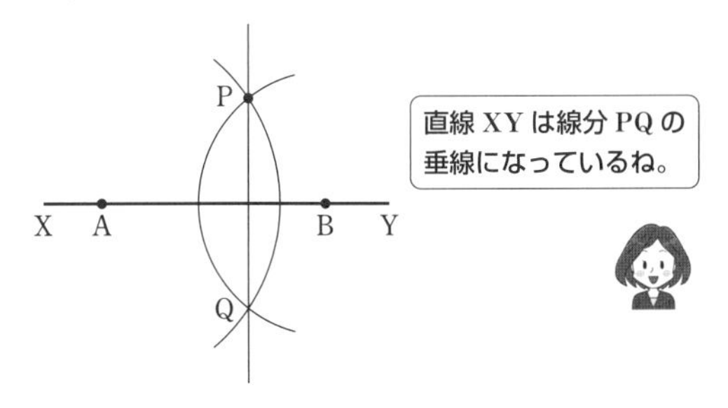

□練習 20

○垂線の作図。(2) は，線分 AB をBの方に延長して作図する。

テキストの解答

練習 20 (1) ① 点Aを中心とする円をかき，直線 BC との交点をそれぞれP，Qとする。

② 2点P，Qをそれぞれ中心として，等しい半径の円をかく。その交点の1つをRとし，直線 AR を引く。

このとき，直線 AR は，頂点Aを通る辺 BC の垂線である。

(2) ① 点Bを中心とする円をかき，直線 AB との交点をそれぞれS，Tとする。

② 2点S，Tをそれぞれ中心として，等しい半径の円をかく。その交点の1つをUとし，直線 BU を引く。

このとき，直線 BU は，頂点Bを通る辺 AB の垂線である。

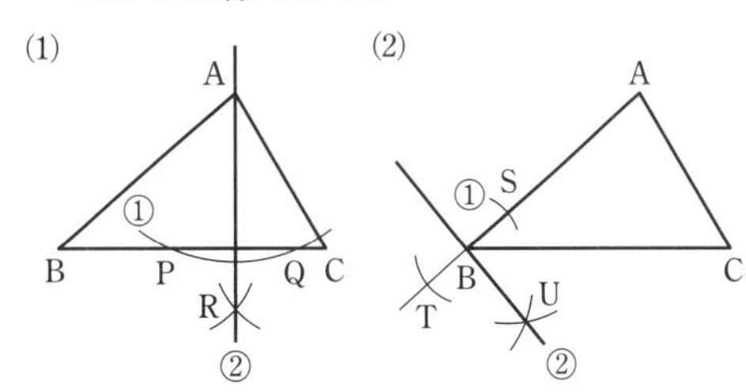

学習のめあて

円の接線の性質を利用して，円周上の点における接線を作図することができるようになること。

学習のポイント

円の接線の作図

円の接線は，接点を通る半径に垂直である。
→　垂線の作図を利用する。

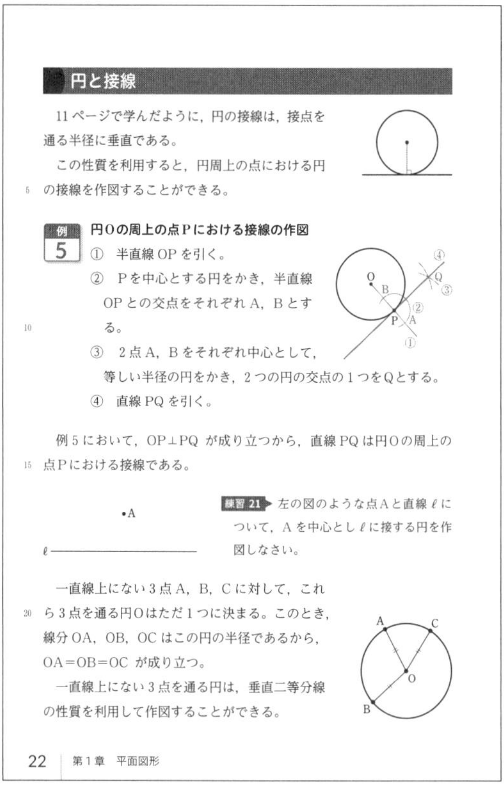

円と接線

11ページで学んだように，円の接線は，接点を通る半径に垂直である。

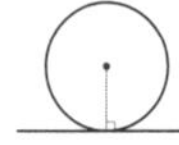

この性質を利用すると，円周上の点における円の接線を作図することができる。

例5　円Oの周上の点Pにおける接線の作図

①　半直線OPを引く。
②　Pを中心とする円をかき，半直線OPとの交点をそれぞれA，Bとする。
③　2点A，Bをそれぞれ中心として，等しい半径の円をかき，2つの円の交点の1つをQとする。
④　直線PQを引く。

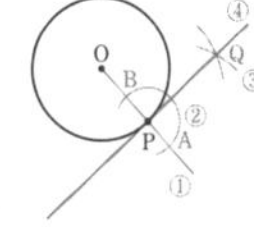

例5において，OP⊥PQ が成り立つから，直線PQは円Oの周上の点Pにおける接線である。

練習21　左の図のような点Aと直線 ℓ について，Aを中心とし ℓ に接する円を作図しなさい。

一直線上にない3点A，B，Cに対して，これら3点を通る円Oはただ1つに決まる。このとき，線分OA，OB，OCはこの円の半径であるから，OA＝OB＝OC が成り立つ。

一直線上にない3点を通る円は，垂直二等分線の性質を利用して作図することができる。

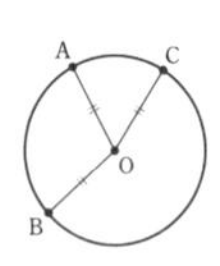

22　第1章　平面図形

テキストの解説

□例5

○円Oの周上の点Pにおける接線の作図。
○接線を ℓ とするとき，円の接線の性質に着目すると
　　Pにおける接線 ℓ は半径OPに垂直
　→ 半径OPは接線 ℓ の垂線
　→ 接線 ℓ は半径OPの垂線
○したがって，直線OP上の点Pにおける，OPの垂線 ℓ を作図すれば，ℓ は，点Pにおける円Oの接線である。

□練習21

○直線に接する円の作図。円の接線は，接点を通る半径に垂直であることを利用する。
○接点をPとするとき，Aを中心として，半径APの円を作図すればよい。

テキストの解答

練習21　①　点Aを中心とする円をかき，直線 ℓ との交点をそれぞれB，Cとする。
②　2点B，Cをそれぞれ中心として，等しい半径の円をかく。その交点の1つと点Aを通る直線を引き，ℓ との交点をPとする。
③　Aを中心とする半径APの円をかく。
[考察]　このとき，AP⊥ℓ であるから，この円は直線 ℓ に接する。

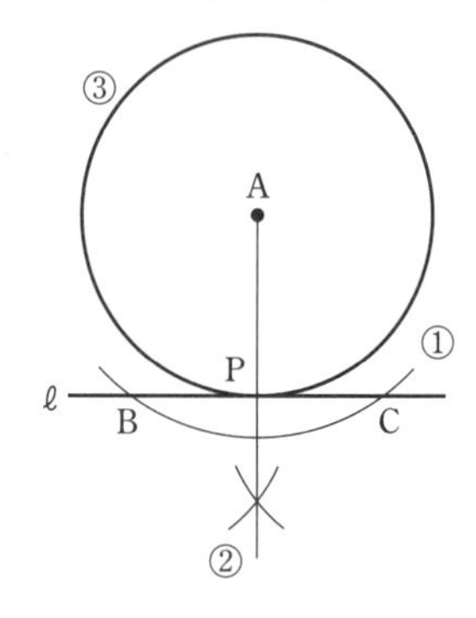

確かめの問題

解答は本書153ページ

1　右の図のような，2直線 ℓ，m と直線 m 上の点Aがある。中心が直線 ℓ 上にあり，点Aで直線 m に接する円を作図しなさい。

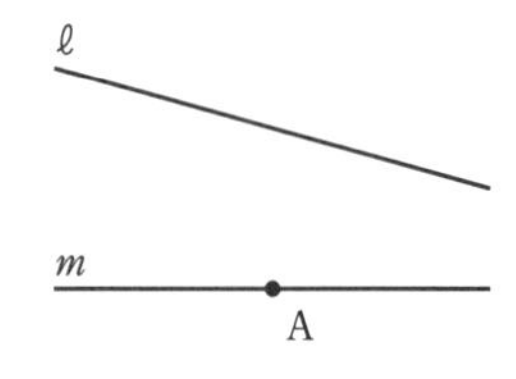

学習のめあて

円の性質を利用して，いろいろな円を作図することができるようになること。

学習のポイント

円の中心と作図

円の中心は，弦の垂直二等分線上にある。

中心　→　2 本の垂直二等分線の交点

テキストの解説

□例題 1

○一直線上にない 3 点を通る円の作図。

○円の中心Oは，円周上のどんな点からも等しい距離にあるから　OA＝OB＝OC

①　OA＝OB

Oは線分 AB の垂直二等分線上にある。

②　OB＝OC

Oは線分 BC の垂直二等分線上にある。

○作図した円は，△ABC の 3 つの頂点を通る。このような円を，三角形の外接円という。

□練習 22

○三角形の 3 つの頂点を通る円。例題 1 にならって作図をする。

□練習 23

○円の中心の作図。2 つの弦をとり，それらの垂直二等分線を作図すればよい。

テキストの解答

練習 22　①　線分 AB の垂直二等分線を作図する。

②　線分 BC の垂直二等分線を作図する。

③　①，② で作図した 2 直線の交点をOとし，Oを中心とする半径 OA の円をかく。

［考察］　このとき，OA＝OB＝OC であるから，円Oは △ABC の 3 つの頂点を通る。

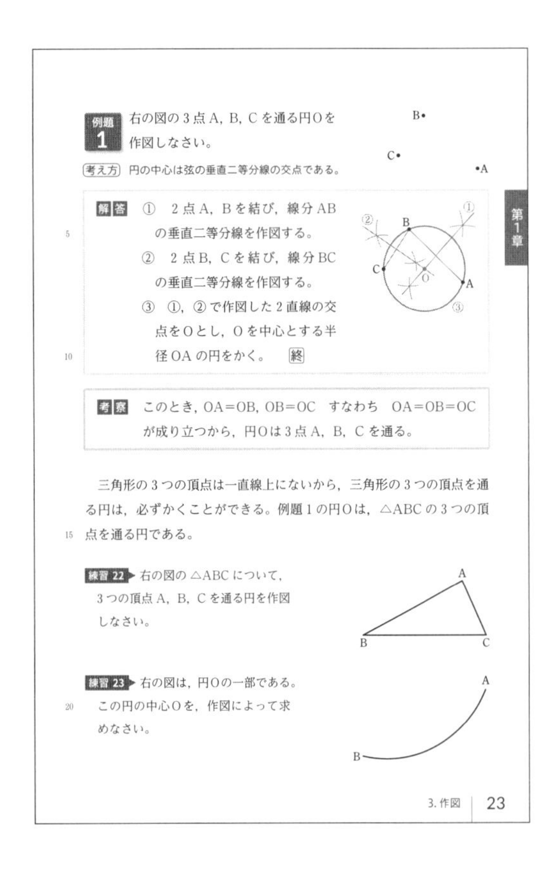

例題 1　右の図の 3 点 A，B，C を通る円Oを作図しなさい。

考え方　円の中心は弦の垂直二等分線の交点である。

解答　①　2 点 A，B を結び，線分 AB の垂直二等分線を作図する。

②　2 点 B，C を結び，線分 BC の垂直二等分線を作図する。

③　①，② で作図した 2 直線の交点をOとし，Oを中心とする半径 OA の円をかく。　終

考察　このとき，OA＝OB，OB＝OC　すなわち　OA＝OB＝OC が成り立つから，円Oは 3 点 A，B，C を通る。

三角形の 3 つの頂点は一直線上にないから，三角形の 3 つの頂点を通る円は，必ずかくことができる。例題 1 の円Oは，△ABC の 3 つの頂点を通る円である。

練習 22　右の図の △ABC について，3 つの頂点 A，B，C を通る円を作図しなさい。

練習 23　右の図は，円Oの一部である。この円の中心Oを，作図によって求めなさい。

3. 作図　23

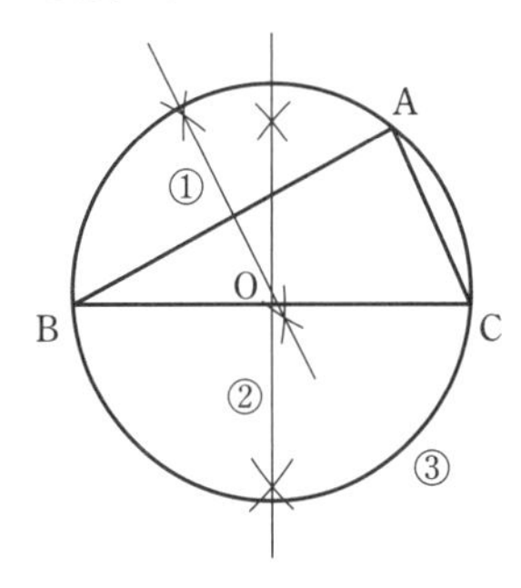

練習23　①　$\overset{\frown}{AB}$ 上に適当な点Cをとり，線分 AC，BC の垂直二等分線を作図する。

②　① で作図した 2 直線の交点をOとする。

［考察］　このとき，OA＝OB＝OC であるから，点Oはこの円の中心である。

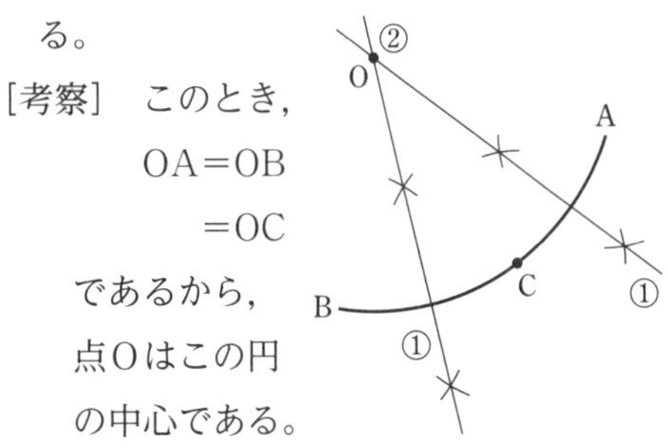

テキスト24ページ

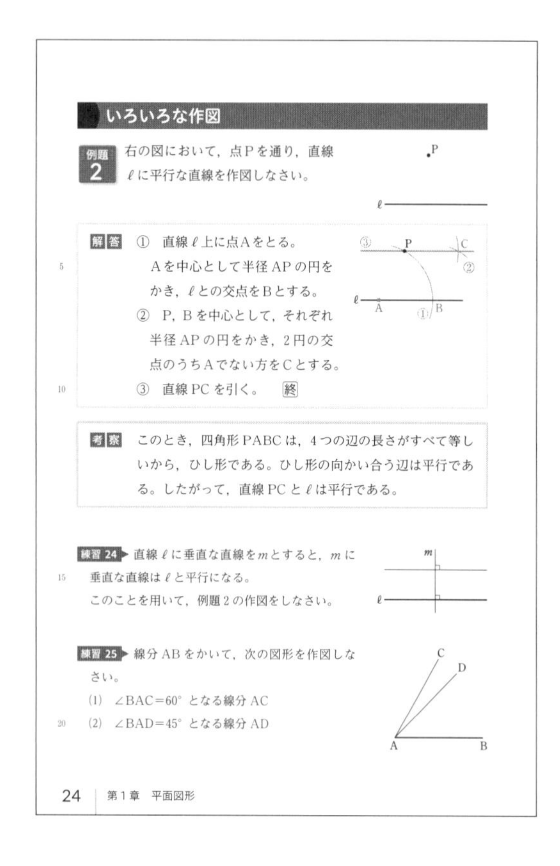
いろいろな作図

例題2 右の図において，点Pを通り，直線ℓに平行な直線を作図しなさい。

解答 ① 直線ℓ上に点Aをとる。Aを中心として半径APの円をかき，ℓとの交点をBとする。

② P，Bを中心として，それぞれ半径APの円をかき，2円の交点のうちAでない方をCとする。

③ 直線PCを引く。 終

考察 このとき，四角形PABCは，4つの辺の長さがすべて等しいから，ひし形である。ひし形の向かい合う辺は平行である。したがって，直線PCとℓは平行である。

練習24 直線ℓに垂直な直線をmとすると，mに垂直な直線はℓと平行になる。このことを用いて，例題2の作図をしなさい。

練習25 線分ABをかいて，次の図形を作図しなさい。

(1) ∠BAC=60° となる線分AC

(2) ∠BAD=45° となる線分AD

24 第1章 平面図形

学習のめあて

図形の性質を利用して，いろいろな図形を作図することができるようになること。

学習のポイント

いろいろな図形の作図

性質がわかっている図形を利用する。

テキストの解説

□例題2

○平行な直線を作図するために，平行な2つの直線に関係した図形を利用する。

○ひし形の2つの性質に着目する。

4つの辺が等しい　→ ひし形の作図に利用

向かい合う辺は平行 → 作図した直線は平行

□練習24

○平行な直線の作図。まず，Pを通るℓの垂線を作図する。

□練習25

○与えられた角に関係した図形を考え，それを利用する。たとえば　60° → 正三角形

テキストの解答

練習24 ① 点Pを通り，直線ℓに垂直な直線を作図する。

② 点Pを通り，① で作図した直線に垂直な直線を作図する。

[考察] このとき，② で作図した直線は，Pを通りℓに平行である。

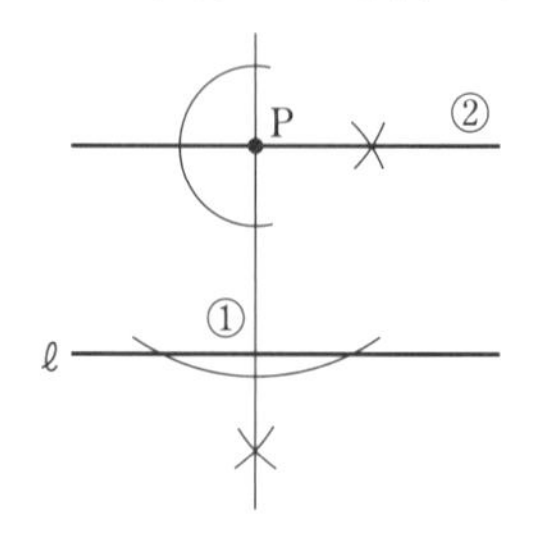

練習25 (1) ① 2点A，Bをそれぞれ中心として，半径ABの円をかく。

② ①でかいた2円の交点の1つをCとして，CとAを結ぶ。

[考察] このとき，△ABCは正三角形になるから，∠BAC=60° である。

(2) ① Aを通り，ABに垂直な直線AEを作図する。

② ∠BAEの二等分線ADを作図する。

[考察] このとき，

∠BAE=90°÷2=45° である。

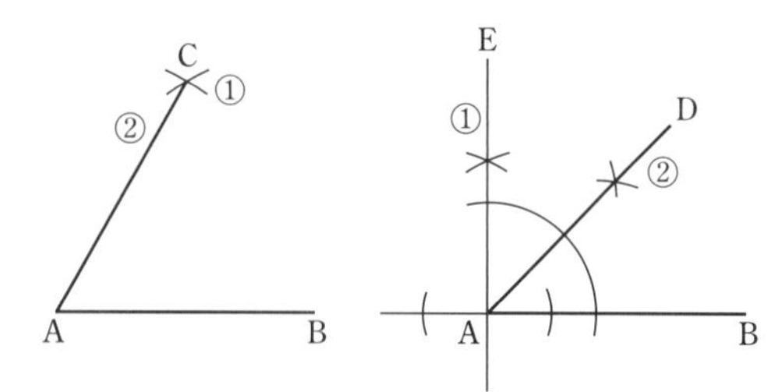

学習のめあて

正五角形が作図できることを知り，正多角形の作図について考えること。

学習のポイント

正多角形の作図

これまでに学んだことを利用すると，正方形や正六角形が作図できる。また，正五角形を作図する方法がある。

コラム

正多角形の作図

辺の長さがすべて等しく，角の大きさがすべて等しい多角形を正多角形といいます。正三角形や正方形は，どちらも正多角形です。
正三角形の作図は，18 ページで学びました。また，これまでに学んだことを利用すると，正方形や正六角形を作図することもできます。

次は，与えられた線分 AB を 1 辺とする正五角形の作図法の 1 つです。
① 線分 AB の垂直二等分線 ℓ を作図し，ℓ と線分 AB の交点をMとする。
② Mを中心とする半径 AB の円をかき，ℓ との交点をPとする。
③ 半直線 AP を引き，P を越える延長上に，PQ=AM となる点Qをとる。
④ Aを中心とする半径 AQ の円と直線 ℓ の交点をDとする。
⑤ Dを中心とする半径 AB の円をかく。
⑥ A，B を中心とする半径 AB の円をかき，⑤ でかいた円との交点を，それぞれ E，C とする。
E と A，D をそれぞれ線分で結び，C と B，D をそれぞれ線分で結ぶ。

このとき，五角形 ABCDE は正五角形になります。
いま，そのわけを説明することはできませんが，今後，数学の学習を進めていくことで，正五角形になるわけを説明できるようになります。

ドイツの数学者ガウス (1777-1855) は，19 歳のときに正十七角形が作図できることを発見し，数学者になることを決意しました。
一見，単純に見える図形の作図ですが，そのことの説明には，さらに高度な数学の知識が必要となります。

ガウス

3. 作図　25

第1章

テキストの解説

□正多角形の作図

○正多角形の中で，最も基本的な図形である正三角形の作図については，テキスト 18 ページで学んだ。

○正三角形の次に基本的な正多角形は正方形である。与えられた線分 AB を 1 辺とする正方形 ABCD を作図すると，次のようになる。

① 点Aを中心とする，半径 AB の円をかき，直線 AB との点B以外の交点をEとする。

② 2 点 B，E を中心として，等しい半径の円をかく。その交点の 1 つをFとし，直線 AF を引く。

③ ① でかいた円と，直線 AF の交点をDとし，2 点 B，D を中心として，半径 AB の円をかく。その 2 つの円の点A以外の交点をCとし，線分 BC と線分 DC を引く。

このとき，四角形 ABCD は，求める正方形である。

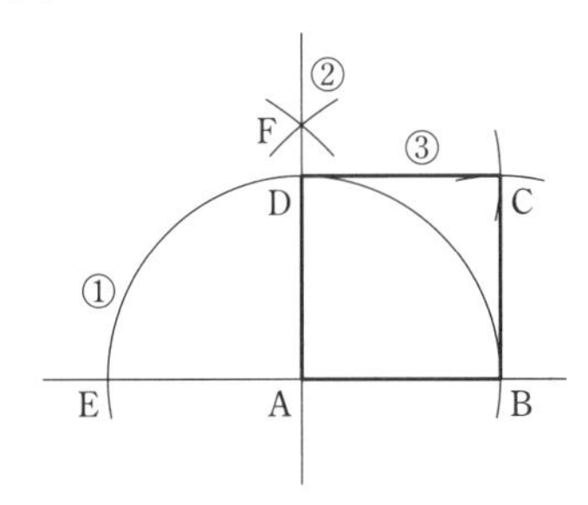

○正五角形の次に基本的な正多角形は正六角形である。与えられた線分 AB を 1 辺とする正六角形 ABCDEF を作図すると，次のようになる。

① 2 点 A，B を中心とする半径 AB の円をかく。

② ① でかいた 2 円の交点を中心とする，半径 AB の円をかく。

③ B を中心とする半径 AB の円と ② でかいた円の，A 以外の交点をCとする。

④ ③ と同じようにして，C の次に D，D の次に E，E の次に F を，② でかいた円上にとり，線分 BC，CD，DE，EF，FA を引く。

このとき，六角形 ABCDEF は正六角形である。

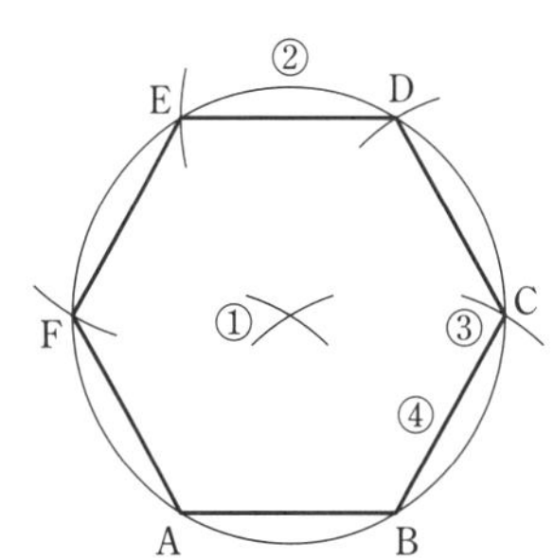

テキスト 26 ページ

4．面積と長さ

学習のめあて

いろいろな三角形，四角形の面積を求めることができるようになること。

学習のポイント

三角形，四角形の面積

三角形	(底辺)×(高さ)÷2
長方形	(縦)×(横)
平行四辺形	(底辺)×(高さ)
台形	(上底＋下底)×(高さ)÷2

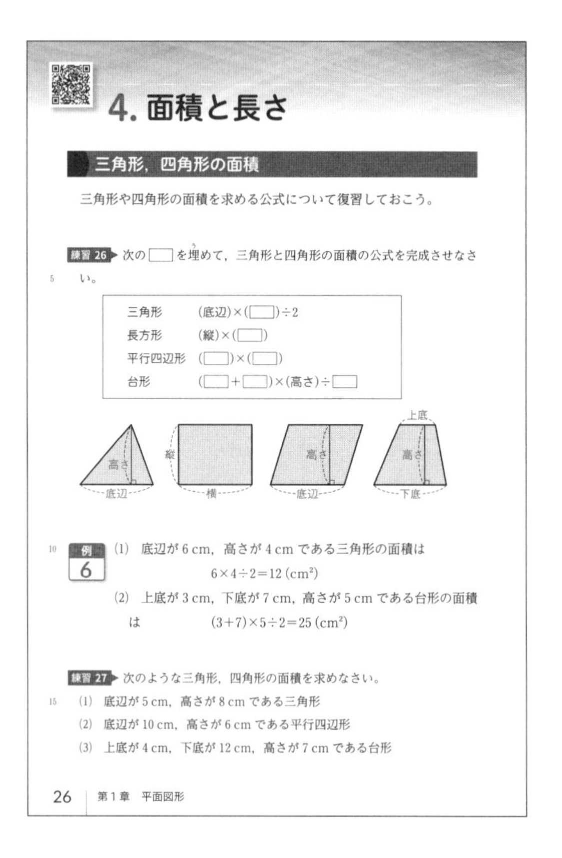

4. 面積と長さ

三角形，四角形の面積

三角形や四角形の面積を求める公式について復習しておこう。

練習 26 次の□を埋めて，三角形と四角形の面積の公式を完成させなさい。

三角形	(底辺)×(□)÷2
長方形	(縦)×(□)
平行四辺形	(□)×(□)
台形	(□＋□)×(高さ)÷□

例 6 (1) 底辺が 6 cm，高さが 4 cm である三角形の面積は
$6\times4\div2=12\ (\mathrm{cm}^2)$

(2) 上底が 3 cm，下底が 7 cm，高さが 5 cm である台形の面積は　$(3+7)\times5\div2=25\ (\mathrm{cm}^2)$

練習 27 次のような三角形，四角形の面積を求めなさい。

(1) 底辺が 5 cm，高さが 8 cm である三角形

(2) 底辺が 10 cm，高さが 6 cm である平行四辺形

(3) 上底が 4 cm，下底が 12 cm，高さが 7 cm である台形

26　第 1 章　平面図形

テキストの解説

□練習 26

○三角形や四角形の面積の求め方は，小学校でも学んでいる。

○面積を考えるとき，基本となる図形は正方形，長方形であり，三角形，平行四辺形，台形の面積は，長方形をもとにして考えることができる。

三角形

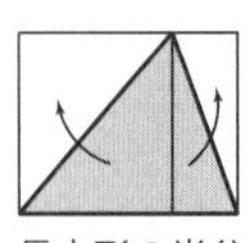

長方形の半分

平行四辺形

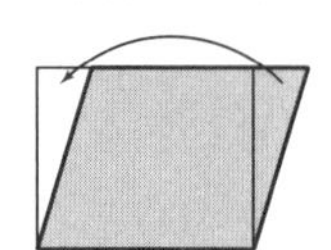

長方形と同じ

台形

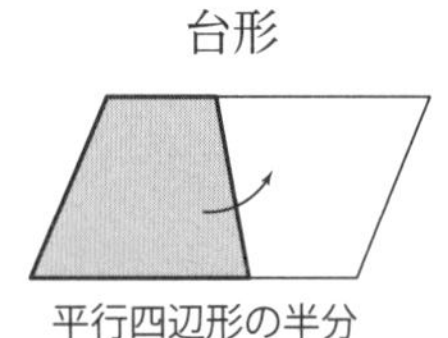

平行四辺形の半分

□例 6

○三角形，台形の面積の公式を利用して，それぞれの面積を求める。

□練習 27

○例 6 と同じように，公式を利用する。

テキストの解答

練習 26　三角形　(底辺)×(高さ)÷2

長方形　(縦)×(横)

平行四辺形　(底辺)×(高さ)

台形　(上底＋下底)×(高さ)÷2

練習 27　(1)　$5\times8\div2=\mathbf{20\ (cm^2)}$

(2)　$10\times6=\mathbf{60\ (cm^2)}$

(3)　$(4+12)\times7\div2=\mathbf{56\ (cm^2)}$

確かめの問題　解答は本書 153 ページ

1　次の図のような三角形，平行四辺形の面積を求めなさい。

(1)　　(2)

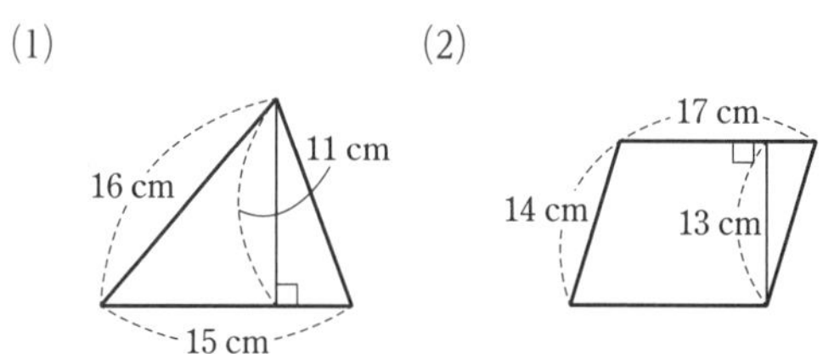

学習のめあて

ひし形の面積を求めることができるようになること。また，図形の性質を利用して，面積を求めることができるようになること。

学習のポイント

ひし形の面積

ひし形の面積は，長方形を利用して求める。

面積の求め方の工夫

公式をそのまま用いても面積を求めることができない図形は，図形の性質に着目して，面積の求め方を工夫する。

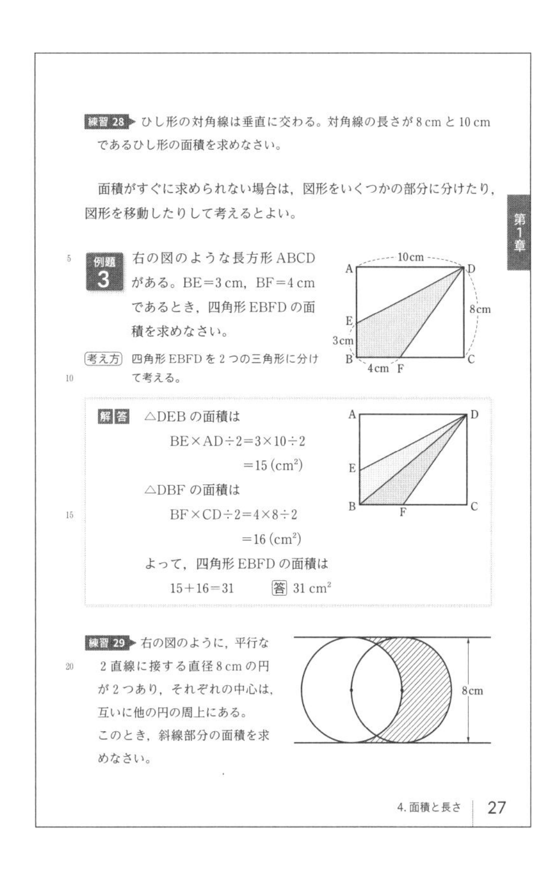

練習 28 ひし形の対角線は垂直に交わる。対角線の長さが 8 cm と 10 cm であるひし形の面積を求めなさい。

面積がすぐに求められない場合は，図形をいくつかの部分に分けたり，図形を移動したりして考えるとよい。

例題 3 右の図のような長方形 ABCD がある。BE＝3 cm，BF＝4 cm であるとき，四角形 EBFD の面積を求めなさい。

考え方 四角形 EBFD を 2 つの三角形に分けて考える。

解答 △DEB の面積は

BE×AD÷2＝3×10÷2
＝15 (cm²)

△DBF の面積は

BF×CD÷2＝4×8÷2
＝16 (cm²)

よって，四角形 EBFD の面積は

15＋16＝31 答 31 cm²

練習 29 右の図のように，平行な 2 直線に接する直径 8 cm の円が 2 つあり，それぞれの中心は，互いに他の円の周上にある。

このとき，斜線部分の面積を求めなさい。

テキストの解説

□練習 28

○ひし形の面積。前ページで学習した三角形や平行四辺形と同じように，長方形に結びつけて考える。

□例題 3

○公式を使うと，面積を求めることがめんどうであったり，簡単には面積を求めることができない場合，次のような工夫をするとよい。

[1] いくつかの図形に分けて考える。

[2] ある図形から，余分な部分を除いて考える。

○[1] の考え方を利用して，もとの図形を 2 つの三角形に分けて，面積を計算する。

□練習 29

○斜線部分は，もとのままでは面積を求められない。そのため，面積を求めるには工夫が必要である。

○斜線部分の一部を移動すると，長方形をつくることができる。

○長方形の縦と横の長さは，それぞれ円の直径と半径である。

テキストの解答

練習 28 対角線の長さが 8 cm と 10 cm であるひし形の面積は，縦と横の長さがそれぞれ 8 cm と 10 cm である長方形の面積の半分である。

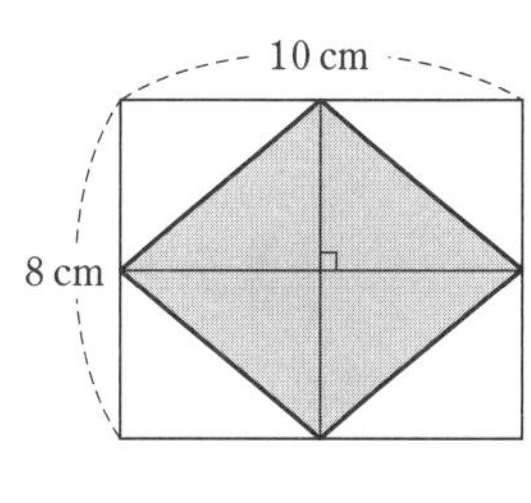

よって　$8\times10\div2=$**40 (cm²)**

練習 29 影をつけた部分はどちらも半径 4 cm の半円であり，面積は等しい。

よって，斜線部分と長方形 ABCD の面積は等しい。

長方形 ABCD の面積は

$8\times4=32$

したがって，斜線部分の面積は

32 cm²

テキスト 28 ページ

学習のめあて

文字を用いた三角形，長方形，平行四辺形，台形の面積の表し方を知ること。また，円について，その面積や周の長さを求めることができるようになること。

学習のポイント

三角形，四角形の面積（文字を用いる）

三角形（底辺が a，高さが h）　$\frac{1}{2}ah$

長方形（縦が a，横が b）　ab

平行四辺形（底辺が a，高さが h）　ah

台形（上底が a，下底が b，高さが h）

$\frac{1}{2}(a+b)h$

円の面積と周の長さ

面積　**（半径）×（半径）×（円周率）**

周の長さ　**（直径）×（円周率）**

円周率

円周率は，3.14159…… とどこまでも数字が続く数であり，この数を，ギリシャ文字 π で表す。

テキストの解説

□円の面積と周の長さ

○円の面積や周の長さの求め方は，小学校でも学んでいる。

○直径に対する円周の長さの割合は，どんな円でも一定である。

○この一定の値が円周率である。たとえば，直径が 1 である円の円周はおよそ 3.14 になる。

○円を次の左の図のように細かく分けて，その右の図のように並べかえる。この分け方をどんどん細かくしていくと，右の図形は，長方形とみなすことができるようになる。

小学校では，数の代わりに文字を用いることも学んだ。

ふつう，文字を用いて積を表すときは，乗法の記号×を省略する。

また，数と文字の積では，数を文字の前に書く。文字どうしの積は，アルファベット順に書くことが多い。

文字を用いると，26 ページの面積の公式は，次のように表される。

底辺が a，高さが h である三角形の面積は　$\frac{1}{2}ah$

縦が　a，横が　b である長方形の面積は　ab

底辺が a，高さが h である平行四辺形の面積は　ah

上底が a，下底が b，高さが h である台形の面積は　$\frac{1}{2}(a+b)h$

注意　2 でわることは $\frac{1}{2}$ をかけることと同じであるから，三角形や台形の面積の公式は，上のように表すことができる。

円の面積と周の長さ

円の面積と周の長さは，次の式で表される。

面積　**（半径）×（半径）×（円周率）**

周の長さ　**（直径）×（円周率）**

（円周率）＝$\frac{（円周）}{（直径）}$

円周率は，次のように，限りなく数字の続く小数である。

3.1415926535……

これからは，円周率をギリシャ文字 π（パイ）で表す。

例 7　半径が 3 cm である円の面積は　$3\times3\times\pi=9\pi$ (cm²)

周の長さは　$(3\times2)\times\pi=6\pi$ (cm)

練習 30　半径が 5 cm である円の面積と周の長さを求めなさい。

28　第 1 章　平面図形

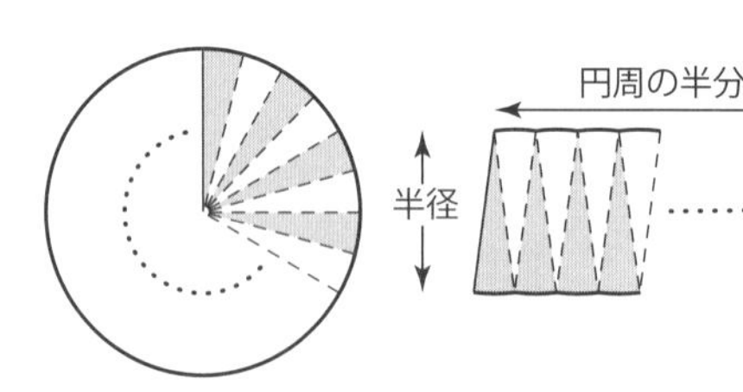

このことから，円の面積の公式は，次のようにして導かれる。

円の面積＝（半径）×（円周の半分）

＝（半径）×（（直径×円周率）の半分）

＝（半径）×（直径の半分）×（円周率）

＝（半径）×（半径）×（円周率）

□例 7，練習 30

○円の面積と周の長さ。円周率には π を用い，公式に従って計算する。

テキストの解答

練習 30　面積　$5\times5\times\pi=\mathbf{25\pi}$ **(cm²)**

周の長さ　$(5\times2)\times\pi=\mathbf{10\pi}$ **(cm)**

学習のめあて

円になる図形について，その面積を求められるようになること。また，扇形の弧の長さや面積について中心角との関係を知ること。

学習のポイント

文字で表される円の面積と周の長さ

半径が r である円の面積を S，周の長さを ℓ とすると

$$S=\pi r^2,\quad \ell=2\pi r$$

扇形の弧の長さや面積と中心角

1つの円において，扇形の弧の長さや面積は，その中心角の大きさによって決まる。

例題 4 対角線の長さが 6 cm と 8 cm であるひし形を，その対角線の交点を中心として 180° 回転させる。このとき，ひし形が通過した部分の面積を求めなさい。

解答 ひし形が通過した部分は，右の図のような，対角線の交点を中心とする円になる。
この円の半径は 4 cm であるから，
求める面積は　$4\times4\times\pi=16\pi$

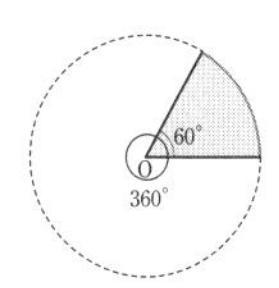

答 16π cm^2

練習 31 長さ 4 cm の線分 AB の中点をMとする。Aを中心として線分 MB を 360° 回転させるとき，線分 MB が通過した部分の面積を求めなさい。

円の面積と周の長さは，文字を用いて，次のように表すことができる。

半径が r である円の面積を S，周の長さを ℓ とすると

$S=\pi r^2$　←$r\times r\times\pi$

$\ell=2\pi r$　←$(r\times2)\times\pi$

注意 文字の式では，同じ文字の積 $r\times r$ や $r\times r\times r$ を，それぞれ r^2，r^3 のように書く。また，円周率 π は，数と他の文字の間に書く。

1つの円において，扇形の弧の長さと面積は，ともに扇形の中心角の大きさによって決まる。
右の図は，中心角が 60° の扇形である。
この扇形の弧の長さと面積は，それぞれ円Oの周の長さと面積の $\frac{60}{360}$ 倍である。

4. 面積と長さ　29

テキストの解説

□例題 4

○ひし形を回転させてできる図形の面積。

○4つの頂点や2つの対角線が動く範囲を考えると，ひし形が通過する部分は円になることがわかる。

□練習 31

○線分を回転させてできる図形の面積。

○MとBはともにAを中心として回転するから，線分 MB が通過する部分は，2つの円周にはさまれた部分になる。

□扇形の弧の長さや面積と中心角の関係

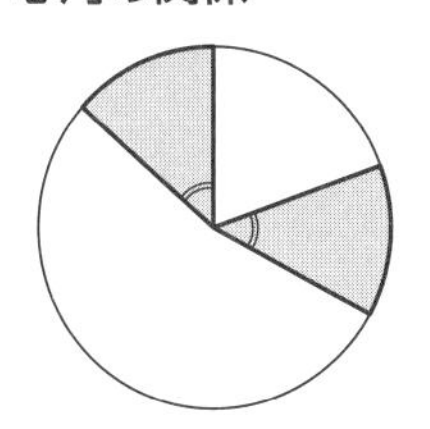

○1つの円からできる2つの扇形は，その中心角の大きさが等しいとき，一方を回転して他方に重ねることができる。
したがって，中心角の大きさが等しい2つの扇形の弧の長さは等しく，面積も等しい。

○ある扇形に対して，その中心角を2倍にした扇形を考える。この扇形はもとの扇形を2つ並べたものになるから，弧の長さはもとの扇形の2倍になり，面積ももとの扇形の2倍になる。

○同じように考えると，扇形の中心角の大きさが2倍，3倍，…… になると，弧の長さと面積はそれぞれ2倍，3倍，…… になることがわかる。

○このことから，扇形の弧の長さと面積は，ともに中心角の大きさに比例することがわかる。

テキストの解答

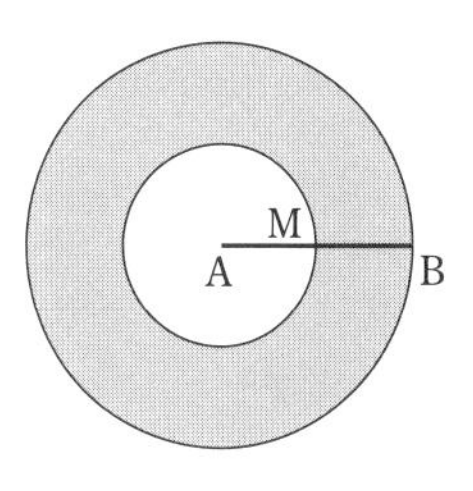

練習 31 線分 MB が通過した部分は，Aを中心とする半径 AB の円から，Aを中心とする半径 AM の円を除いたものである。
よって，その面積は

$4\times4\times\pi-2\times2\times\pi=\mathbf{12\pi}$ **(cm^2)**

学習のめあて

いろいろな扇形の弧の長さと面積を求めることができるようになること。

学習のポイント

文字で表される扇形の弧の長さと面積

半径 r，中心角 a° の扇形の弧の長さを ℓ，面積を S とすると

$$\ell=2\pi r\times\frac{a}{360},\quad S=\pi r^2\times\frac{a}{360}$$

テキストの解説

□扇形の弧の長さと面積

○円を中心角が 360° の扇形と考えると，半径が r，中心角が a° の扇形は，半径が r の円の中心角を $\frac{a}{360}$ 倍したものになる。

したがって，この扇形の弧の長さと面積は，もとの円の周の長さと面積を，それぞれ $\frac{a}{360}$ 倍したものになる。

○文字は，具体的な数を一般的に表したものである。

○半径を表す r や弧の長さを表す ℓ は，半径や長さを表す英単語の頭文字を用いているといわれている。

半径　radius　　長さ　length

○また，図形の面積には S を，立体の体積には V を用いることが多い。

□例 8

○半径 r は 9 cm，中心角 a° は 80° であるから，

公式　$\ell=2\pi r\times\frac{a}{360}$，　$S=\pi r^2\times\frac{a}{360}$

の r に 9 を，a に 80 を，それぞれ当てはめて計算する。

□練習 32

○扇形の弧の長さと面積。例 8 にならって計算する。

一般に，中心角が a° の扇形の弧の長さと面積は，その半径と等しい円の周の長さと面積の $\frac{a}{360}$ 倍になる。

扇形の弧の長さと面積を求める式は，次のようにまとめられる。

扇形の弧の長さと面積

半径 r，中心角 a° の扇形の弧の長さを ℓ，面積を S とすると

$$\ell=2\pi r\times\frac{a}{360}$$

$$S=\pi r^2\times\frac{a}{360}$$

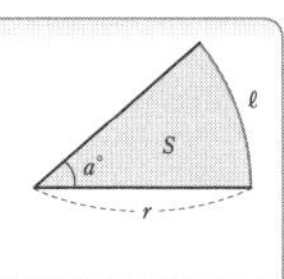

例 8　半径が 9 cm，中心角が 80° の扇形の弧の長さを ℓ，面積を S とすると

$$\ell=2\pi\times9\times\frac{80}{360}=4\pi\,(\text{cm})$$

$$S=\pi\times9^2\times\frac{80}{360}=18\pi\,(\text{cm}^2)$$

練習 32　半径が 5 cm，中心角が 144° の扇形の弧の長さと面積を求めなさい。

練習 33　次の図形の斜線部分の周の長さと面積を求めなさい。

(1)

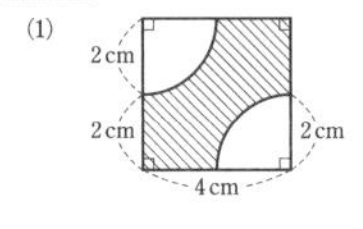

(2)

30　第 1 章　平面図形

□練習 33

○いくつかの図形を組み合わせた図形。

○(2)　小さい扇形を移動して考えると，半径が 6 cm，中心角が 30° の扇形が得られる。

テキストの解答

練習 32　弧の長さ　$2\pi\times5\times\frac{144}{360}=\mathbf{4\pi\,(cm)}$

面積　$\pi\times5^2\times\frac{144}{360}=\mathbf{10\pi\,(cm^2)}$

練習 33　(1)　周の長さ

$$2\pi\times2\times\frac{90}{360}\times2+2\times4=\mathbf{2\pi+8\,(cm)}$$

面積

$$4\times4-\pi\times2^2\times\frac{90}{360}\times2=\mathbf{16-2\pi\,(cm^2)}$$

(2)　周の長さ

$$2\pi\times3\times\frac{60}{360}+2\pi\times6\times\frac{30}{360}+3+6+3=\mathbf{2\pi+12\,(cm)}$$

面積　$\pi\times6^2\times\frac{30}{360}=\mathbf{3\pi\,(cm^2)}$

テキスト 31 ページ

学習のめあて

文字の式を計算することで，扇形の面積，半径，弧の長さの関係を明らかにすること。

学習のポイント

扇形の弧の長さと面積

半径が r，弧の長さが ℓ である扇形の面積を S とすると　$S=\frac{1}{2}\ell r$

> 半径が r，弧の長さが ℓ の扇形を，下の図[1]のように合同な扇形に細かく分けて，図[2]のように並べかえる。この分け方を細かくしていくと，図[3]の図形は，縦が r，横が $\frac{1}{2}\ell$ の長方形とみなすことができるようになる。
>
> 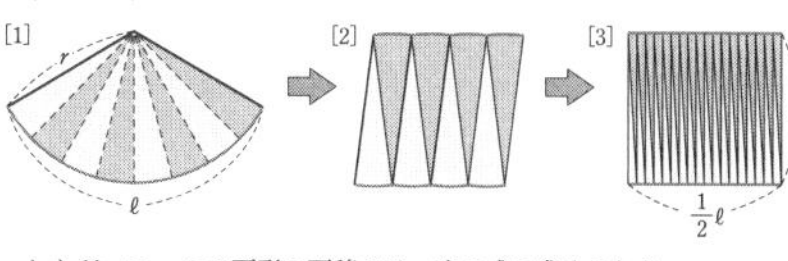
>
>
> したがって，この扇形の面積 S は，次の式で求められる。
>
> $S=\frac{1}{2}\ell r$ ……①
>
> また，扇形は，右の図のように帯状(おび)に細かく分けることで，底辺が ℓ，高さが r の三角形とみなすことができる。
>
> 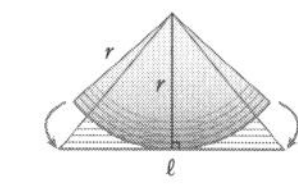
>
> このことからも，①が成り立つことがわかる。
>
> **練習 34** 半径が 12 cm，弧の長さが 10π cm の扇形の面積を求めなさい。
>
> ①は，文字の式の計算を利用して，次のように導くこともできる。
> 半径が r，中心角が $a°$ である扇形の弧の長さを ℓ，面積を S とする。
>
> $\ell=2\pi r\times\frac{a}{360}$
>
> であるから
>
> $\frac{1}{2}\ell r=\frac{1}{2}\times\left(2\pi r\times\frac{a}{360}\right)\times r=\pi r^2\times\frac{a}{360}$
>
> $S=\pi r^2\times\frac{a}{360}$ であるから　$S=\frac{1}{2}\ell r$
>
> 4. 面積と長さ　31
>
> 第1章

テキストの解説

□扇形の面積

○扇形の面積は，扇形の半径と弧の長さから求めることができる。

○テキストに示した扇形を分けて考える方法は，本書 28 ページに示した円の面積の求め方と同じものである。

□練習 34

○半径と弧の長さを公式に当てはめて計算する。

□式の計算による公式の導き方

○文字を用いた式の決まりに従って，2 つの式

$$\ell=2\pi r\times\frac{a}{360},\quad S=\pi r^2\times\frac{a}{360}$$

から，$S=\frac{1}{2}\ell r$ を導く。

○文字を用いた式のかけ算は，数どうしの積に文字どうしの積をかけて計算する。また，積の計算では，数の計算と同じように，かけ算の順序を入れかえたり，組み合わせて計算したりすることができる。

○$\frac{1}{2}\ell r$ を計算して S になることを導く。

$\ell=2\pi r\times\frac{a}{360}$ であるから，$\frac{1}{2}\ell r$ の ℓ を $2\pi r\times\frac{a}{360}$ でおきかえると

$$\frac{1}{2}\ell r=\frac{1}{2}\times\left(2\pi r\times\frac{a}{360}\right)\times r$$

$$=\frac{1}{2}\times2\times\pi\times r\times\frac{a}{360}\times r$$

積の順序を入れかえる

$$=\left(\frac{1}{2}\times2\right)\times\left(\pi\times r\times r\times\frac{a}{360}\right)$$

組み合わせて計算する

$$=\pi r^2\times\frac{a}{360}$$

$$=S$$

○文字を用いた式の計算については，テキストの「代数編」で詳しく学習する。

テキストの解答

練習 34　$\frac{1}{2}\times10\pi\times12=\mathbf{60\pi}$ **(cm²)**

確かめの問題　　解答は本書 153 ページ

1　半径が 12 cm，中心角が 100° である扇形の弧の長さと面積を求めなさい。

2　半径が 4 cm，中心角が 120° である扇形の周の長さを求めなさい。

3　半径が 5 cm，弧の長さが 2π cm である扇形の面積を求めなさい。

テキスト 32 ページ

> 点が動いてできる線の長さを求めることを考えよう。
>
> **例題 5** AB=2 cm，BC=4 cm の長方形 ABCD を，右の図のように直線 ℓ 上をすべらないように転がすとき，頂点Dが動いてできる線の長さを求めなさい。
>
> **解答** 頂点Dは，下の図の曲線①，②のように動く。
> この線は，半径 2 cm，中心角 90° の扇形の弧と，半径 4 cm，中心角 90° の扇形の弧を合わせたものである。
> したがって，その長さは
>
> $$2\pi\times2\times\frac{90}{360}+2\pi\times4\times\frac{90}{360}=3\pi$$ 答 3π cm
>
> 一般に，ある条件を満たす点全体がつくる図形を，この条件を満たす点の **軌跡**（きせき） という。
>
> **練習 35** 1辺の長さが 1 cm の正三角形 PQR を，1辺の長さが 1 cm の正三角形 ABC の外側を時計の針の回転と反対の向きにすべることなく回転させ，隣の辺へ動かしていく。右の図のように，辺 PQ が辺 AC と重なった状態から始め，再び辺 PQ が辺 AC と重なるまで動かしたとき，点Rの軌跡の長さを求めなさい。
>
> 32 第1章 平面図形

学習のめあて

図形が動いたときにできる線について，その長さを求めることができるようになること。

学習のポイント

軌跡

ある条件を満たす点全体がつくる図形を，この条件を満たす点の **軌跡** という。

テキストの解説

□例題 5

○長方形の頂点が動いた跡の長さを求める。

○次の 3 つの段階に分けて考える。

[1]　Cを回転の中心として，辺 CD が直線 ℓ に重なるように動いたとき

→ DはCを回転の中心として，時計の針の回転と同じ向きに 90° 回転移動する。

[2]　[1] でDが動いた点を中心として，辺 AD が直線 ℓ に重なるように動いたとき

→ Dは動かない。

[3]　[2] でAが動いた点を中心として，辺 AB が直線 ℓ に重なるように動いたとき

→ DはAを回転の中心として，時計の針の回転と同じ向きに 90° 回転移動する。

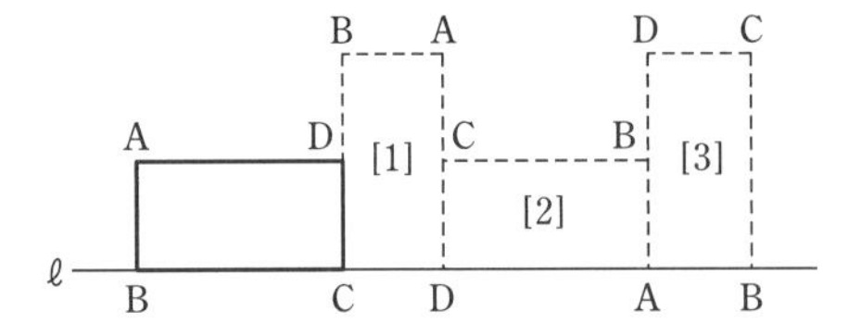

□軌跡

○ある条件のもとに点や線が動いた跡は，いろいろな図形になる。これが軌跡である。

○たとえば，テキスト 19 ページで学んだことから，線分の垂直二等分線は，次のように説明することができる。

「2 点 A，B から等しい距離にある点の軌跡は，線分 AB の垂直二等分線である。」

□練習 35

○正三角形の頂点の軌跡を考え，その長さを求める。点Rの動きを，3 つの場合に分けて考える。

テキストの解答

練習 35　点Rの軌跡は，次の図のようになる。

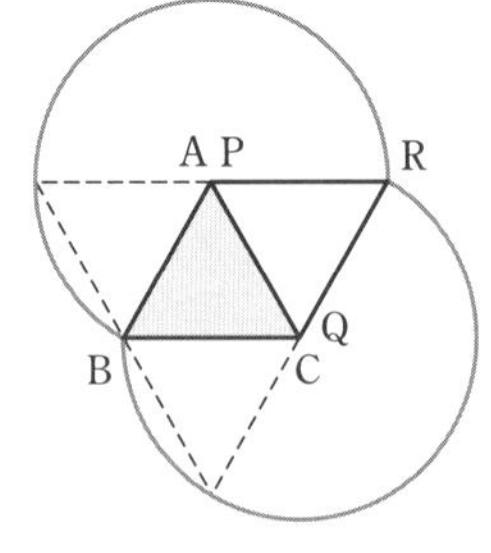

この線は，半径 1 cm，中心角 240° の扇形の弧を，2 つ合わせたものである。

よって，その長さは

$$\left(2\pi\times1\times\frac{240}{360}\right)\times2=\frac{8}{3}\pi\ (\mathrm{cm})$$

確認問題

テキストの解説

□問題 1

○頂点と角，２直線の位置関係，点と直線の距離の確認。

○(1)　たとえば，$\angle a$ の頂点は A，２辺は AB, AC であるから，３点 A, B, C を用いて表すことができる。

○(3)　AD∥BC であるから，平行な２直線間の距離が，直線 AD 上の点Aと直線 BC の距離になる。

□問題 2

○図形の移動。８つの直角二等辺三角形はすべて合同であるから，どの三角形も，適当な移動によって他の三角形に重ね合わせることができる。

○(1)　ずらして重ねることができる三角形
　(2)　点Oを中心に回して重ねることができる三角形
をそれぞれ見つける。

□問題 3

○２つの条件をともに満たす点を作図する。

○[1]　２地点 A，B から等しい距離にある。
　→Pは線分 AB の垂直二等分線上にある
[2]　[1] を満たす点のうち地点Cから最も近い位置にある。
　→線分 AB の垂直二等分線を ℓ とすると，CP⊥ℓ であるから，PはCを通る直線 ℓ の垂線上にある

○したがって，線分 AB の垂直二等分線に点Cから垂線を引き，垂直二等分線との交点をPとすればよい。

□問題 4

○扇形の弧の長さと面積。

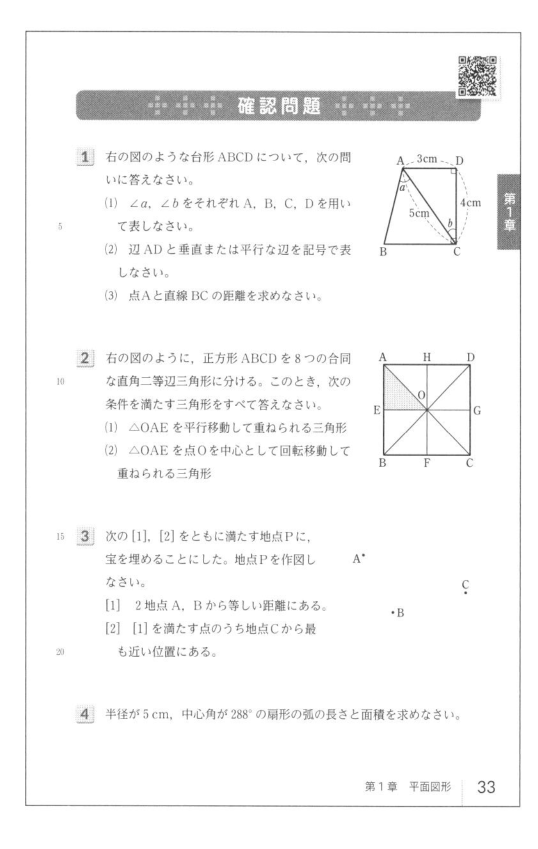

確認問題

1　右の図のような台形 ABCD について，次の問いに答えなさい。
(1)　∠a，∠b をそれぞれ A，B，C，D を用いて表しなさい。
(2)　辺 AD と垂直または平行な辺を記号で表しなさい。
(3)　点Aと直線 BC の距離を求めなさい。

2　右の図のように，正方形 ABCD を８つの合同な直角二等辺三角形に分ける。このとき，次の条件を満たす三角形をすべて答えなさい。
(1)　△OAE を平行移動して重ねられる三角形
(2)　△OAE を点Oを中心として回転移動して重ねられる三角形

3　次の [1]，[2] をともに満たす地点Pに，宝を埋めることにした。地点Pを作図しなさい。
[1]　２地点 A，B から等しい距離にある。
[2]　[1] を満たす点のうち地点Cから最も近い位置にある。

4　半径が 5 cm，中心角が 288° の扇形の弧の長さと面積を求めなさい。

第１章　平面図形　33

○次の公式に当てはめて計算する。
半径 r，中心角 a° の扇形の弧の長さを ℓ，面積を S とすると

$$\ell=2\pi r\times\frac{a}{360},\quad S=\pi r^2\times\frac{a}{360}$$

確かめの問題　解答は本書 153 ページ

1　右の図は，８個の合同なひし形を組み合わせたものである。アの位置のひし形を次の順に移動するとき，最後はどの位置にくるか答えなさい。

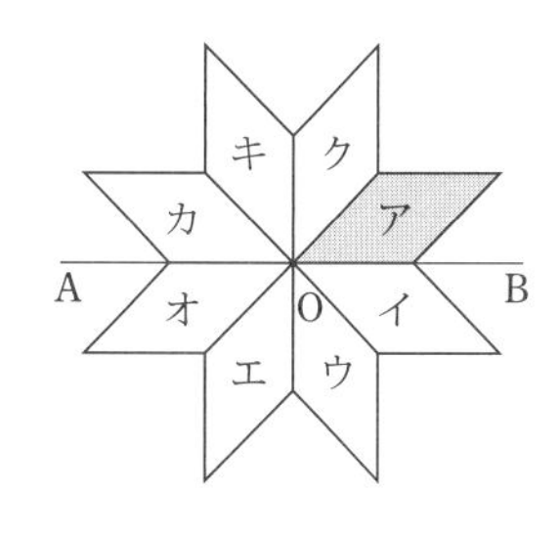

①　最初に，点Oを中心として，時計の針の回転と同じ向きに 90° 回転移動する。
②　①で移動したひし形を，他のひし形とぴったり重なるように平行移動する。
③　②で平行移動したひし形を，直線 AB を対称の軸として対称移動する。

演習問題A

テキストの解説

□問題 1

○円の接線，四角形の角の性質。

○(1)　線分 OP は円Oの半径で，直線 AP は点Pで円Oに接している。円の接線は，接点を通る半径に垂直である。

○四角形の 4 つの角の和が 360° であることを利用する。

□問題 2

○条件を満たす円の中心の作図。

○点Pで ℓ に接する円

→ 円の中心はPを通る ℓ の垂線上にある

点Qを通る円

→ 点Pも通るから，2点P，Qを通る

→ 円の中心は2点P，Qから等しい距離にある

→ 円の中心は線分 PQ の垂直二等分線上にある

○したがって，円の中心は，Pを通る ℓ の垂線と，線分 PQ の垂直二等分線の交点である。

□問題 3

○扇形の半径と弧の長さから，面積と中心角の大きさを求める。

○(1)　半径が r，弧の長さが ℓ の扇形の面積は

$$\frac{1}{2}\ell r$$

○(2)　半径が 5 cm である円の周の長さは 10π cm であるから，弧の長さは円周の

$$\frac{6\pi}{10\pi}\text{倍}\quad\text{すなわち}\quad\frac{3}{5}\text{倍}$$

□問題 4

○線分が動いてできる図形の面積。

○テキストの図を参考にすると，通過する部分は扇形を合わせたものになることがわかる。

演習問題A

1　右の図のように，点Aから円Oに2本の接線を引き，その接点をそれぞれP，Qとする。

(1)　直線 AP と線分 OP の位置関係を，記号で表しなさい。

(2)　∠PAQ=40° のとき，∠x の大きさを求めなさい。

2　左の図のような直線 ℓ と，ℓ 上の点Pおよび ℓ 上にない点Qがある。点Pで ℓ に接する円で，点Qを通るものの中心を作図によって求めなさい。

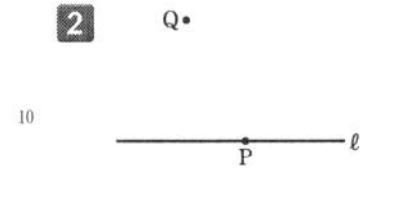

3　半径が 5 cm で，弧の長さが 6π cm の扇形がある。

(1)　面積を求めなさい。　　(2)　中心角の大きさを求めなさい。

4　右の図のように，長さ 9 cm の糸 AP をぴんと張り，1 辺が 3 cm の正三角形の頂点Aに一端を固定して，糸を張った状態のまま全部を巻きつける。このとき，糸が通過する部分の面積を求めなさい。

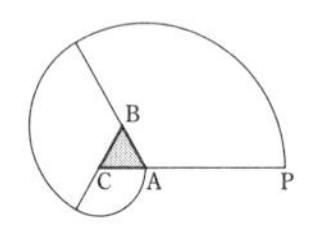

34　第1章　平面図形

実力を試す問題　解答は本書 157 ページ

1　右の図の線分 AB を回転移動して，線分 CD に重ねるとき，回転の中心Oを作図しなさい。

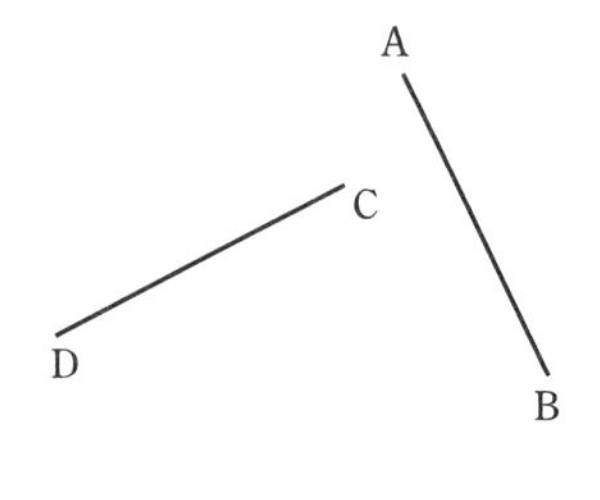

2　右の図の半円Oを直線 ℓ を対称の軸として対称移動する。
このとき，移動後の半円を作図しなさい。

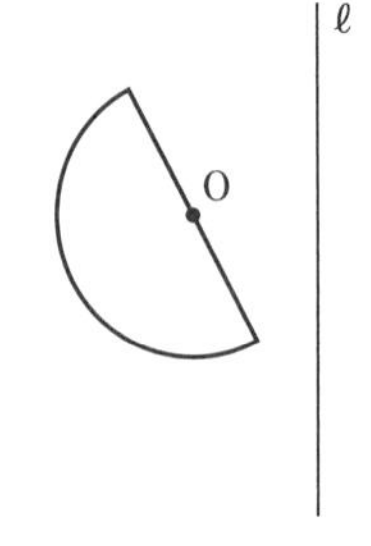

ヒント　**1**　点Aは点Cに，点Bは点Dにそれぞれ移動する。
OA=OC，OB=OD

テキスト 35 ページ

演習問題B

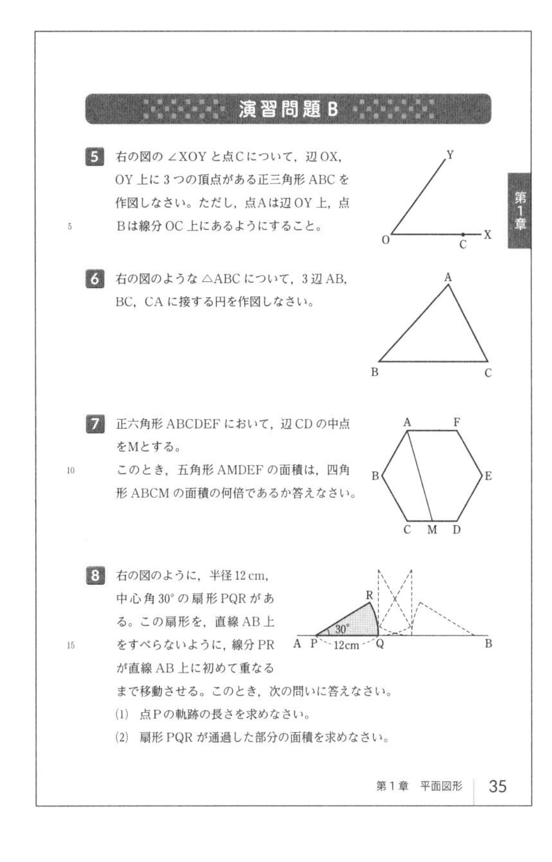

演習問題 B

5 右の図の ∠XOY と点Cについて，辺 OX，OY 上に 3 つの頂点がある正三角形 ABC を作図しなさい。ただし，点Aは辺 OY 上，点Bは線分 OC 上にあるようにすること。

6 右の図のような △ABC について，3 辺 AB，BC，CA に接する円を作図しなさい。

7 正六角形 ABCDEF において，辺 CD の中点をMとする。
このとき，五角形 AMDEF の面積は，四角形 ABCM の面積の何倍であるか答えなさい。

8 右の図のように，半径 12 cm，中心角 30° の扇形 PQR がある。この扇形を，直線 AB 上をすべらないように，線分 PR が直線 AB 上に初めて重なるまで移動させる。このとき，次の問いに答えなさい。
(1) 点Pの軌跡の長さを求めなさい。
(2) 扇形 PQR が通過した部分の面積を求めなさい。

第 1 章　平面図形　35

テキストの解説

□問題 5

○条件を満たす正三角形の作図。

○作図の方法が思い浮かばない場合は，正三角形 ABC が作図できたものとして，その結果からどんなことがいえるかを考える。

○正三角形 ABC が作図できたとして，わかることは

　AB=BC=CA

　∠A=∠B=∠C=60°

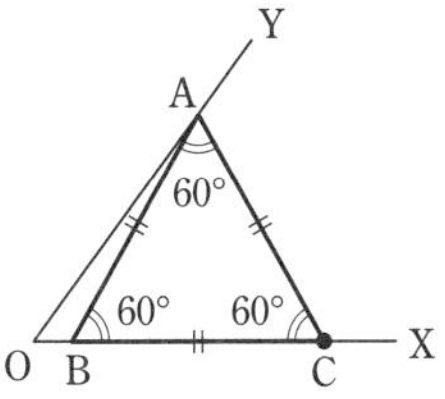

このうち，作図が可能なものを考える。

○辺 BC は OX 上にあるから，線分 OC を 1 辺とする正三角形を作図することで，大きさが 60° の ∠C は得られる。

○点Aは OY 上にあるから，∠C が決まることで，点Aも決まる。

○このように，少し複雑な作図の問題では，求める図形が作図できたものとして，その図形が満たす条件や性質を考え，それらを手がかりとして，作図の方法を考えるとよい。

□問題 6

○三角形 ABC の 3 辺に接する円の作図。

○辺 AB，辺 BC に接する
　→ 円の中心は，∠ABC の二等分線上にある。
　辺 BC，辺 CA に接する
　→ 円の中心は，∠ACB の二等分線上にある。

○したがって，∠ABC の二等分線と ∠ACB の二等分線の交点を I とすると，I は求める円の中心である。I から辺 BC に引いた垂線の足をHとすると，中心が I，半径が IH の円を作図すればよい。

□問題 7

○正六角形を 2 つに分けたときの面積について，一方が他方の何倍であるかを求める。

○正六角形の中心をOとする。△OAM と △OMD の面積は等しく，その和は △AMD の面積で，△ACD の面積の半分である。

○一方，△ACO と △ACM の面積は，ともに △ACD の面積の半分で等しい。また，△ABC と △ACO は合同で，面積は等しい。

○したがって，△AMD の面積は，正六角形の面積の $\frac{1}{6}$ 倍である。

□問題 8

○扇形の頂点の軌跡の長さと，扇形が通過する部分の面積。

○テキストの図を参考に考える。弧 QR が直線 AB 上をすべらずに動くとき，点Pの軌跡を把握することがポイントになる。

○弧 QR が直線 AB 上をすべらずに動くとき，点Pと接点を結んだ線分は，常に直線 AB と垂直になる。

学習のめあて

円周率の歴史や円周率の値の求め方について知ること。

学習のポイント

円と正多角形

正多角形の辺の数を増やしていくと，正多角形は円に近づいていく。

テキストの解説

□円周率の調べ方

○円は直線とならんで身近な図形であり，その性質は，古くから研究されていた。

○円周が直径の何倍になるかを表す数が円周率であり，この値は，円の大きさによらず一定である。

○円周率を調べる簡単な方法として，次のようなものがある。

たとえば，厚紙から直径 10 cm の円を切り取り，その中心につまようじを刺して，平らな面の上に立てる。面との接点をPとして，Pが再び面に接するまで円を1回転させる。このとき，点Pはおよそ 31 cm 程度動く。

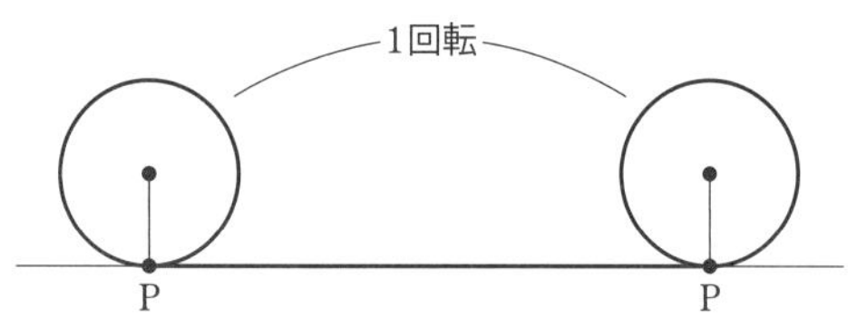

したがって，この結果から得られる円周率は $31 \div 10 = 3.1$ である。

直径の異なる円を用意して同じ実験を行うと，円周÷直径　はどれも同じような値になる。

□円と正多角形

○正多角形の辺の数を増やすと，正多角形はどんどん円に近づいていく。このことを利用すると，円にぴったりと入る正多角形の1辺の長さから，円周率の値を考えることができる。

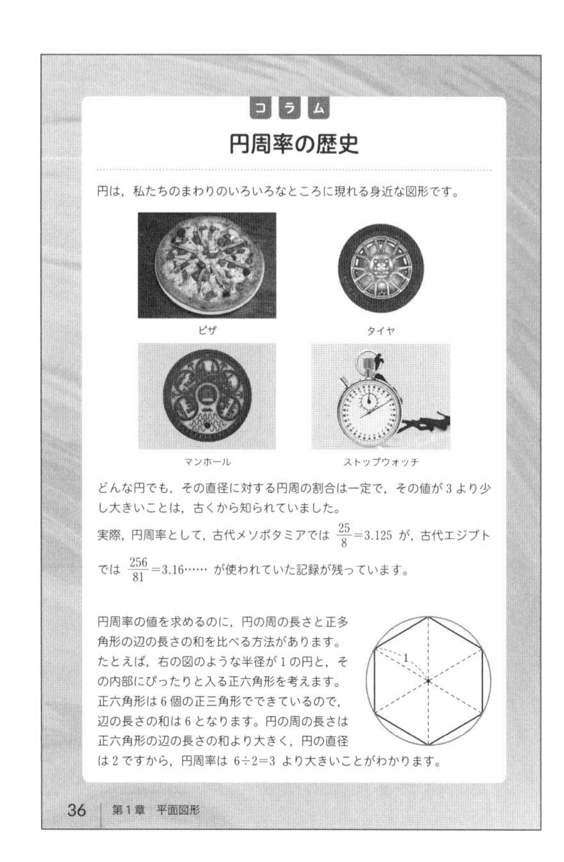

コラム

円周率の歴史

円は，私たちのまわりのいろいろなところに現れる身近な図形です。

ピザ　タイヤ　マンホール　ストップウォッチ

どんな円でも，その直径に対する円周の割合は一定で，その値が3より少し大きいことは，古くから知られていました。

実際，円周率として，古代メソポタミアでは $\frac{25}{8}=3.125$ が，古代エジプトでは $\frac{256}{81}=3.16\cdots\cdots$ が使われていた記録が残っています。

円周率の値を求めるのに，円の周の長さと正多角形の辺の長さの和を比べる方法があります。たとえば，右の図のような半径が1の円と，その内部にぴったりと入る正六角形を考えます。正六角形は6個の正三角形でできているので，辺の長さの和は6となります。円の周の長さは正六角形の辺の長さの和より大きく，円の直径は2ですから，円周率は $6 \div 2 = 3$ より大きいことがわかります。

36　第1章　平面図形

○たとえば，半径が1の円にぴったりと入る正六角形の1辺の長さは1である。この正六角形の周を，円の周とみなしたとき，円周率は

(正六角形の周の長さ)÷(円の直径)$=6 \div 2$
$=3$

○テキストの裏表紙(うらびょうし)の裏には，直径が 100 mm の円と，この円にぴったりと入る正六角形，正十二角形，正二十四角形がかいてある。

この図を実際に測ってみると，各正多角形の1辺の長さは，次のようになる。

正六角形　50 mm

→　円周率は　$50 \times 6 \div 100 = 3$

正十二角形　およそ 25.8 mm (26 mm より少し短い)

→　円周率は　$25.8 \times 12 \div 100 = 3.096$

正二十四角形　およそ 13 mm

→　円周率は　$13 \times 24 \div 100 = 3.12$

この結果から，計算された円周率は，3.14…に近づいていくことがわかる。

テキスト 37 ページ

学習のめあて

いろいろな方法を通して，円周率の値を知ること。

学習のポイント

2つの正多角形と円

円を2つの正多角形ではさんで，2つの正多角形の周の長さと円周の長さを比べる。

テキストの解説

□2つの正多角形と円

○テキストの前ページでは，正多角形を用いて円周率の値を調べた。

○次のように，円をはさむ2つの正多角形を考えると，円周率の値をもう少し詳しく調べることができる。

○円にぴったりと入る正多角形の外側に，円がぴったりと入る正多角形を考える。

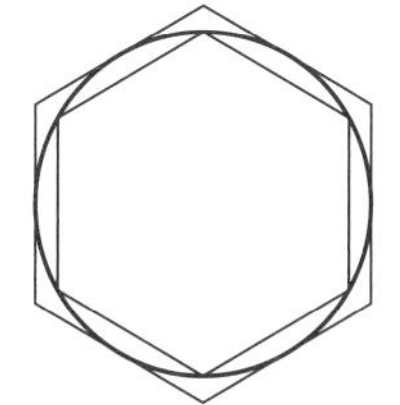

右の図は，このようにしてかいた2つの正六角形である。

○2つの正多角形の周の長さと円周の長さを比べると，次のことが成り立つ。

(内側の正多角形の周の長さ)
<(円周の長さ)
<(外側の正多角形の周の長さ)

○たとえば，半径1の円にぴったりと入る内側の正六角形の1辺の長さは1であった。また，この円がぴったりと入る外側の正六角形の1辺の長さは，およそ1.15になる。

このとき，

$1.15 \times 6 \div 2 = 3.45$

であるから，円周率は3より大きく3.45より小さいことがわかる。

学習を進めると，外側の正六角形の1辺の長さも求められるようになるよ。

紀元前3世紀頃に，ギリシャのアルキメデスは，正96角形を利用して，円周率の値が

$3+\frac{10}{71}=3.1408\cdots\cdots$ より大きく，

$3+\frac{1}{7}=3.1428\cdots\cdots$ より小さい

ことを発見しました。

アルキメデスは円周率の値を，小数第2位まで正しく求めていたのです。

↑正96角形の一部分

円周率 3.1415926…… にとても近い値となる分数としては，中国の数学者である祖冲之(そちゅうし)が5世紀頃に発見したとされる，

$\frac{355}{113}=3.1415929\cdots\cdots$

が知られています。

このように，円周率に近い値となる分数は，はるか昔からいろいろと考えられてきました。しかしながら，円周率の値にぴったりと一致する分数はありません。このことがきちんと説明されたのは，わずか二百数十年前のことです。

祖冲之

コンピュータが発達した現在，円周率の値は，コンピュータを利用して計算することができるようになりました。

たとえば，$\frac{2\times2\times4\times4\times6\times6\times\cdots\cdots}{1\times3\times3\times5\times5\times7\times\cdots\cdots}$ という分数を計算すると，その値は $\frac{\pi}{2}$ に近づきます。このような「計算結果が π に関する数になる式」を計算することで，円周率の値を計算します。

2019年の時点で，円周率の値は，小数点以下30兆桁(けた)を超(こ)えるところまで求められています。

第1章　平面図形　37

□円周率の値

○古代ギリシャの時代から，図形を利用して調べられてきた円周率の値は，その後の研究により，いろいろな式で表されるようになった。

テキストに示した

$$\frac{\pi}{2}=\frac{2\times2\times4\times4\times6\times6\times\cdots}{1\times3\times3\times5\times5\times7\times\cdots}$$

はその1つである。また，このほかには，次のような簡単な式もある。

$$\frac{\pi}{4}=1-\frac{1}{3}+\frac{1}{5}-\frac{1}{7}+\frac{1}{9}-\frac{1}{11}+\cdots$$

○円周率の小数第100位までの正しい値は，次のようになる。

3.14159 26535 89793 23846 26433 83279
50288 41971 69399 37510 58209 74944
59230 78164 06286 20899 86280 34825
34211 70679

第2章　空間図形

この章で学ぶこと

① **いろいろな立体**（40～41 ページ）

小学校で学んだ角柱や円柱に加えて，新たに角錐と円錐について学習します。

また，正多面体について，その特徴や性質を考えます。

新しい用語と記号

角錐，円錐，底面，側面，多面体，正多面体

② **空間における平面と直線**（42～47 ページ）

空間において，平面がただ 1 つに決まる条件を考えるとともに，空間における 2 直線の位置関係，直線と平面の位置関係，2 平面の位置関係を調べます。

また，これらの関係をもとに，空間における点と平面の距離や，平行な 2 平面間の距離についても考えます。

新しい用語と記号

平面，ねじれの位置，平行，垂直，垂線，
点と平面の距離，交線，なす角，
平行な 2 平面間の距離，$\ell /\!/ P$，$P /\!/ Q$，$\ell \perp P$，$P \perp Q$

③ **立体のいろいろな見方**（48～56 ページ）

角柱や円錐などを，面が動いた後にできる立体としてとらえたり，立体を平面で切った切り口の図形について考えたりして，空間図形の理解を深めます。

また，立体の表し方として，新たに投影図について学ぶとともに，展開図を用いて，いろいろな立体の性質を調べます。

新しい用語と記号

回転体，回転の軸，母線，立面図，平面図，投影図

④ **立体の表面積と体積**（57～65 ページ）

立体の表面積を展開図をもとにして求めたり，見取図をもとに立体の体積を求めたりする方法を学びます。

また，角錐・円錐の体積の求め方や，球の表面積と体積の求め方も学習します。

新しい用語と記号

表面積，底面積，側面積

テキストの解説

□立体の特徴

○テキスト 38 ページの立体の名称は，40 ページ以降に学ぶように次の通りである。

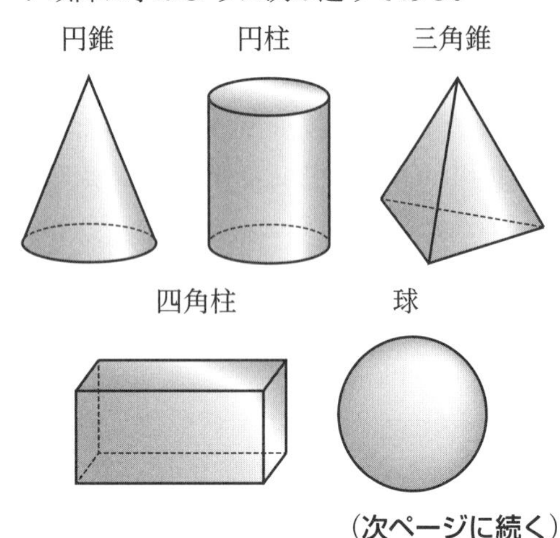

（次ページに続く）

テキストの解説

□立体の特徴（前ページの続き）

○テキスト 38 ページでは

クラッカー → 円錐，
茶筒 → 円柱，
ティーバッグ → 三角錐，
ティッシュボックス → 四角柱，
サッカーボール → 球

に，それぞれ分類している。

□球がぴったり入る円柱と球の関係

○テキスト 39 ページの球がぴったり入る円柱と球の体積と面積の比は次のようになることがわかっている。

球と円柱の体積の比は　2：3
球と円柱の表面積の比は　2：3

□空間図形

○この章では，空間の図形のいろいろな性質について学習する。

○私たちが生活をしている場は，1 つの空間であり，空間図形は身近なものである。しかし，平面図形に比べると，空間図形はわかりにくい部分も多い。

○立体も，平面上の図形に表して考えることが多い。この章では，立体のいろいろな表し方を学習するが，それぞれの表し方の特徴を理解して，複雑な空間図形の問題も解決ができるようにする。

確かめの問題　解答は本書 153 ページ

1　次の ①～④ の図のような，4 つの立体がある。

①
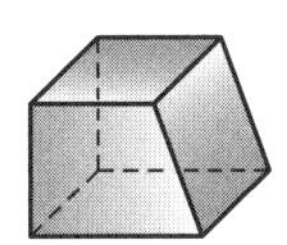

②
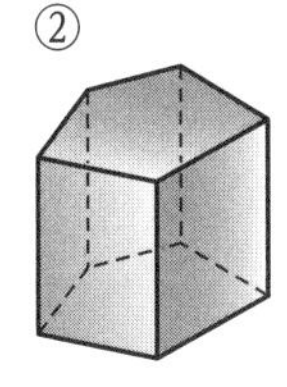

③
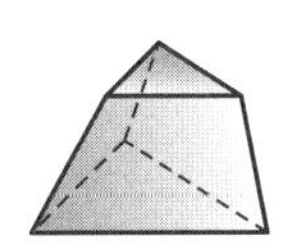

④
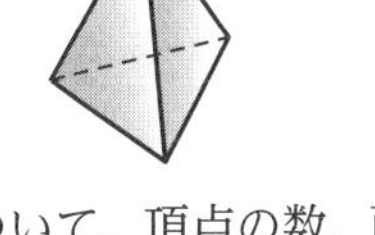

(1)　①～④ の立体について，頂点の数，面の数，辺の数を調べて，表にかき入れなさい。

	①	②	③	④
頂点の数				
面の数				
辺の数				

(2)　(1) の表を用いて，次の計算をしなさい。

① の（頂点の数）＋（面の数）－（辺の数）＝ □
② の（頂点の数）＋（面の数）－（辺の数）＝ □
③ の（頂点の数）＋（面の数）－（辺の数）＝ □
④ の（頂点の数）＋（面の数）－（辺の数）＝ □

1．いろいろな立体

学習のめあて

いろいろな立体の名前とその特徴について理解すること。

学習のポイント

角錐と円錐

下の図の(ア)，(イ)のような立体を **角錐** といい，(ウ)のような立体を **円錐** という。

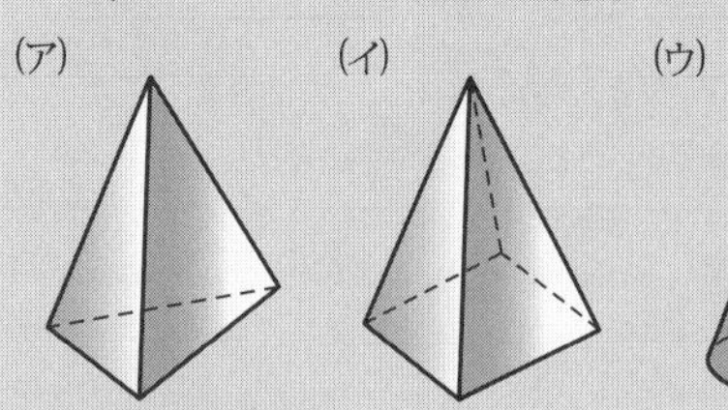

角錐や円錐の底の面を **底面** といい，周りの面を **側面** という。

多面体

平面だけで囲まれた立体を **多面体** という。

1．いろいろな立体

小学校では，下の図の(ア)，(イ)のような角柱と円柱について学んだ。

(ア)　(イ)　(ウ)　(エ)　(オ)

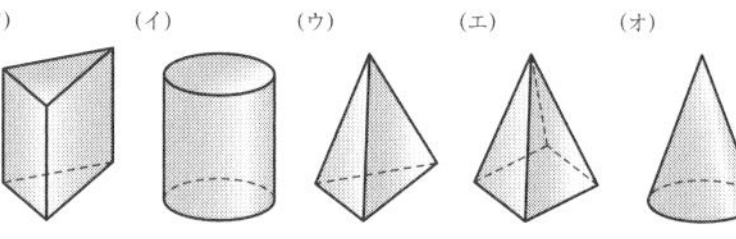

上の図の(ウ)，(エ)のような立体を **角錐**(かくすい) といい，(オ)のような立体を **円錐**(えんすい) という。

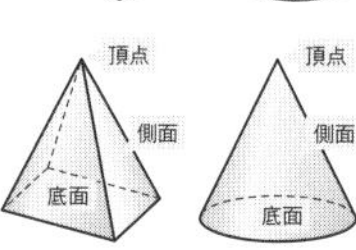

角錐や円錐の底の面を **底面**(てい) といい，周りの面を **側面** という。

角錐の底面は多角形であり，側面は三角形である。また，円錐の底面は円であり，側面は曲面である。

角錐は，底面の形によって，三角錐，四角錐などという。たとえば，上の図の(ウ)は三角錐であり，(エ)は四角錐である。

特に，底面が正多角形で，側面がすべて合同な二等辺三角形である角錐を，正三角錐，正四角錐などという。

注意　底面が正多角形である角柱を，正三角柱，正四角柱などという。

平面だけで囲まれた立体を **多面体**(ためんたい) という。多面体は，その面の数によって，四面体，五面体などという。たとえば，上の図の(ウ)は四面体である。

40　第2章　空間図形

テキストの解説

□角柱と角錐，円柱と円錐

○角柱と円柱については，小学校でも学んだ。角柱や円柱が 2 つの平らな面（底面）ではさまれた立体であるのに対し，角錐や円錐はその一方が 1 点になっており，とがっている。

○角錐は，1 つの多角形と，その各辺を底辺とする三角形で囲まれた立体，ということもできる。

○角柱を，底面の形によって三角柱，四角柱などといったのと同じように，角錐も，底面の多角形の形によって，三角錐，四角錐などという。

○特に，底面が正多角形である角柱を，正三角柱，正四角柱などといい，底面が正多角形で，側面が合同な二等辺三角形である角錐を，正三角錐，正四角錐などという。

○角錐の頂点，辺，面の数は，底面の多角形によって決まり，底面が n 角形であるとき，次のことがいえる。

（角錐の頂点の数）$=n+1$

（角錐の面の数）$=n+1$

（角錐の辺の数）$=n\times 2$

□多面体

○平らな面で囲まれた立体が多面体である。

○したがって，円柱や円錐のように，囲む面に曲がった面を含むような立体や，曲がった面で囲まれた球は，多面体ではない。

確かめの問題　解答は本書 153 ページ

1　次の立体の名前を答えなさい。

(1)

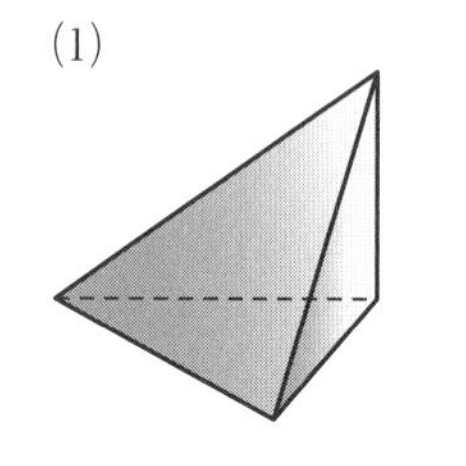

(2)

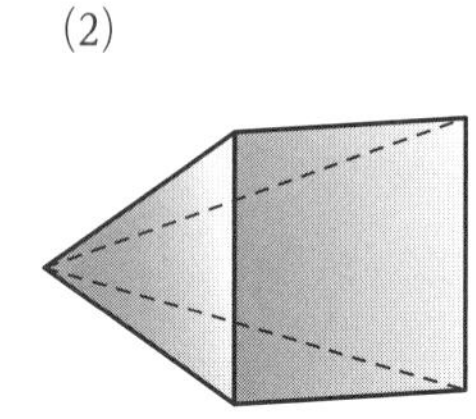

テキスト 41 ページ

学習のめあて

正多面体について知ること。

学習のポイント

正多面体

すべての面が合同な正多角形で，どの頂点にも同じ数の面が集まるへこみのない多面体を **正多面体** という。

すべての面が合同な正多角形で，どの頂点にも同じ数の面が集まるへこみのない多面体を **正多面体** という。次の 5 種類の立体は，どれも正多面体である。

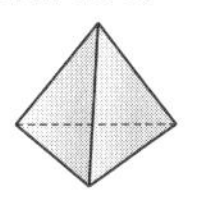

正四面体

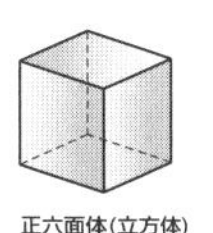

正六面体(立方体)

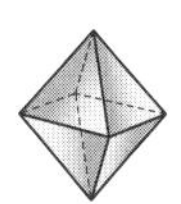

正八面体

正十二面体

正二十面体

5

合同な正三角形を，1 つの頂点を共有するようにいくつか並べてはり合わせたとき，多面体の一部となるのは，次の 3 通りの場合だけである。したがって，各面が正三角形である正多面体は 3 種類しかない。

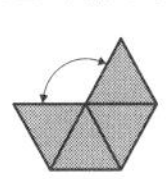

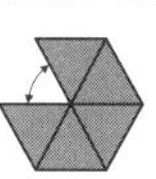

矢印で結ばれた辺をはり合わせる。

正多面体は，上の 5 種類しかないことがわかっている。

10 **練習 1** 次の表の立体について，頂点の数，面の数，辺の数を調べ，表の空らんを埋めなさい。

	三角柱	四角柱	正四面体	正八面体	正十二面体
頂点の数					
面の数					
辺の数					

1. いろいろな立体 41

第2章

テキストの解説

□正多面体

○正多面体は，へこみのない次のような多面体である。

[1] すべての面が合同な正多角形である。

[2] どの頂点にも同じ数の面が集まる。

たとえば，すべての面が合同な正三角形でできた右の図の立体は，上の [1] を満たすが，[2] を満たさないため，正多面体ではない。

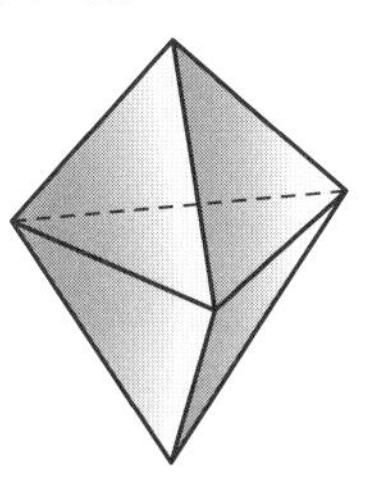

○多面体の頂点が，3 つ以上の面が集まってできることを考えると，正六角形以上の正多角形は，正多面体の面にはならない。

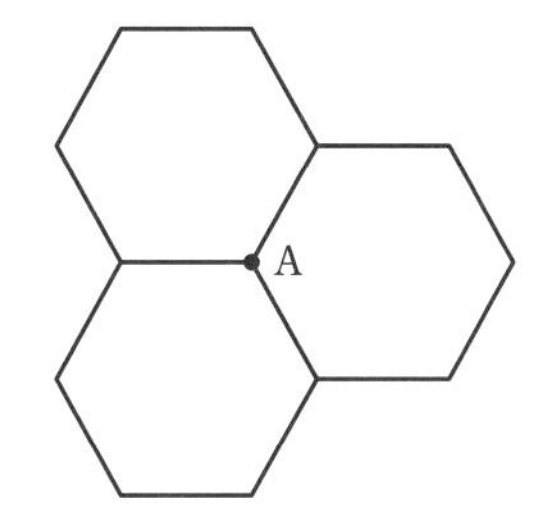

正六角形の 1 つの角の大きさは 120° であるから，点Aの周りに 3 枚集めると，平面になって頂点ができない。

○したがって，正多面体の面は，正三角形（正四面体，正八面体，正二十面体），正方形（正六面体），正五角形（正十二面体）しかない。

□練習 1

○立体の頂点の数，面の数，辺の数。だぶりやもれがないように数える。

○頂点の数，辺の数は，計算によって求めることもできる。たとえば，正十二面体の場合，正五角形 12 個の頂点と辺の総数は，ともに

$$5\times12=60$$

3 個の正五角形で 1 つの頂点ができるから，頂点の数は　$60\div3=20$

2 個の正五角形で 1 つの辺ができるから，辺の数は　$60\div2=30$

テキストの解答

練習 1

	三角柱	四角柱	正四面体
頂点の数	6	8	4
面の数	5	6	4
辺の数	9	12	6

	正八面体	正十二面体
頂点の数	6	20
面の数	8	12
辺の数	12	30

2．空間における平面と直線

学習のめあて

空間における平面と直線の基本的な性質について理解すること。

学習のポイント

平面の決定

同じ直線上にない 3 点を含む平面はただ 1 つある。

1 つの平面上にある 2 直線

空間においても，1 つの平面上にある異なる 2 直線は，1 点で交わるか平行である。

2. 空間における平面と直線

限りなく広がった平らな面を **平面** という。

空間においても，2 点 A，B が与えられると，それらを通る直線 AB がただ 1 つに決まる。

しかし，2 点 A，B を含む平面は無数にあって，ただ 1 つには決まらない。

空間における平面は，2 点 A，B のほかに，直線 AB 上にない点 C が与えられると，ただ 1 つに決まる。よって，次のことがいえる。

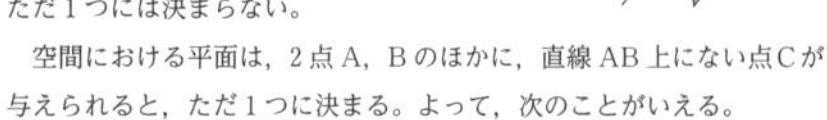

同じ直線上にない 3 点を含む平面はただ 1 つある。

たとえば，平行な 2 直線を含む平面はただ 1 つある。

平面は記号をつけて，平面 P などと表す。また，3 点 A，B，C を含む平面を，平面 ABC という。

練習 2 次の中から，平面がただ 1 つに決まる場合をすべて選びなさい。

① 同じ直線上にある 3 点を含む。　② 交わる 2 直線を含む。

③ 1 つの直線と，その直線上にない 1 点を含む。　④ 異なる 4 点を含む。

2 直線の位置関係

空間においても，1 つの平面上にある異なる 2 直線は，1 点で交わるか平行である。

例 1 右の図の立方体において，2 直線 AB と AE は 1 点 A で交わる。

また，2 直線 AB と DC は平行である。

このとき，辺 AB と DC も平行である。

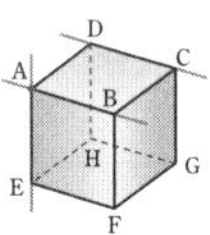

42 | 第 2 章　空間図形

テキストの解説

□平面

○平面は，どの方向にも限りなく広がった平らな面である。

○空間においても，2 点を通る直線はただ 1 つに決まるが，その直線を含む平面は無数にある。したがって，2 点を含む平面は無数にあって 1 つには決まらない。また，同じ直線上にある 3 点を含む平面も無数にあって 1 つには決まらない。

○一方，直線と，その直線上にない 1 点を含む平面は 1 つに決まる。すなわち，同じ直線上にない 3 点を含む平面はただ 1 つである。

□練習 2

○空間における平面。図をかいて考えるとよい。

○同じ直線上にある 3 点を含む平面はただ 1 つに決まらないことと同じように，異なる 4 点が同じ直線上にあると，それら 4 点を含む平面はただ 1 つに決まらない。

○異なる 4 点のうちの 3 点で 1 つの平面が決まっても，残りの 1 点がこの平面上になければ，やはり平面は決まらない。

□例 1

○立方体の各辺を延長した直線を利用して，空間における交わる 2 直線と平行な 2 直線を考える。

テキストの解答

練習 2　平面がただ 1 つに決まる場合は

②，③

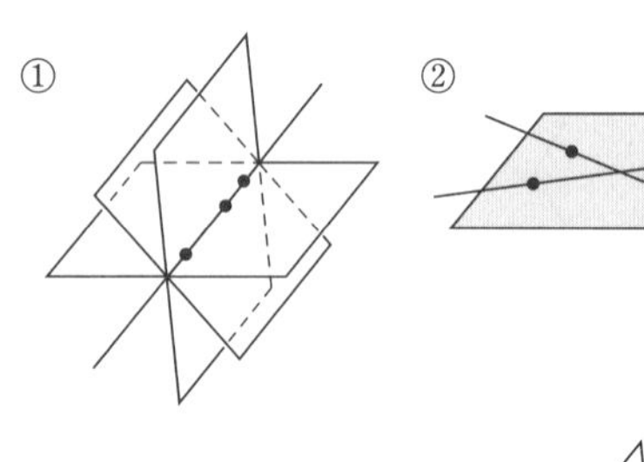

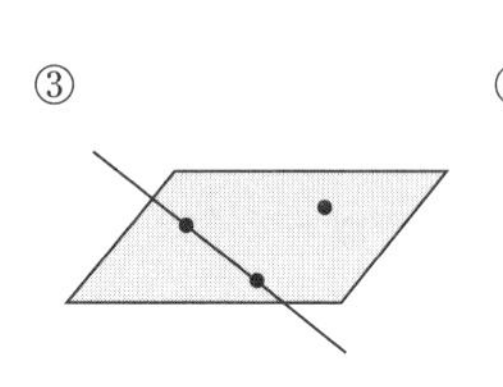

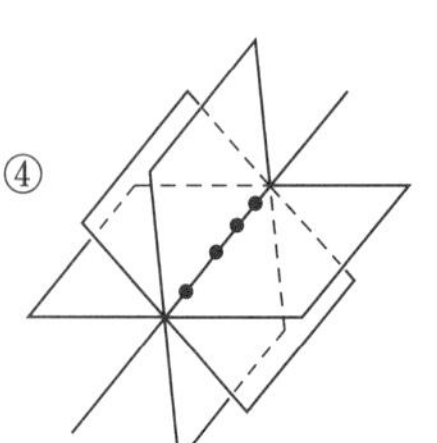

テキスト 43 ページ

学習のめあて

空間における 2 直線の位置関係について理解すること。

学習のポイント

ねじれの位置

空間における 2 直線が，平行でなく交わらないとき，このような 2 直線は **ねじれの位置** にあるという。

2 直線の位置関係

[1]　1 点で交わる　} 2 直線は同じ平面上にある。
[2]　平行である　}
[3]　ねじれの位置にある　2 直線は同じ平面上にない。

テキストの解説

□ねじれの位置

○平面上の 2 直線は，1 点で交わるか平行である。一方，空間における 2 直線には，平行ではなく，交わることもないものがある。それらが，ねじれの位置にある 2 直線である。

○したがって，空間における交わらない 2 直線は，平行であるかねじれの位置にある。

□練習 3

○空間における 2 直線の位置関係。

○(1)　直線 AB と同じ平面上にある直線
(2)　直線 AE と同じ平面上にない直線
をそれぞれ考える。

□練習 4

○空間の 3 直線の位置関係。図をかいて考える。

○正しくないことをいうには，正しくない例を 1 つ示せばよい。

テキストの解答

練習 3　(1)　面 ABCD，AEFB，GCDH は長

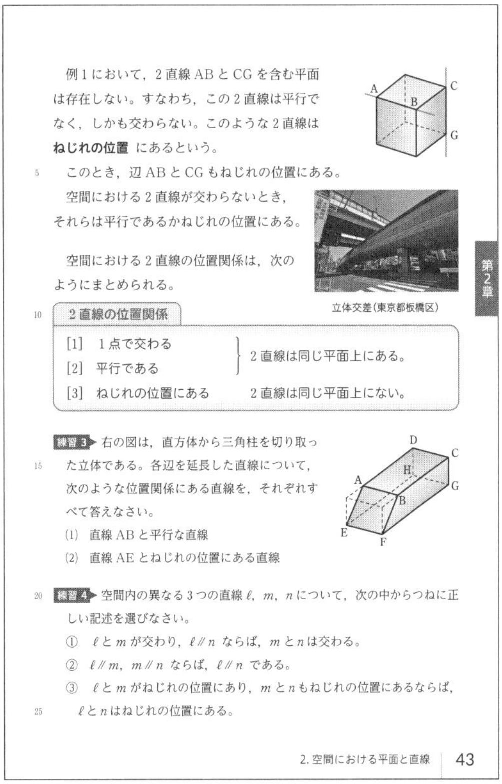

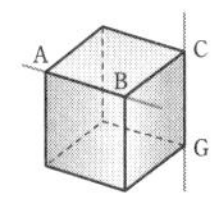

例 1 において，2 直線 AB と CG を含む平面は存在しない。すなわち，この 2 直線は平行でなく，しかも交わらない。このような 2 直線は **ねじれの位置** にあるという。

5　このとき，辺 AB と CG もねじれの位置にある。

空間における 2 直線が交わらないとき，それらは平行であるかねじれの位置にある。

立体交差（東京都板橋区）

空間における 2 直線の位置関係は，次のようにまとめられる。

第2章

10　**2 直線の位置関係**

[1]　1 点で交わる　} 2 直線は同じ平面上にある。
[2]　平行である　}
[3]　ねじれの位置にある　2 直線は同じ平面上にない。

練習 3　右の図は，直方体から三角柱を切り取っ
15　た立体である。各辺を延長した直線について，次のような位置関係にある直線を，それぞれすべて答えなさい。
(1)　直線 AB と平行な直線
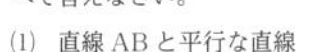
(2)　直線 AE とねじれの位置にある直線

20　**練習 4**　空間内の異なる 3 つの直線 ℓ，m，n について，次の中からつねに正しい記述を選びなさい。
①　ℓ と m が交わり，$\ell /\!/ n$ ならば，m と n は交わる。
②　$\ell /\!/ m$，$m /\!/ n$ ならば，$\ell /\!/ n$ である。
③　ℓ と m がねじれの位置にあり，m と n もねじれの位置にあるならば，
25　ℓ と n はねじれの位置にある。

2. 空間における平面と直線　43

方形であるから，直線 AB と平行な直線は　**直線 DC，EF，HG**

(2)　直線 AE とねじれの位置にある直線は，AE と同じ平面上にない直線であるから
直線 BC，FG，CG，CD，GH

練習 4　①　下の図の直方体において，ℓ と m は交わり，$\ell /\!/ n$ であるが，m と n は交わらない。よって，正しくない。

②　正しい。

③　下の図の直方体において，ℓ と m はねじれの位置にあり，m と n もねじれの位置にあるが，ℓ と n はねじれの位置にはない（$\ell /\!/ n$ である）。
よって，正しくない。

したがって，正しい記述は　②

①
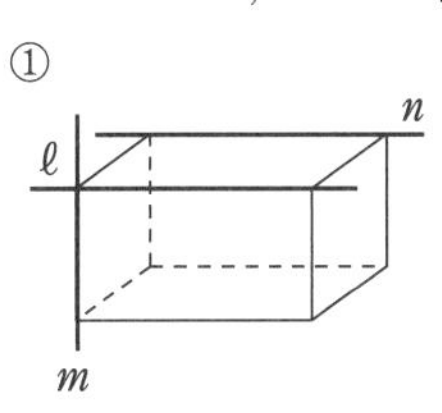

③
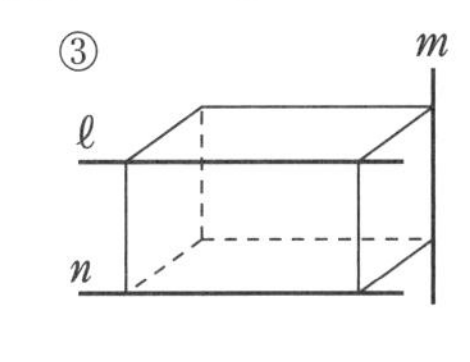

学習のめあて

空間における直線と平面の位置関係について理解すること。

学習のポイント

直線と平面の位置関係

空間における直線 ℓ と平面 P の位置関係には，次の 3 つの場合がある。

[1]　ℓ が P に含まれる

[2]　1 点で交わる

[3]　交わらない

直線と平面の平行と垂直

直線 ℓ と平面 P が交わらないとき，ℓ と P は **平行** であるといい，$\boldsymbol{\ell /\!/ P}$ と表す。

直線 ℓ が，平面 P と ℓ との交点を通る P 上のすべての直線と垂直であるとき，ℓ と P は **垂直** であるといい，$\boldsymbol{\ell \perp P}$ と表す。

また，ℓ を P の **垂線** という。

平面に垂直な直線

平面 P と直線 ℓ が点 O で交わるとき，ℓ が O を通る P 上の 2 直線に垂直ならば，直線 ℓ と平面 P は垂直である。

テキストの解説

□直線と平面の位置関係

○平面上で図形を考えるとき，すべての直線はその平面に含まれる。

○一方，空間で図形を考えると，直線と平面の位置関係には 3 つの場合がある。たとえば，右の図のように，平面 P 上に直方体があるとする。このとき，直線 EF は平面 P に含まれる。

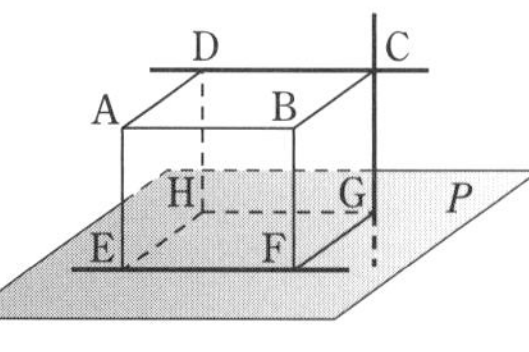

また，直線 CG と平面 P は 1 点 G で交わり，直線 CD と平面 P は交わらない。

直線と平面の位置関係

空間における直線 ℓ と平面 P の位置関係には，次の 3 つの場合がある。

[1]　ℓ が P に含まれる　[2]　1 点で交わる　[3]　交わらない

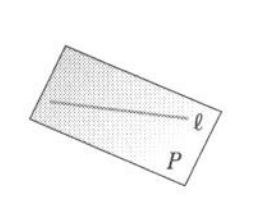

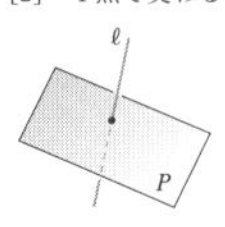

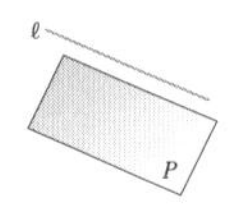

直線 ℓ と平面 P が交わらないとき，ℓ と P は **平行** であるといい，$\boldsymbol{\ell /\!/ P}$ と表す。

直線 ℓ が平面 P と交わり，その交点を通る P 上のすべての直線と垂直であるとき，ℓ と P は **垂直** であるといい，$\boldsymbol{\ell \perp P}$ と表す。また，ℓ を P の **垂線** という。

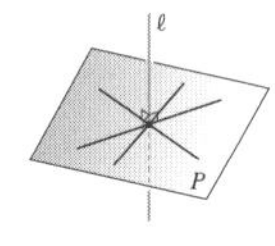

直線 ℓ にそって，1 組の三角定規を右の図のようにおくと，辺 OA，OB を含む平面 P がただ 1 つ決まる。このとき，ℓ を軸として三角定規を回転させると，どのような場合も辺 OA，OB は平面 P 上にあるから，図の点 O を通る P 上のすべての直線は ℓ と垂直である。

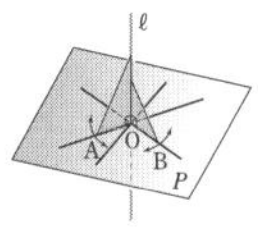

このことから，平面に垂直な直線について，次のことがいえる。

平面に垂直な直線

平面 P と直線 ℓ が点 O で交わるとき，ℓ が O を通る P 上の 2 直線に垂直ならば，直線 ℓ と平面 P は垂直である。

44　第 2 章　空間図形

□平面に垂直な直線

○直線 ℓ が，平面 P と交わり，その交点を通る P 上のすべての直線と垂直であるとき，ℓ と P は垂直である。しかし，すべての直線と垂直であることを示すのはむずかしい。

○平面 P と直線 ℓ が点 O で交わるとき，ℓ が O を通る P 上の 2 直線に垂直ならば，直線 ℓ と平面 P は垂直になる。したがって，平面と直線が垂直であることを示すには，2 組の 2 直線が垂直になることをいえばよい。

○たとえば，左に示した直方体 ABCDEFGH と平面 P において，四角形 GCDH，GCBF はともに長方形であるから，2 直線 CG と GH，CG と GF はともに垂直である。

したがって，直線 CG は平面 P 上の点 G を通る 2 直線 GH，GF と垂直であるから，CG と平面 P は垂直である。

テキスト45ページ

学習のめあて

空間における点と平面の距離について理解すること。

学習のポイント

点と平面の距離

点Aから平面Pに引いた垂線をℓとし，ℓとPとの交点をHとする。このとき，線分AHの長さを，**点Aと平面Pの距離** という。

テキストの解説

□例 2

○平面に垂直な直線。テキスト前ページで学んだ直線と平面が垂直になる条件を考える。

○△ABD，△ACDはともに直角二等辺三角形で，平面BCD上の2直線BD，CDに対し

$$AD \perp BD,\ AD \perp CD$$

が成り立つから，直線ADと平面BCDは垂直である。

□練習 5

○直線と平面の位置関係。

○(1)　直線のうち，平面ABCと平行であるものは，平面ABCと交わらない。

(2)　側面が長方形であることに着目する。頂点A，B，Cを通る直線を考える。

□点と平面の距離

○平面Pと，P上にない点Aを考える。このとき，P上の点と点Aを結んだ線のうち，最も短いものの長さが，点Aと平面Pの距離である。

○点Aから平面Pに引いた垂線と，平面Pとの交点をHとすると

最も短い線の長さ　→　線分AHの長さ

○角錐や円錐において，頂点と底面の距離は，角錐や円錐の高さになる。

例 2　右の図の三角錐は，立方体を平面で切って得られたものである。
このとき

$$AD \perp BD,\ AD \perp CD$$

であるから，直線ADと平面BCDは垂直である。

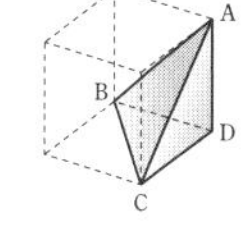

練習 5　右の図の三角柱において，次のような直線をそれぞれすべて答えなさい。
(1)　平面ABCと平行な直線
(2)　平面ABCと垂直な直線

第2章

点Aから平面Pに引いた垂線をℓとし，ℓとPとの交点をHとする。このとき，線分AHの長さを，**点Aと平面Pの距離** という。

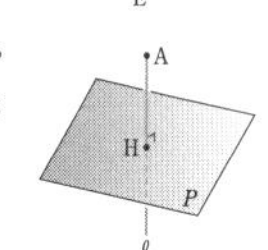

角錐や円錐において，頂点と底面との距離を，角錐や円錐の高さという。
例2の三角錐ABCDにおいて，△BCDを底面とすると，線分ADの長さは，この三角錐の高さである。

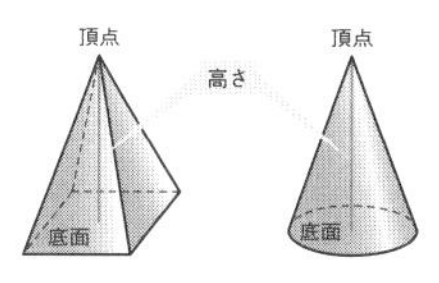

練習 6　例2の三角錐ABCDにおいて，△ABDを底面と考える。このとき，高さとなる線分を答えなさい。

□練習 6

○三角錐の高さ。△ABDを底面と考えるから，平面ABD上にない点Cについて，Cを通る直線と平面ABDの関係を調べる。

テキストの解答

練習 5　(1)　DE∥AB，EF∥BC，FD∥CA
であるから，平面ABCと平行な直線は
直線DE，EF，FD

(2)　$AD \perp AB$，$AD \perp AC$
$BE \perp BA$，$BE \perp BC$
$CF \perp CB$，$CF \perp CA$
であるから，平面ABCと垂直な直線は
直線AD，BE，CF

練習 6　平面ABDと直線CDは垂直であるから，△ABDを底面と考えたときの高さとなる線分は　**線分CD**

学習のめあて

空間における 2 平面の位置関係と 2 平面のなす角について理解すること。

学習のポイント

2 平面の位置関係

異なる 2 平面の位置関係には，次の 2 つの場合がある。

[1]　交わる　　　　[2]　交わらない

2 平面 P，Q が交わらないとき，P と Q は **平行** であるといい，$P /\!/ Q$ と表す。

2 平面の交線とその性質

2 平面が交わるとき，その交わりにできる 1 つの直線を，2 平面の **交線** という。

平行な 2 平面に 1 つの平面が交わるとき，2 本の交線は平行である。

2 平面のなす角

図のように，2 平面 P，Q の交線 ℓ 上に点 A をとり，

　P 上に $\ell \perp \mathrm{AB}$ となる点 B，

　Q 上に $\ell \perp \mathrm{AC}$ となる点 C

をとる。

このとき，$\angle\mathrm{BAC}$ を 2 平面 P と Q の **なす角** という。

テキストの解説

□ 2 平面の位置関係

○異なる 2 平面は交わるか交わらないかのどちらかであり，交わらない場合，2 平面は平行である。

○テキストに示したように，平行な 2 平面 P，Q に別の平面 R が交わってできる交線を m，n とする。このとき，平面 P 上のどんな直線も平面 Q 上の直線と交わることはない。

→　空間の交わらない 2 直線は

　　平行　または　ねじれの位置

→　m，n は 1 つの平面 R 上にある

→　同じ平面上にある交わらない 2 直線は

　　平行

したがって，2 本の交線 m，n は平行である。

2 平面の位置関係

異なる 2 平面 P，Q の位置関係には，次の 2 つの場合がある。

[1]　交わる　　　　[2]　交わらない

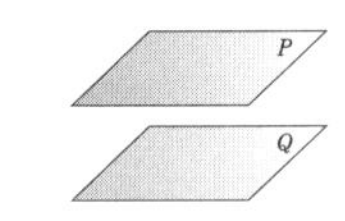

2 平面 P，Q が交わらないとき，P と Q は **平行** であるといい，$P /\!/ Q$ と表す。

2 平面が交わるとき，それらの交わりは直線になる。これを 2 平面の **交線**（こうせん） という。

右の図のように，平行な 2 平面 P，Q に別の平面 R が交わるとき，2 本の交線 m，n は平面 R 上にあって交わることはない。

したがって，次のことがいえる。

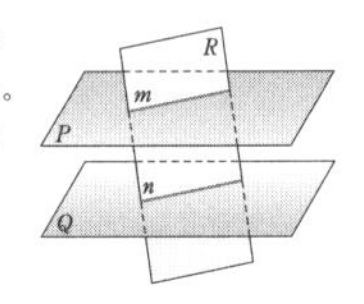

平行な 2 平面に 1 つの平面が交わるとき，2 本の交線は平行である。

右の図のように，2 平面 P，Q の交線 ℓ 上に点 A をとり，

　P 上に $\ell \perp \mathrm{AB}$ となる点 B，

　Q 上に $\ell \perp \mathrm{AC}$ となる点 C

をとる。このとき，$\angle\mathrm{BAC}$ を 2 平面 P と Q の **なす角** という。

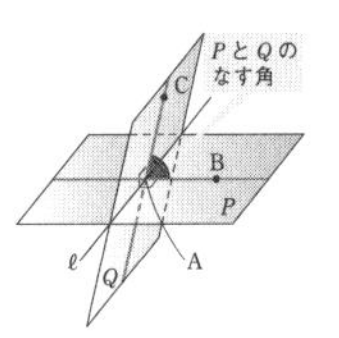

46　第 2 章　空間図形

この性質は，立体を平面で切ったときの切り口の図形を考えるときにも利用するよ。
しっかりと覚えておこう。

□ 2 平面のなす角

○ 2 平面の交線に垂直な直線をもとにして，2 平面のなす角を定める。

○テキストに示したように，$\ell \perp \mathrm{AB}$，$\ell \perp \mathrm{AC}$ のときに，$\angle\mathrm{BAC}$ を 2 平面のなす角という。

○したがって，ℓ と AB が垂直でない場合や，ℓ と AC が垂直でない場合には，$\angle\mathrm{BAC}$ は 2 平面のなす角を表すとは限らない。このことは，立体図形を学習するときに重要である。

テキスト 47 ページ

学習のめあて

垂直な 2 平面の性質や，平行な 2 平面間の距離について理解すること。

学習のポイント

垂直な 2 平面

2 平面 P，Q において，P と Q のなす角が $90°$ のとき，平面 P と Q は **垂直** であるといい，$\boldsymbol{P \perp Q}$ と表す。

平行な 2 平面間の距離

平行な 2 平面 P，Q において，P 上のどこに点Aをとっても，点Aと平面 Q との距離は一定である。この一定の距離を **平行な 2 平面 P，Q 間の距離** という。

P と Q のなす角が $90°$ のとき，平面 P と Q は **垂直** であるといい，$\boldsymbol{P \perp Q}$ と表す。

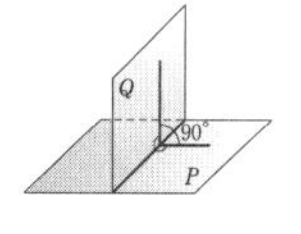

2 平面 P，Q に対して，一方の平面に垂直な直線を他方の平面が含むとき，P と Q は垂直になる。

5

例 3 右の図は，立方体を半分にした立体である。

このとき，直線 AB，DE は平面 BCFE と垂直であるから，直線 AB，DE を含む平面は，平面 BCFE と垂直になる。

10

よって，平面 ABED，ABC，DEF は，平面 BCFE と垂直である。

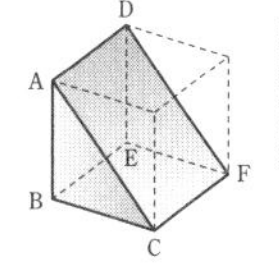

第2章

練習 7 例 3 の立体において，平面 ACFD と垂直な平面をすべて答えなさい。

15 平行な 2 平面 P，Q において，P 上のどこに点Aをとっても，点Aと平面 Q との距離は一定である。

この一定の距離を，**平行な 2 平面 P，Q 間の距離** という。

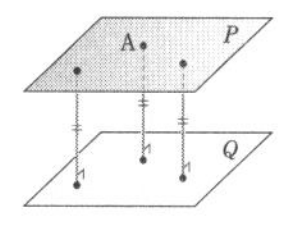

20 角柱や円柱において，2 つの底面は平行である。この 2 平面間の距離を，角柱や円柱の高さという。

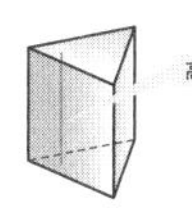

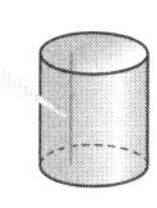

2. 空間における平面と直線　47

テキストの解説

□垂直な 2 平面

○前ページで学んだ 2 平面のなす角をもとにして，垂直な 2 平面を定める。

○交わる 2 平面 P，Q について，平面 P と垂直な直線 ℓ を平面 Q が含むとき，P と Q は垂直になる。

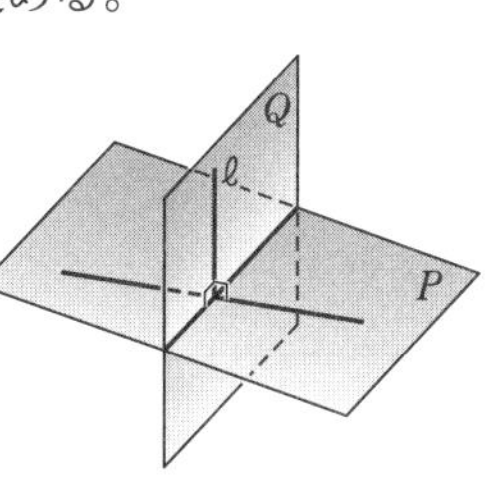

□例 3

○交わる 2 平面 P，Q と直線 ℓ について

$\ell \perp P$ かつ Q は ℓ を含む　→　$P \perp Q$

○たとえば，P を平面 BCFE とし，ℓ を直線 AB と考えると，Q として考えられるのは，直線 AB を含む平面で　平面 ABC，ABED

□練習 7

○例 3 のように考えて，平面 ACFD と垂直な直線を調べても，垂直な直線は見つからない。

○平面 ACFD 上の辺を交線にもつ垂直な平面を考える。

□平行な 2 平面間の距離

○平行な 2 平面はどこまでいっても交わることがなく，一方の平面上のどこに点をとっても，その点と他方の平面との距離は一定である。

テキストの解答

練習 7　直線 AD は，平面 ABC，DEF のそれぞれと垂直であるから，平面 ACFD と垂直な平面は　　**平面 ABC，DEF**

確かめの問題　　解答は本書 153 ページ

1　右の図は，立方体を 1 つの平面で切ったものである。次の問いに答えなさい。

(1)　辺 PQ と平行な辺を答えなさい。

(2)　平面 APU と垂直な平面を答えなさい。

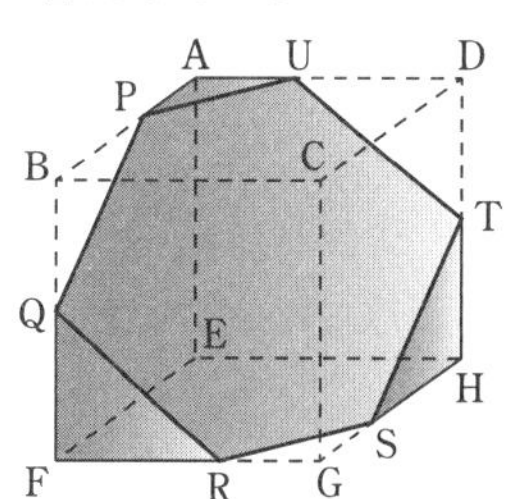

3．立体のいろいろな見方

学習のめあて

角柱・円柱や円柱・円錐を，ある面が動いてできる立体ととらえて，その性質を理解すること。

学習のポイント

面が動いてできる立体

角柱・円柱
底面がそれと垂直な方向に動いてできた立体。
円柱・円錐
長方形や直角三角形を，1つの辺の周りに1回転させてできた立体。

回転体

1つの平面図形を，その平面上の直線 ℓ の周りに1回転させてできる立体を **回転体** といい，ℓ を **回転の軸** という。

テキストの解説

□角柱と円柱

○たとえば，長方形のトランプをぴったりと重ねると，直方体ができる。また，同じ種類の硬貨をぴったりと重ねると，円柱ができる。

○　　トランプや硬貨をぴったりと重ねる
　→ トランプや硬貨を垂直な方向に動かす
とらえると，角柱や円柱は，底面がそれと垂直な方向に動いてできる立体と見ることができる。

□例 4

○多角形を垂直な方向に移動してできる立体は角柱とみなすことができるから，正方形をその1辺の長さだけ移動してできる立体は，立方体と見ることができる。

□練習 8

○円を垂直な方向に移動してできる立体。

3. 立体のいろいろな見方

面が動いてできる立体

合同な多角形や円をたくさん作って重ねると，角柱や円柱ができる。

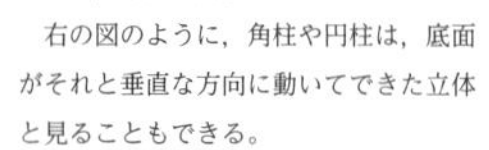

右の図のように，角柱や円柱は，底面がそれと垂直な方向に動いてできた立体と見ることもできる。

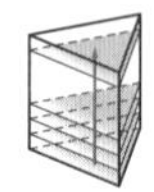

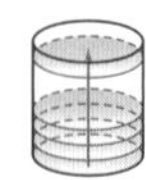

このとき，動いた距離が立体の高さである。

例 4 1辺が 5 cm の正方形を，それと垂直な方向に 5 cm だけ動かしてできる立体は，1辺が 5 cm の立方体と見ることができる。

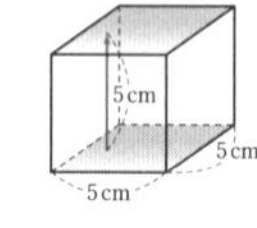

練習 8 半径が 5 cm の円を，それと垂直な方向に 10 cm だけ動かしてできる立体は，どのような立体と見ることができるか答えなさい。

ある直線を軸として，平面図形を1回転させることでも立体ができる。

右の図のように，直線 ℓ を軸として，長方形や直角三角形を1回転させると，それぞれ円柱，円錐になる。

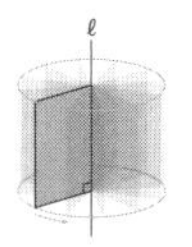

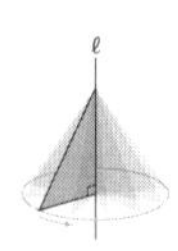

円柱や円錐のように，1つの図形を，その平面上の直線 ℓ の周りに1回転させてできる立体を **回転体**（かいてんたい）といい，直線 ℓ を **回転の軸** という。

48　第2章　空間図形

○円の半径と移動する距離が与えられているから，底面の半径と高さを示して答える。

□円柱と円錐

○ある平面に水平におかれた多角形や円を，その平面と垂直な方向にずらすと，移動してできる立体は，角柱や円柱と見ることができた。

○一方，ある空間におかれた図形を，その1つの辺の周りに回転すると，1つの立体ができると見ることができる。

○テキストにあるように，円柱や円錐は，このようにしてできる立体と見ることもできる。
　円柱　→　長方形をその1辺の周りに回転
　円錐　→　直角三角形を直角をはさむ辺の周りに回転

テキストの解答

練習 8　**底面が半径 5 cm の円で，高さが 10 cm である円柱**

学習のめあて

いろいろな回転体について理解すること。

学習のポイント

母線

回転して円柱や円錐の側面をえがく線分を，円柱や円錐の **母線** という。

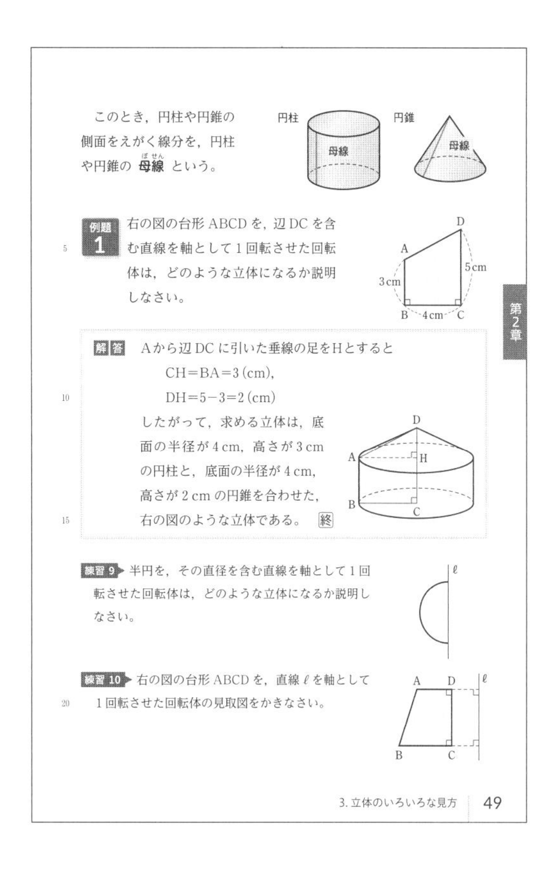

このとき，円柱や円錐の側面をえがく線分を，円柱や円錐の **母線**(ぼせん) という。

例題 1 右の図の台形 ABCD を，辺 DC を含む直線を軸として 1 回転させた回転体は，どのような立体になるか説明しなさい。

解答 A から辺 DC に引いた垂線の足を H とすると
CH=BA=3 (cm),
DH=5−3=2 (cm)
したがって，求める立体は，底面の半径が 4 cm，高さが 3 cm の円柱と，底面の半径が 4 cm，高さが 2 cm の円錐を合わせた，右の図のような立体である。 終

練習 9 半円を，その直径を含む直線を軸として 1 回転させた回転体は，どのような立体になるか説明しなさい。

練習 10 右の図の台形 ABCD を，直線 ℓ を軸として 1 回転させた回転体の見取図をかきなさい。

3. 立体のいろいろな見方 49

第2章

テキストの解説

□例題 1

○AB∥DC である台形を，辺 DC を含む直線の周りに 1 回転させてできる立体。

○長方形を回転させると円柱ができ，直角三角形を回転させると円錐ができる。

○台形 ABCD を，長方形 ABCH と直角三角形 ADH に分けて考えると，できる立体は，円柱と円錐を組み合わせたものになる。

○与えられた台形の辺の長さから，この円柱の底面の半径と高さ，円錐の底面の半径と高さがそれぞれわかる。

○たとえば，この台形を辺 AB を含む直線の周りに 1 回転させると，底面の半径が 4 cm，高さが 5 cm である円柱から，底面の半径が 4 cm，高さが2 cm である円錐を除いた立体が得られる。

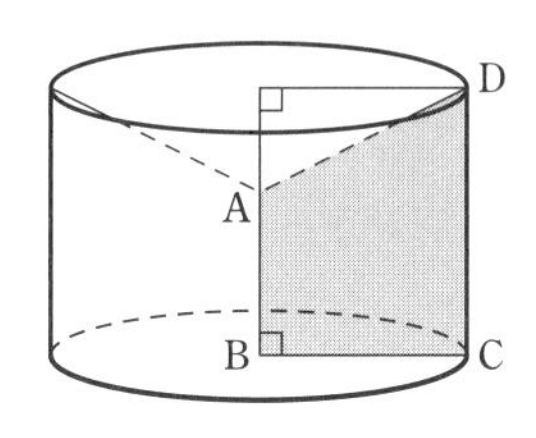

□回転体

○ 1 つの平面図形を，ある直線の周りに 1 回転させてできる立体が回転体である。このとき，回転の軸とする直線は，図形の辺を含むものでなくてもよい (→ 練習 10)。

□練習 9

○半円や円を，その直径を含む直線の周りに 1 回転すると，球ができる。

□練習 10

○辺 AD，BC の延長と直線 ℓ との交点を，それぞれ E，F とすると，できる立体は，台形 ABFE を直線 ℓ の周りに 1 回転したもの (このような立体を円錐台という) から，長方形 DCFE を直線 ℓ の周りに 1 回転したもの (円柱) を除いたものになる。

○見取図では，見えないところの線を破線でかく。

テキストの解答

練習 9　半円と半径が等しい **球** になる。

練習 10

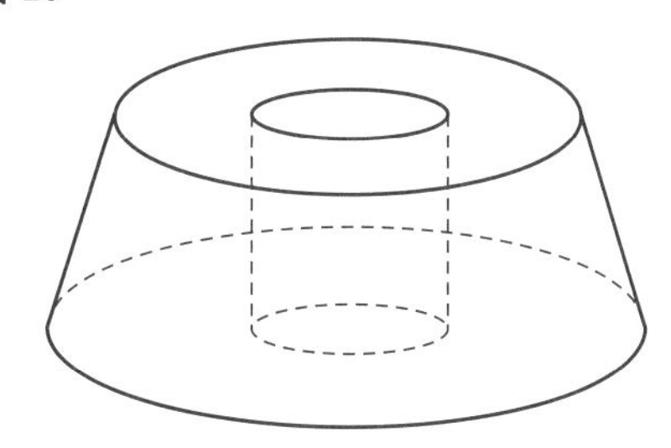

テキスト50ページ

学習のめあて

立体をある平面で切断したときにできる断面の図形について理解すること。

学習のポイント

回転体の切断

回転体を，回転の軸を含むどのような平面で切っても，切り口は同じ図形になる。

例　回転体である円錐を，回転の軸を含むどのような平面で切っても，切り口は二等辺三角形になる。

立方体の切断

立方体を 1 つの平面で切ると，切り口の図形は，次のいずれかになる。

三角形，四角形，五角形，六角形

立体の切断

回転体である円錐を，回転の軸を含むどのような平面で切っても，切り口は二等辺三角形になる。

このように，直線 ℓ を回転の軸とする回転体を，ℓ を含む平面で切った切り口は，ℓ を対称の軸とする線対称な図形になる。

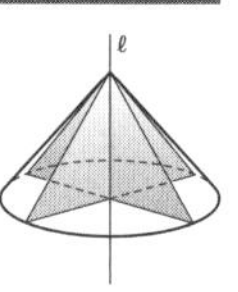

練習 11 回転体である円錐を，その軸に垂直な平面で切った切り口は，どのような図形になるか答えなさい。

立体を 1 つの平面で切断すると，切り口にはいろいろな図形が現れる。

たとえば，下の図は，立方体 ABCDEFGH の辺 AD，CD 上の点をそれぞれ M，N としたとき，この立方体を直線 MN を含む平面で切ったものである。この切り口には，三角形，四角形，五角形，六角形のいずれかが現れる。(*)

多面体を 1 つの平面で切った切り口には，多面体の面上に辺をもつ多角形が現れる。

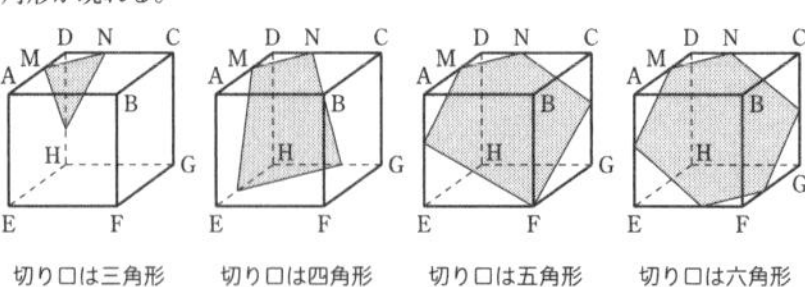

切り口は三角形　切り口は四角形　切り口は五角形　切り口は六角形

(*)　立方体の各面と切断面の交線が，切り口の多角形の辺となる。立方体の面は 6 つであるから，切り口は七角形や八角形にはならない。
なお，立方体の向かい合う面に現れる辺は平行である。

50　第 2 章　空間図形

テキストの解説

□回転体の切断

○直線 ℓ を回転の軸とする回転体を，ℓ を含む平面で切ると

切り口 → ℓ を対称の軸とする線対称な図形になる。

□練習 11

○直線 ℓ を回転の軸とする回転体を，ℓ に垂直な平面で切ると

切り口 → 円または円を組み合わせた図形になる。

□立方体の切断

○立方体を，1 つの平面 P で切ったとき，切り口の図形は，三角形，四角形，五角形，六角形のいずれかになる。

○立方体の 1 つの面と平面 P が交わってできる線は，切り口の図形の 1 つの辺になる。立方体の面の数は 6 であるから，平面 P が交わることができる面の数（→ 切り口の多角形の辺の数）は最も多くて 6 である。

○立方体の向かい合う面は平行であるから，向かい合う面に現れる切り口の図形の辺は平行である。

○たとえば，切り口が，右の図のような四角形 PQRS になるとき，PS // QR であるから，この四角形は台形である。

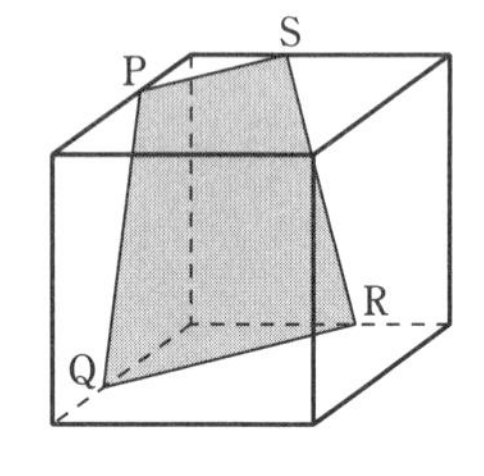

また，切り口が，右の図のような五角形 PQRST になるとき，

PQ // SR

QR // TS

である。

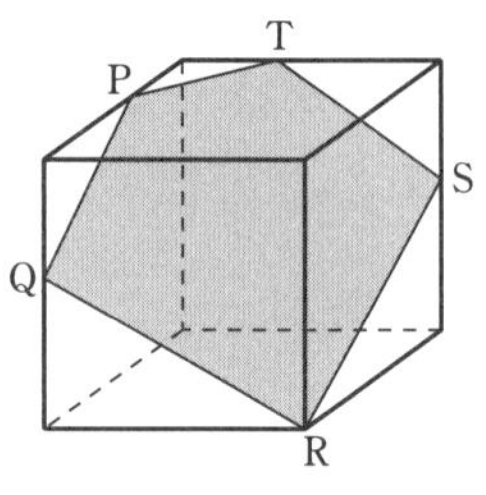

テキストの解答

練習 11　切り口は **円** になる。

学習のめあて

いろいろな立体を切断したときにできる断面の図形を調べる方法を理解すること。

学習のポイント

切り口の図形

立体の面の性質や，面の位置関係に着目する。
平行な 2 平面に 1 つの平面が交わるとき，
2 本の交線は平行である。

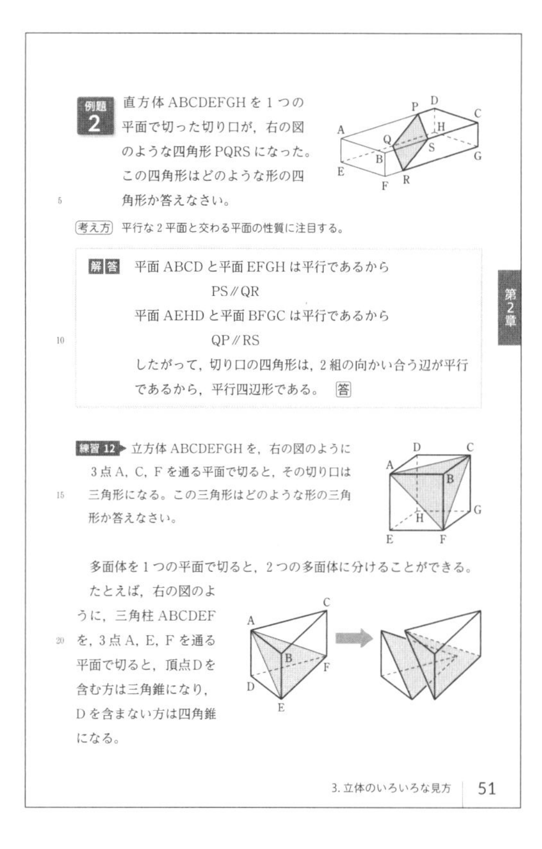

例題 2 直方体 ABCDEFGH を 1 つの平面で切った切り口が，右の図のような四角形 PQRS になった。この四角形はどのような形の四角形か答えなさい。

考え方 平行な 2 平面と交わる平面の性質に注目する。

解答 平面 ABCD と平面 EFGH は平行であるから
PS // QR
平面 AEHD と平面 BFGC は平行であるから
QP // RS
したがって，切り口の四角形は，2 組の向かい合う辺が平行であるから，平行四辺形である。 答

練習 12 立方体 ABCDEFGH を，右の図のように 3 点 A，C，F を通る平面で切ると，その切り口は三角形になる。この三角形はどのような形の三角形か答えなさい。

多面体を 1 つの平面で切ると，2 つの多面体に分けることができる。
たとえば，右の図のように，三角柱 ABCDEF を，3 点 A，E，F を通る平面で切ると，頂点Dを含む方は三角錐になり，Dを含まない方は四角錐になる。

3. 立体のいろいろな見方　51

テキストの解説

□例題 2

○切り口に現れる四角形の性質を調べる。テキスト 46 ページで学んだ平行な平面と 2 本の交線の性質を利用する。

○面と面の交わりは，切り口の図形の 1 つの辺になる。

向かい合う面に現れる辺　→　平行
2 組の向かい合う辺が平行　→　平行四辺形

□練習 12

○立方体の切断面。3 点 A，C，F を通る平面で切ったとき，切り口の図形が三角形になることはすぐにわかる。

○切り口の三角形の辺の長さを考える。

立方体　→　すべての面は合同な正方形
　　　　→　合同な正方形の対角線の長さは等しい
　　　　→　3 つの辺が等しい

□立体のとらえ方

○多面体を 1 つの平面で切ると，2 つの多面体に分けることができる。

○複雑な形をした立体は，次のように工夫して考えると，理解しやすくなることが多い。

[1]　いくつかの立体に分けて考える。
[2]　その立体を含むある立体から，余分な部分を除いて考える。

○たとえば，立方体を切断して得られる下の多面体は，切断面と直線 EF，EH との交点をそれぞれ I，J とすると，三角錐 AEIJ から，2 つの三角錐 PFIQ，SHRJ を除いたものと考えることができる。

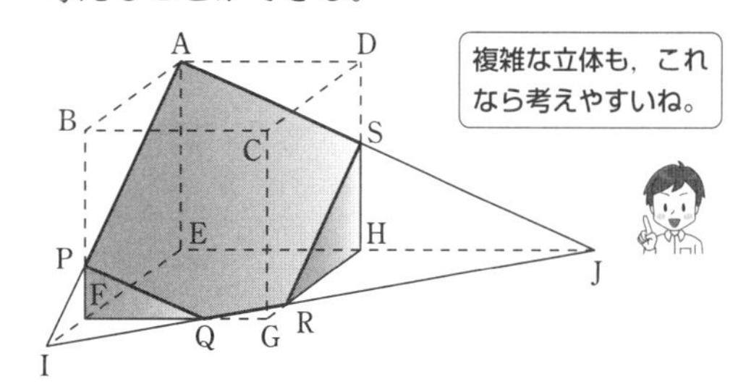

テキストの解答

練習 12　面 ABCD，AEFB，BFGC は合同な正方形であるから，対角線 AC，AF，FC の長さは等しい。
よって，切り口の三角形は　**正三角形**

学習のめあて

立体の表し方の 1 つである投影図について理解すること。

学習のポイント

投影図

立体を正面から見た図を **立面図**，真上から見た図を **平面図** といい，立面図と平面図をまとめて表したものを **投影図** という。

テキストの解説

□投影図

○立体の表し方として，小学校では，見取図と展開図について学んでいる。ここで学ぶ投影図も，立体を表す方法の 1 つである。

○見取図は，立体の形がわかるように，立体を見た目通りにかいたものであるのに対し，投影図は，立体を正面から見た図と真上から見た図をかいて表したものである。

○見取図と同様に，投影図でも

　実際に見える線　→　実線で表す
　見えない線　　　→　破線で表す

○投影図では，立面図と平面図のほかに，立体を真横から見た図（側面図という）を加えて表すこともある。

○右の図の投影図で表される立体には，たとえば，次の図のような直方体と円柱がある。

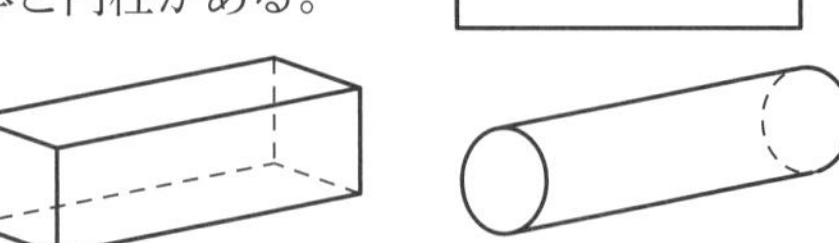

したがって，立面図と平面図だけでは，これら 2 つの立体を区別して表すことができない。このような場合は，次のように側面図を加えて，立体を表す（図は直方体の場合）。

投影図

左下の見取図で表される円錐は，正面から見ると二等辺三角形に，真上から見ると円に，それぞれ見える。

立体を正面から見た図を **立面図**，真上から見た図を **平面図** といい，立面図と平面図をまとめて，右下の図のように表したものを **投影図** という。

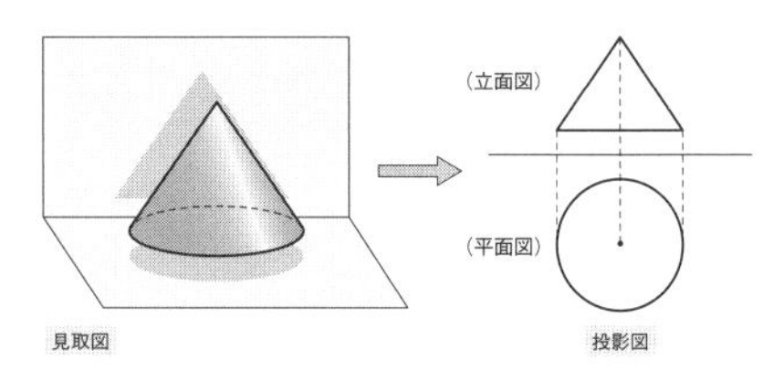

見取図と同様に投影図でも，実際に見える線は実線 —— で表し，見えない線は破線 ……… で表す。

練習 13　右の投影図で表される立体の見取図をかきなさい。

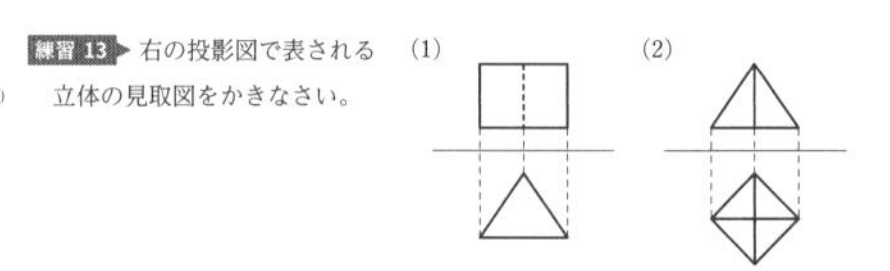

立面図と平面図に，立体を真横から見た図を加えて，投影図を表すこともある。

52　第 2 章　空間図形

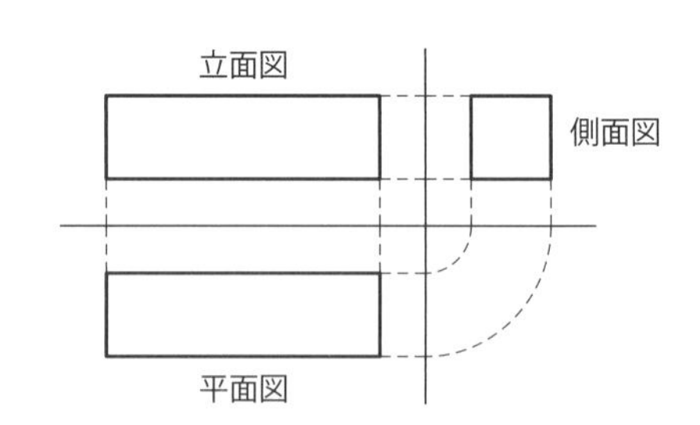

□練習 13

○立体の投影図。各立体を正面から見た図と真上から見た図を考える。

テキストの解答

練習 13　(1)　次の図のような三角柱になる。
　(2)　次の図のような四角錐になる。

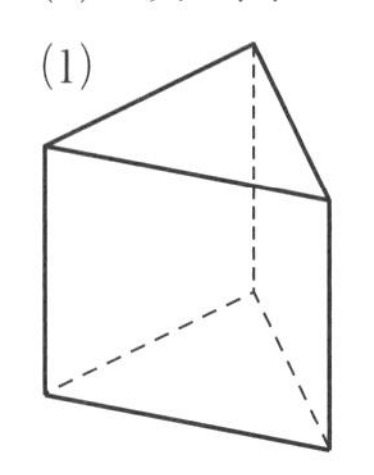

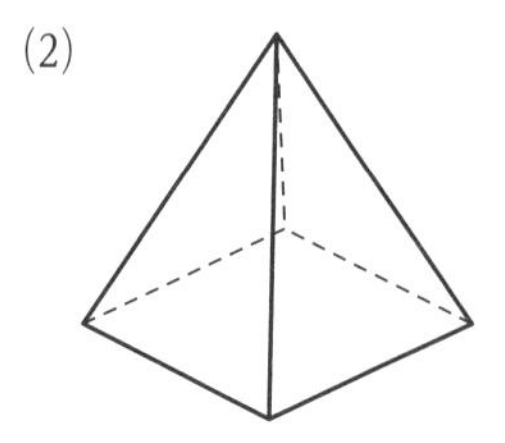

学習のめあて

展開図で表された立方体について，その面や辺の位置関係を調べること。

学習のポイント

展開図

立体を，その辺にそって切り開き，平面上に広げた図を展開図という。

展開図から立体を考えるときは，重なる点や辺に注目する。

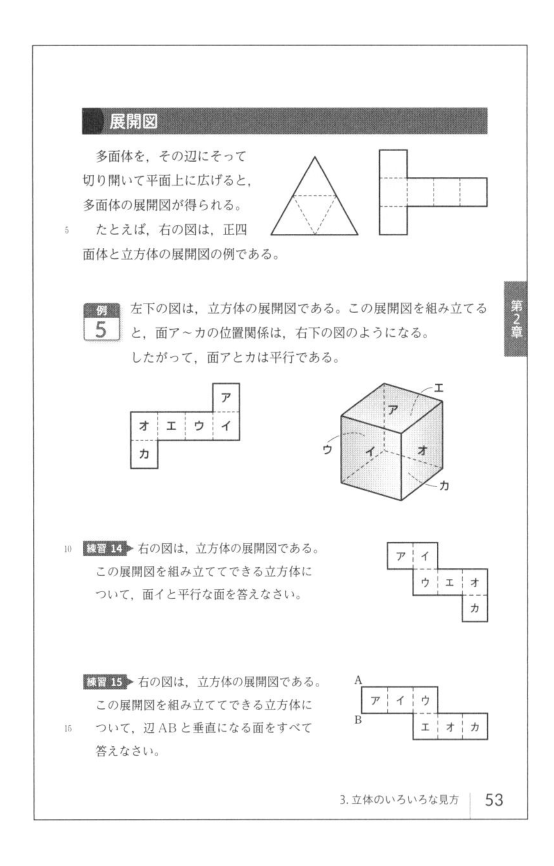

展開図

多面体を，その辺にそって切り開いて平面上に広げると，多面体の展開図が得られる。

たとえば，右の図は，正四面体と立方体の展開図の例である。

例 5 左下の図は，立方体の展開図である。この展開図を組み立てると，面ア～カの位置関係は，右下の図のようになる。

したがって，面アとカは平行である。

練習 14 右の図は，立方体の展開図である。この展開図を組み立ててできる立方体について，面イと平行な面を答えなさい。

練習 15 右の図は，立方体の展開図である。この展開図を組み立ててできる立方体について，辺ABと垂直になる面をすべて答えなさい。

3. 立体のいろいろな見方　53

第2章

テキストの解説

□例 5

○立方体の展開図。展開図を組み立てたとき，平行になる面を考える。

○面イ，ウ，エ，オを組み立てると，立方体の側面ができる。

○面アとカは，できた側面をおおう面（底面）になるから，これらは平行である。

□練習 14

○面イを底面とした場合，側面となる4つの面を考えると，面ウ，エ，オが側面の候補になる。

○面ウとアの位置関係を考えると，面アも側面になり，これで側面となる4つの面ができる。

○この側面について，面イとカは底面となるから，面イとカは平行である。

□練習 15

○辺ABと垂直な面を求めるから，辺ABを含む面を側面としたときの底面を調べればよい。

○辺ABを含む面アと，面イ，ウが側面となるようにする。

○このとき，面エは底面になり，残りの側面は面オになる。

○残りの底面は面カで，面エとカが辺ABと垂直になる。

○例 5，練習 14，練習 15 の立方体の展開図は，すべて異なるものである。立方体の展開図は，全部で11通りある。

テキストの解答

練習 14 展開図を組み立ててできる立方体は，右の図のようになるから，面イと平行な面は

面カ

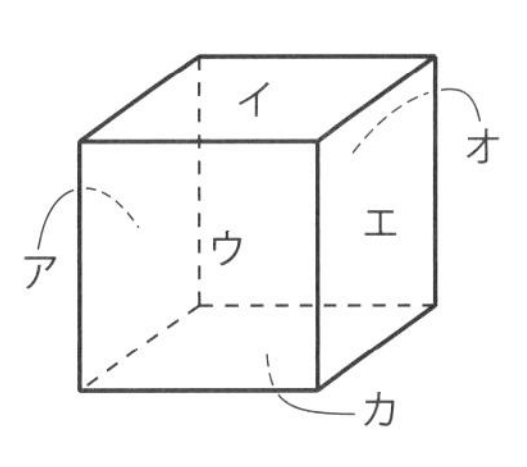

練習 15 展開図を組み立てたとき，辺ABは右の図のような位置にあるから，辺ABと垂直になる面は

面エ，カ

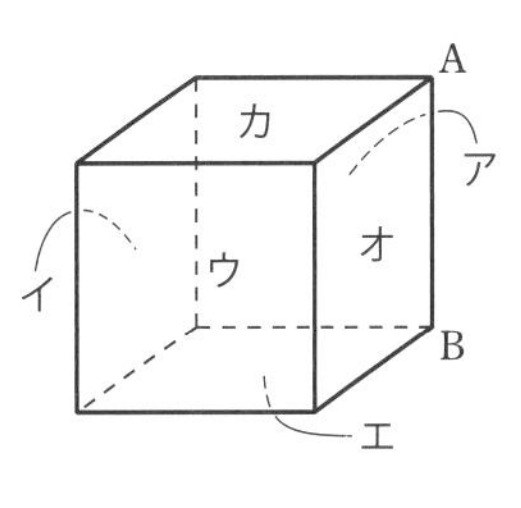

学習のめあて

展開図で表された正八面体について，その面や辺の位置関係を調べること。

学習のポイント

展開図と見取図

展開図を組み立ててできる立体の辺や面の位置関係は，立体の見取図をかいて考える。

テキストの解説

□例題 3

○展開図を組み立ててできる正八面体。

○展開図から見取図をかくときは，たとえば，次のように考えるとよい。

［1］ 上部にくる4面を決める。この4面を，面ア，イ，ウ，エとする。

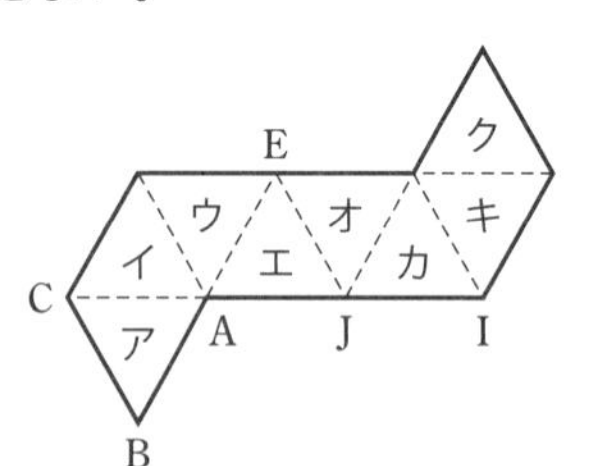

［2］ 下部にくる4面は，面オ，カ，キ，クになる。面エと面オは，辺EJでつながっていて，面エの下に面オがくる。

［3］ 点Bと点Jが重なり，点Cと点Iが重なるから，辺BCと辺JIが重なる。面アの下に面カがくる。

［4］ 面イの下に面キが，面ウの下に面クがそれぞれくる。

○(2) 正八面体の向かい合う面は平行である。見取図をもとに考える。

□練習 16

○例題3にならって，どのような見取図になるかを考える。

○面ア，イ，ウ，カを上部にくる4面とすると，面ク，キ，エ，オは下部にくる4面になる。面ウの下に面エがくる。

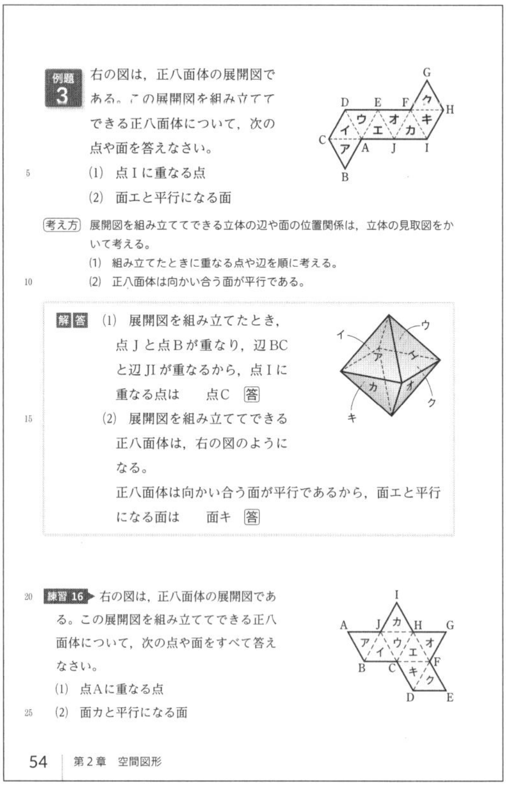

例題 3 右の図は，正八面体の展開図である。この展開図を組み立ててできる正八面体について，次の点や面を答えなさい。

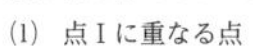

(1) 点Iに重なる点

(2) 面エと平行になる面

考え方 展開図を組み立ててできる立体の辺や面の位置関係は，立体の見取図をかいて考える。

(1) 組み立てたときに重なる点や辺を順に考える。

(2) 正八面体は向かい合う面が平行である。

解答 (1) 展開図を組み立てたとき，点Jと点Bが重なり，辺BCと辺JIが重なるから，点Iに重なる点は　点C 答

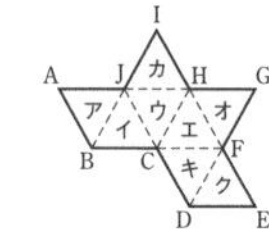

(2) 展開図を組み立ててできる正八面体は，右の図のようになる。

正八面体は向かい合う面が平行であるから，面エと平行になる面は　面キ 答

練習 16 右の図は，正八面体の展開図である。この展開図を組み立ててできる正八面体について，次の点や面をすべて答えなさい。

(1) 点Aに重なる点

(2) 面カと平行になる面

54 第2章 空間図形

○点Bと点Dが重なり，辺ABと辺EDが重なる。

○面イの下に面キが，面アの下に面クが，面カの下に面オがそれぞれくる。

○(2) 見取図をもとに，面カと向かい合う面を考える。

テキストの解答

練習 16 (1) 展開図を組み立てたとき，点Aと点I，点Iと点G，点Gと点Eが重なるから，点Aに重なる点は

点E，G，I

(2) 展開図を組み立ててできる正八面体は，右の図のようになるから，面カと平行になる面は

面キ

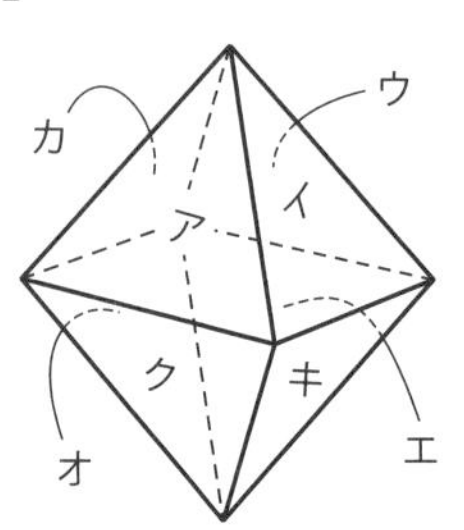

テキスト 55 ページ

学習のめあて

空間図形の問題を，展開図を利用して平面図形の問題として考える方法を理解すること。

学習のポイント

展開図と最短距離

立体の表面における最短距離

→　立体の展開図における最短距離

と考える。

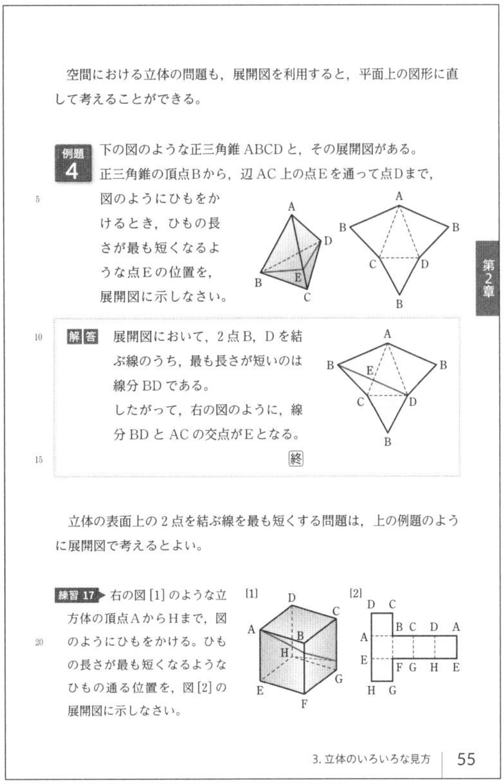

テキストの解説

□例題 4

○空間における立体の問題を，平面上の図形に直して考える。

○正三角錐の表面上を通る線の長さは，その展開図の上で考えても変わらない。

→　展開図において，線分 AC 上に点Eをとり，BとE，EとDをそれぞれ線で結んで，それらの長さの和が最も短くなるようにする。

○平面上の 2 点を結ぶ線のうち，最も短いものは，それら 2 点を結んだ線分である。

→　展開図において，BとDを結んだ線分 BD と線分 AC の交点をEとすれば，線の長さは最も短くなる。

○最短距離を考えるための展開図は，線分 AC 上の点を通り，2 点 B，D を結んだ線が引けるものであることに注意する。

□練習 17

○例題 4 にならって考えると，展開図の 2 点 A，H を結んだ線分になることがわかる。

テキストの解答

練習 17　展開図において，2 点 A，H を結ぶ線で，線分 BF，CG 上の点を通るもののうち，最も長さが短いのは，線分 AH である。

空間における立体の問題も，展開図を利用すると，平面上の図形に直して考えることができる。

例題 4　下の図のような正三角錐 ABCD と，その展開図がある。正三角錐の頂点Bから，辺 AC 上の点Eを通って点Dまで，図のようにひもをかけるとき，ひもの長さが最も短くなるような点Eの位置を，展開図に示しなさい。

解答　展開図において，2 点 B，D を結ぶ線のうち，最も長さが短いのは線分 BD である。
したがって，右の図のように，線分 BD と AC の交点がEとなる。　終

立体の表面上の 2 点を結ぶ線を最も短くする問題は，上の例題のように展開図で考えるとよい。

練習 17　右の図 [1] のような立方体の頂点Aから H まで，図のようにひもをかける。ひもの長さが最も短くなるようなひもの通る位置を，図 [2] の展開図に示しなさい。

第2章

3. 立体のいろいろな見方　55

よって，次の図のようになる。

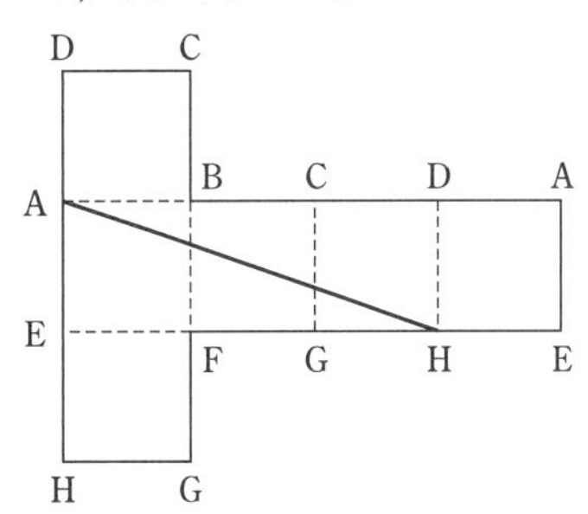

確かめの問題　解答は本書 154 ページ

1　右の図のような立方体がある。
頂点Aから，立方体の表面を通って最短で点Gまでいくには，何通りの経路があるか答えなさい。

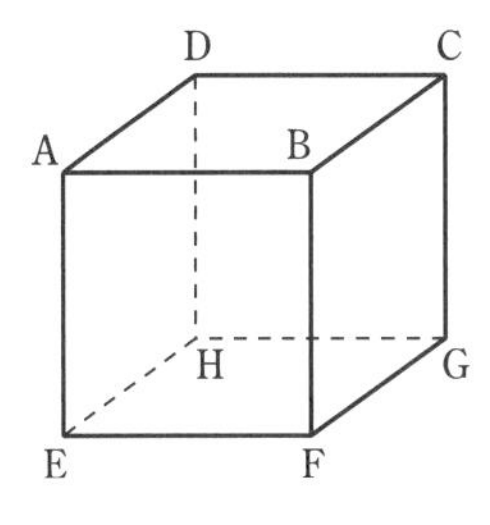

学習のめあて

円柱と円錐の展開図とその性質について理解すること。

学習のポイント

円柱と円錐の展開図の性質

円柱の展開図において
　(側面の長方形の横の長さ)
　=(底面の円周の長さ)

円錐の展開図において
　(側面の扇形の弧の長さ)
　=(底面の円周の長さ)

テキストの解説

□円柱と円錐の展開図

○多面体は，辺にそって切り開いて平面上に広げることで，展開図をつくることができた。

○円柱と円錐は，1つの母線にそって側面を切り開くことで，それらの展開図をつくることができる。

円柱　→　長方形(側面)と2つの円(底面)
円錐　→　扇形(側面)と1つの円(底面)

○このとき，各立体とその展開図の関係から，側面と底面の間に，次の等式が成り立つことがわかる。

(長方形の横の長さ)=(円周の長さ)
(扇形の弧の長さ)　=(円周の長さ)

○円錐の展開図における側面の扇形について，その中心角の大きさは180°より大きくなることもある。

実力を試す問題　解答は本書 157 ページ

1　右の図の長方形を，対角線ACを回転の軸として1回転させた回転体の見取図をかきなさい。

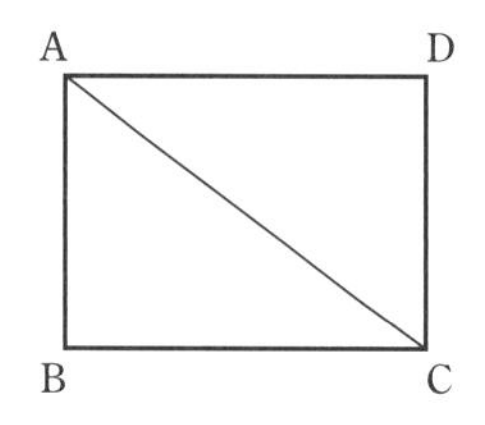

円柱と円錐の展開図についてまとめておこう。

円柱を，その母線の1つABにそって切り開くと，下の図のような展開図が得られる。

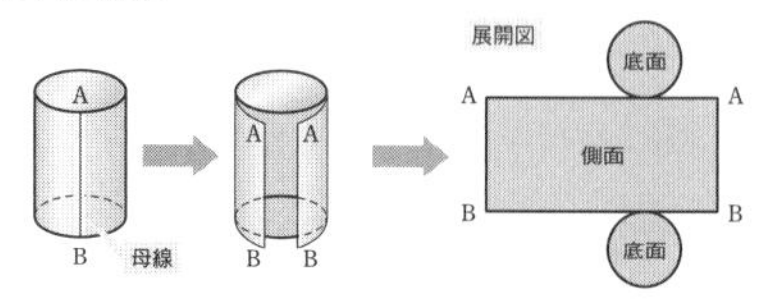

円柱の展開図は，底面となる2つの円と，側面となる長方形で表される。このとき，円柱の展開図において，次のことがいえる。

(側面の長方形の横の長さ)=(底面の円周の長さ)

円錐を，その母線の1つABにそって切り開くと，下の図のような展開図が得られる。

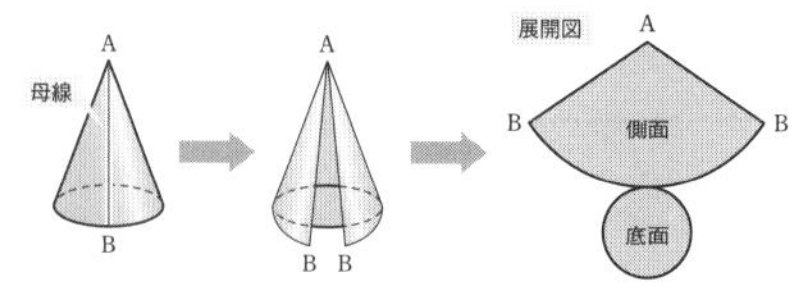

円錐の展開図は，底面となる円と，側面となる扇形で表される。円錐の展開図において，側面の扇形の半径は，円錐の母線の長さに等しい。また，次のことがいえる。

(側面の扇形の弧の長さ)=(底面の円周の長さ)

56　第2章　空間図形

2　次の図は，立方体から4つの三角錐を切り取ってできた立体ABCDの見取図と投影図である。平面図に必要な線をかき入れて，この立体の投影図を完成させなさい。

見取図

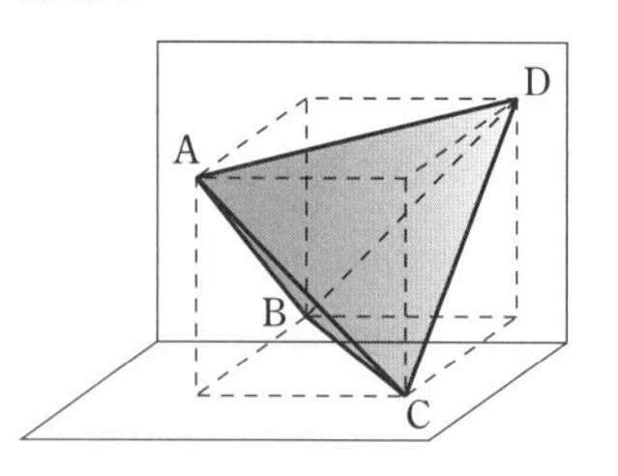

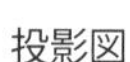

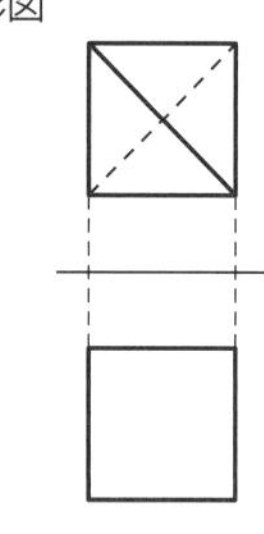

3　右の図のような，底面のない円柱の形をした立体を考える。この立体を，点Aから点Bまで，側面上を1周する最短の線にそって切る。これを平面上に開くと，どんな図形になるか答えなさい。

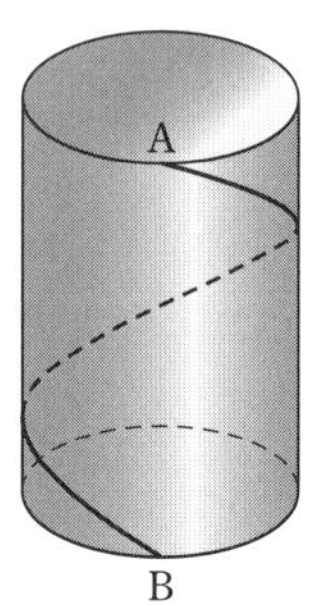

テキスト 57 ページ

4．立体の表面積と体積

学習のめあて

展開図を利用して，いろいろな立体の表面積を求めることができるようになること。

学習のポイント

表面積

立体の，すべての面の面積の和を　**表面積**

　　　1つの底面の面積を　　　**底面積**

　　　側面全体の面積を　　　　**側面積**

という。

テキストの解説

□表面積

○立体のすべての面の面積の和が，その立体の表面積である。

○たとえば，四角錐は，底面の四角形1つと側面の三角形4つからできるので

　　底面積　底面の四角形の面積

　　側面積　側面の4つの三角形の面積の和

　　表面積　(底面積)+(側面積)

また，四角柱は，底面の四角形2つと側面の四角形4つからできるので

　　底面積　底面の四角形の面積

　　側面積　側面の4つの四角形の面積の和

　　表面積　(底面積)×2+(側面積)

○展開図を利用すると，立体の表面積は考えやすい。

□例 6

○円柱の表面積。テキスト前ページで学んだ，円柱の展開図を利用して考える。

○円柱の表面積は　(底面積)×2+(側面積)　で求められる。

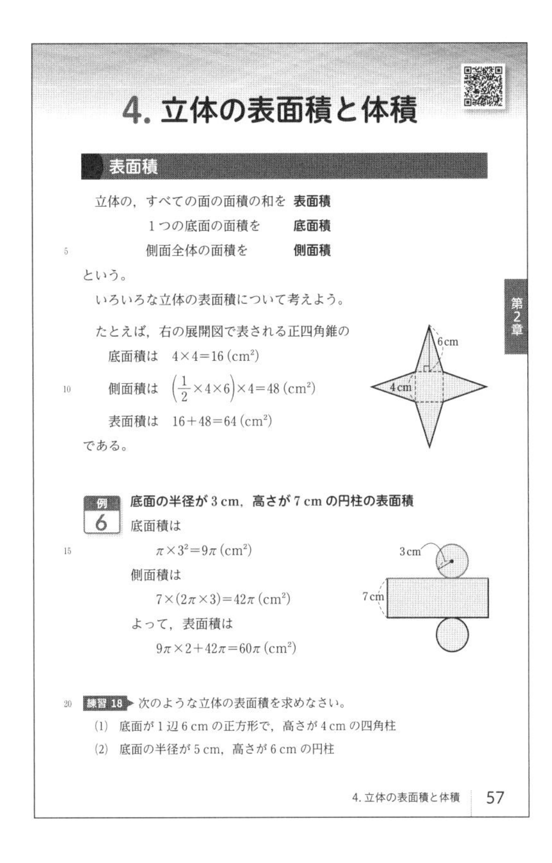

4. 立体の表面積と体積

表面積

立体の，すべての面の面積の和を　**表面積**

　　1つの底面の面積を　　**底面積**

　　側面全体の面積を　　**側面積**

という。

いろいろな立体の表面積について考えよう。

たとえば，右の展開図で表される正四角錐の

　底面積は　$4\times4=16$ (cm²)

　側面積は　$\left(\frac{1}{2}\times4\times6\right)\times4=48$ (cm²)

　表面積は　$16+48=64$ (cm²)

である。

例 6　**底面の半径が 3 cm，高さが 7 cm の円柱の表面積**

底面積は

　$\pi\times3^2=9\pi$ (cm²)

側面積は

　$7\times(2\pi\times3)=42\pi$ (cm²)

よって，表面積は

　$9\pi\times2+42\pi=60\pi$ (cm²)

練習 18 次のような立体の表面積を求めなさい。

(1) 底面が 1 辺 6 cm の正方形で，高さが 4 cm の四角柱

(2) 底面の半径が 5 cm，高さが 6 cm の円柱

□練習 18

○角柱と円柱の表面積。わかりにくいときは，見取図や展開図をかいて考える。

○(1)　側面は，縦の長さが 4 cm，横の長さが 6 cm の長方形 4 つになる。

○(2)　側面は，縦の長さが 6 cm，横の長さが底面の円周の長さに等しい 1 つの長方形になる。

テキストの解答

練習 18　(1)　底面積は　$6\times6=36$

　　　側面積は　$(6\times4)\times4=96$

　よって，表面積は

　　　$36\times2+96=$**168 (cm²)**

(2)　底面積は　$\pi\times5^2=25\pi$

　　　側面積は　$6\times(2\pi\times5)=60\pi$

　よって，表面積は

　　　$25\pi\times2+60\pi=$**110π (cm²)**

テキスト 58 ページ

学習のめあて

展開図を利用して，円錐の表面積を求めることができるようになること。

学習のポイント

円錐の表面積

(底面の円の面積)+(側面の扇形の面積)

半径が r，弧の長さが ℓ の扇形の面積 S は

$$S=\frac{1}{2}\ell r$$

立体の表面積は，展開図で考えるとわかりやすいことが多い。

例題 5 底面の半径が 5 cm，母線の長さが 12 cm である円錐の表面積を求めなさい。

考え方 31 ページで学んだ次の関係を用いる。

(扇形の面積)$=\frac{1}{2}\times$(弧の長さ)$\times$(半径)

解答 底面積は　$\pi\times5^2=25\pi$

側面の扇形の弧の長さは

$2\pi\times5=10\pi$

よって，側面積は

$\frac{1}{2}\times10\pi\times12=60\pi$

したがって，表面積は

$25\pi+60\pi=85\pi$　　答 85π cm^2

注意 例題において，解答途中の単位の記載は以後省略する。

例題 5 において，半径 12 cm の円と半径 5 cm の円の周の長さの比は　12 : 5

扇形の弧の長さと中心角の大きさは比例するから，側面となる扇形の中心角の大きさは

$360°\times\frac{5}{12}=150°$

である。

練習 19 次のような面積を求めなさい。

(1) 底面の半径が 3 cm，母線の長さが 9 cm である円錐の側面積

(2) 底面の半径が 4 cm，母線の長さが 6 cm である円錐の表面積

58　第 2 章　空間図形

テキストの解説

□例題 5

○底面の半径と母線の長さがわかっている円錐の表面積の求め方。

○底面は半径 5 cm の円であるから，その面積は円の面積の公式を利用して求められる。

○扇形の面積 S は，その半径 r と，次の条件から求めることができる。

[1]　中心角が $a°$　　$S=\pi r^2\times\frac{a}{360}$

[2]　弧の長さが ℓ　　$S=\frac{1}{2}\ell r$

○側面の扇形の半径は，母線の長さに等しい。
また，側面の扇形の弧の長さは，底面の円の円周の長さに等しい。
したがって，上の [2] の公式を利用することができる。

○円錐の表面積は
(底面の円の面積)+(側面の扇形の面積)

○例題 5 の下で求めた中心角の大きさは，次のようにして求めることもできる。
中心角の大きさを $x°$ とすると

$$2\pi\times12\times\frac{x}{360}=10\pi$$

この方程式を解くと　$x=150$
(方程式は，代数編で学習する)

□練習 19

○円錐の側面積と表面積の計算。例題 5 にならって考える。

○いずれも，母線の長さと底面の円の半径から，側面の扇形の面積を求めることができる。

テキストの解答

練習 19　(1)　側面の扇形の弧の長さは

$2\pi\times3=6\pi$

したがって，側面積は

$\frac{1}{2}\times6\pi\times9=\mathbf{27\pi}$ **(cm^2)**

(2)　底面積は　$\pi\times4^2=16\pi$

側面の扇形の弧の長さは

$2\pi\times4=8\pi$

よって，側面積は

$\frac{1}{2}\times8\pi\times6=24\pi$

したがって，表面積は

$16\pi+24\pi=\mathbf{40\pi}$ **(cm^2)**

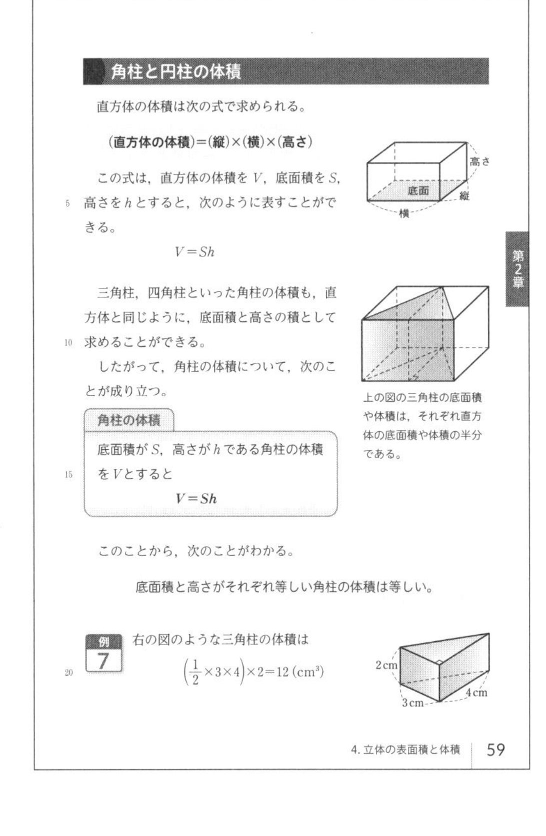

角柱と円柱の体積

直方体の体積は次の式で求められる。

(直方体の体積)=(縦)×(横)×(高さ)

この式は，直方体の体積をV，底面積をS，高さをhとすると，次のように表すことができる。

$$V=Sh$$

三角柱，四角柱といった角柱の体積も，直方体と同じように，底面積と高さの積として求めることができる。

したがって，角柱の体積について，次のことが成り立つ。

角柱の体積

底面積がS，高さがhである角柱の体積をVとすると

$$V=Sh$$

上の図の三角柱の底面積や体積は，それぞれ直方体の底面積や体積の半分である。

このことから，次のことがわかる。

底面積と高さがそれぞれ等しい角柱の体積は等しい。

例 7 右の図のような三角柱の体積は

$$\left(\frac{1}{2}\times3\times4\right)\times2=12\ (\text{cm}^3)$$

4. 立体の表面積と体積 59

学習のめあて

角柱の体積の求め方を理解すること。

学習のポイント

角柱の体積

底面積がS，高さがhである角柱の体積をVとすると　　$V=Sh$

テキストの解説

□角柱の体積

○立方体と直方体の体積は，それぞれ次の式で求められる。

(立方体の体積)=(1辺)×(1辺)×(1辺)

(直方体の体積)=(縦)×(横)×(高さ)

○三角形の面積は，長方形の面積をもとに考えた。同じように，三角柱の体積は，直方体の体積をもとに考えることができる。

○右の図において，三角柱 ABCDEF の体積は，直方体の体積の半分である。したがって，三角柱の体積は

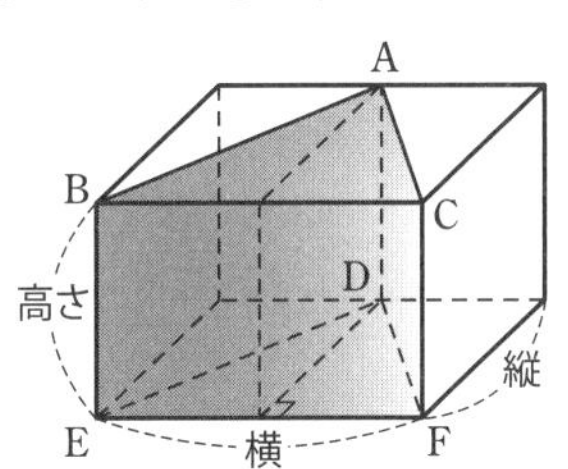

$(縦)\times(横)\times(高さ)\times\frac{1}{2}$　←直方体の半分

$=\frac{1}{2}\times(縦)\times(横)\times(高さ)$

$=(\triangle DEF\ の面積)\times(高さ)$

$=(底面積)\times(高さ)$

○右の図のように，四角柱は2つの三角柱に分けることができる。
四角柱の高さをh，底面積をSとし，三角柱の底面積をT，Uとすると，四角柱の体積は

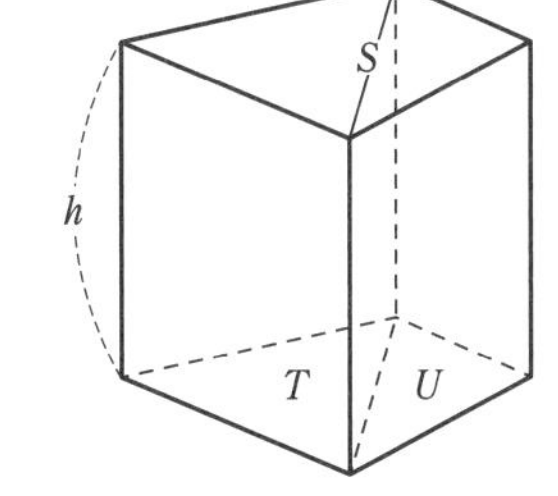

$$Th+Uh=(T+U)h=Sh$$

○五角柱や六角柱などについても同じように考えることができる。したがって，角柱の高さをh，底面積をS，体積をVとすると

$$V=Sh$$

○このように，角柱の体積は，角柱の底面積と高さだけで決まる。

□例 7

○三角柱の体積。

○角柱の体積の求め方に従って，底面積と高さの積を計算する。

確かめの問題　解答は本書 154 ページ

1　次のような立体の体積を求めなさい。

(1)　1辺の長さが 4 cmである立方体

(2)　縦が 2 cm，横が 5 cm，高さが 6 cm である直方体

テキスト 60 ページ

学習のめあて

いろいろな角柱や円柱の体積を求めることができるようになること。

学習のポイント

円柱の体積

底面の半径が r，高さが h である円柱の体積を V とすると　　$V=\pi r^2h$

> **練習 20** 次の角柱の体積を求めなさい。
>
> (1)　(2)
>
> 円柱の体積も，角柱の体積と同じように，底面積と高さの積として求めることができる。
>
> したがって，円柱の体積について，次のことが成り立つ。
>
> **円柱の体積**
>
> 底面の半径が r，高さが h である円柱の体積を V とすると
>
> $$V=\pi r^2h$$
>
> 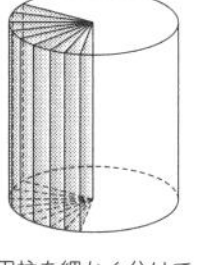
>
> 円柱を細かく分けていくと，円柱の体積は三角柱の体積の和として考えられる。
>
> **練習 21** 底面の半径が 4 cm，高さが 6 cm である円柱の体積を求めなさい。
>
> **練習 22** 右の図のような，底面が半径 5 cm，中心角 120° の扇形で，高さが 9 cm である立体の体積を求めなさい。
>
> 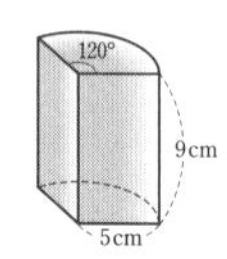
>
>
> 60　第 2 章　空間図形

テキストの解説

□練習 20

○三角柱と四角柱の体積。

○底面の三角形，四角形の面積を求めて，それに高さをかければよい。

○(2)　2 つの三角形に分けて底面積を計算する。

□円柱の体積

○テキストの図に示したように円柱を分けていく。この分け方を細かくしていくと，円柱は三角柱が集まってできたものと考えることができるようになるから，円柱の体積は，これらの三角柱の体積の和になる。

○このことを式で考えると

(円柱の体積)＝(三角柱の体積の和)
　　　　　　＝(三角柱の底面積×高さ) の和
　　　　　　＝(三角柱の底面積の和)×(高さ)
　　　　　　＝(円柱の底面積)×(高さ)

したがって，円柱の体積も，底面積と高さの積を計算して求められる。

□練習 21

○円柱の体積。公式にあてはめて計算する。

□練習 22

○底面が扇形の立体の体積。

○$360\div120=3$ であるから，この立体は，底面の半径が 5 cm で，高さが 9 cm である円柱を 3 等分したものである。

○　$\pi\times5^2\times9\times\dfrac{120}{360}=\pi\times5^2\times\dfrac{120}{360}\times9$

であるから，この立体の体積も，底面積に高さをかけて計算することができる。

テキストの解答

練習 20　(1)　底面が，底辺 8 cm，高さ 3 cm の三角形で，高さが 5 cm の三角柱であるから，その体積は

$$\left(\frac{1}{2}\times8\times3\right)\times5=\mathbf{60}\ (\mathbf{cm^3})$$

(2)　底面を 2 つの三角形に分けて考えると，求める体積は

$$\left(\frac{1}{2}\times3\times4+\frac{1}{2}\times5\times2\right)\times3=11\times3$$
$$=\mathbf{33}\ (\mathbf{cm^3})$$

練習 21　$\pi\times4^2\times6=\mathbf{96\pi}\ (\mathbf{cm^3})$

練習 22　$\pi\times5^2\times\dfrac{120}{360}\times9=\mathbf{75\pi}\ (\mathbf{cm^3})$

テキスト 61 ページ

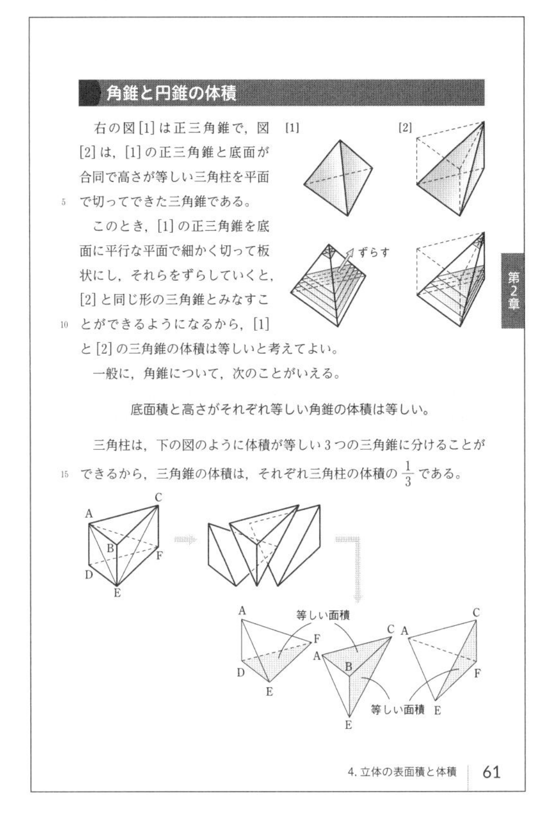
角錐と円錐の体積

右の図[1]は正三角錐で，図[2]は，[1]の正三角錐と底面が合同で高さが等しい三角柱を平面で切ってできた三角錐である。

このとき，[1]の正三角錐を底面に平行な平面で細かく切って板状にし，それらをずらしていくと，[2]と同じ形の三角錐とみなすことができるようになるから，[1]と[2]の三角錐の体積は等しいと考えてよい。

一般に，角錐について，次のことがいえる。

底面積と高さがそれぞれ等しい角錐の体積は等しい。

三角柱は，下の図のように体積が等しい3つの三角錐に分けることができるから，三角錐の体積は，それぞれ三角柱の体積の $\frac{1}{3}$ である。

4. 立体の表面積と体積 61

学習のめあて

角錐の体積について知ること。

学習のポイント

角錐の体積

底面積と高さがそれぞれ等しい角錐の体積は等しい。

テキストの解説

□角錐の体積

○角柱の体積をもとにして，角錐の体積について考える。

○たとえば，次の図のような直方体と正四角錐 OEFGH を考える。直方体の底面は正方形で，高さは底面の1辺の長さの半分とする。

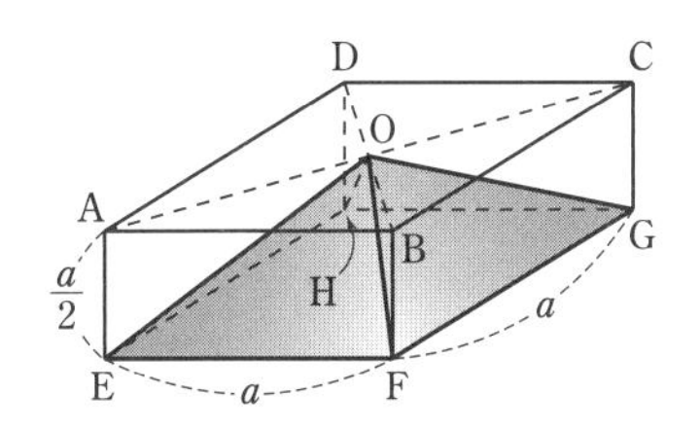

このとき，直方体を正四角錐の側面にそって切り開くと，下の図のようになり，切り開いた立体を2つずつ組み合わせると，正四角錐 OEFGH と形も大きさも等しい正四角錐が2個できることがわかる。

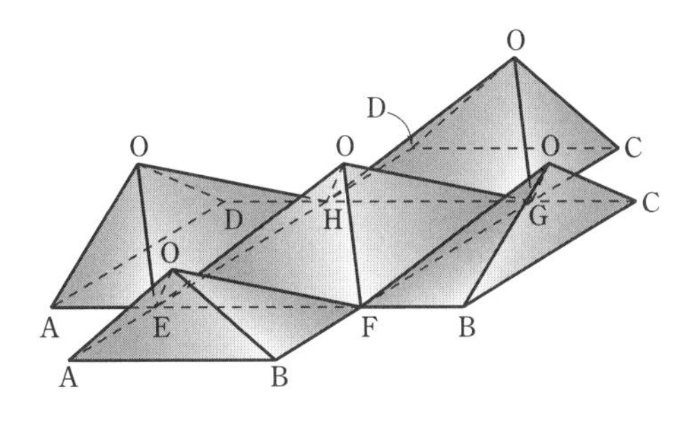

○したがって，この直方体の体積は，それと底面積，高さが等しい正四角錐 OEFGH の体積の3倍である。

○テキスト59ページで，次のことを学んだ。

底面積と高さがそれぞれ等しい角柱の体積は等しい。

○同じことは角錐についても成り立ち，次のことがいえる。

底面積と高さがそれぞれ等しい角錐の体積は等しい。

○テキストに示したように，三角柱は，体積が等しい3つの三角錐に分けることができる。このことは，それぞれの三角錐の体積が，もとの三角柱の体積の $\frac{1}{3}$ であることを示している。

○また，もとの三角柱と三角錐 ADEF を比べてみると，それらは底面積が等しく，高さも等しい。

○一般に，角錐の体積は，それと底面積と高さがそれぞれ等しい角柱の体積の $\frac{1}{3}$ になる。

学習のめあて

角錐や円錐の体積を求めることができるようになること。

学習のポイント

角錐の体積

底面積が S，高さが h である角錐の体積を V とすると　$V=\frac{1}{3}Sh$

円錐の体積

底面の半径が r，高さが h である円錐の体積を V とすると　$V=\frac{1}{3}\pi r^2h$

テキストの解説

□練習 23

○四角錐，三角錐の体積。公式にあてはめて計算する。

角錐　$\frac{1}{3}\times$(底面積)$\times$(高さ)

○(1)の底面は長方形，(2)の底面は直角三角形。それぞれ与えられた長さから，底面積を計算する。

○(2)　直角三角形のどの面を底面と考えても，体積は同じである。たとえば，底面を，直角をはさむ2辺の長さが6 cmと8 cmの直角三角形とすると，高さは10 cmになるから，体積は

$$\frac{1}{3}\times\left(\frac{1}{2}\times6\times8\right)\times10=80\ (\text{cm}^3)$$

□円錐の体積

○円錐を，テキストに示したように細かく分けていくと，やがて円錐は，三角錐が集まってできたものと考えることができるようになる。

○したがって，円錐の体積は，これら三角錐の体積の和になるから，円錐の体積も，角錐の体積と同じようにして求めることができる。

一般に，角錐の体積について，次のことが成り立つ。

角錐の体積

底面積が S，高さが h である角錐の体積を V とすると

$$V=\frac{1}{3}Sh$$

5　**練習 23**▶ 次の角錐の体積を求めなさい。

(1)

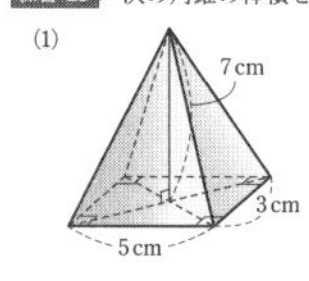

(2)

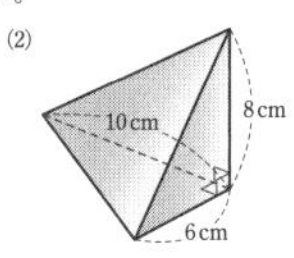

円錐の体積の求め方について考えよう。

円錐を，右の図のように，同じ形の立体に分けていく。

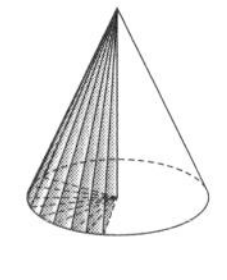

10　この分け方をどんどん細かくしていくと，分けられた各立体は三角錐とみなすことができるようになるから，円錐の体積も，角錐の体積と同様に求めることができる。

したがって，円錐の体積について，次のことが成り立つ。

15　**円錐の体積**

底面の半径が r，高さが h である円錐の体積を V とすると

$$V=\frac{1}{3}\pi r^2h$$

練習 24▶ 底面の半径が6 cm，高さが5 cmである円錐の体積を求めなさい。

62　第2章　空間図形

□練習 24

○円錐の体積。公式にあてはめて計算する。

テキストの解答

練習 23　(1)　底面が，直角をはさむ2辺の長さが5 cmと3 cmの長方形で，高さが7 cmの四角錐であるから，その体積は

$$\frac{1}{3}\times5\times3\times7=\mathbf{35\ (cm^3)}$$

(2)　底面が，直角をはさむ2辺の長さが6 cmと10 cmの直角三角形で，高さが8 cmの三角錐であるから，その体積は

$$\frac{1}{3}\times\left(\frac{1}{2}\times6\times10\right)\times8=\mathbf{80\ (cm^3)}$$

練習 24　$\frac{1}{3}\times\pi\times6^2\times5=\mathbf{60\pi\ (cm^3)}$

学習のめあて

球の表面積と体積の求め方を知ること。

学習のポイント

球の表面積と体積

半径が r の球の表面積を S, 体積を V とすると　　$S=4\pi r^2$, $V=\dfrac{4}{3}\pi r^3$

テキストの解説

□球の表面積と体積

○球については，公式を導くことがむずかしいため，公式をしっかりと覚えておく。

○古代ギリシャのアルキメデスの墓石には，球がぴったりと入る円柱の図が描かれていた。

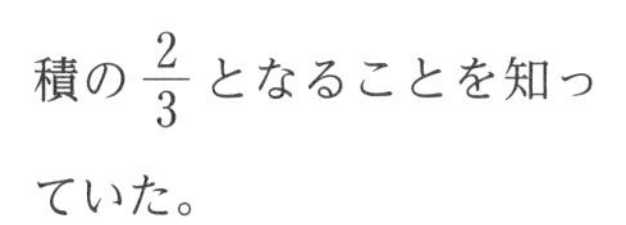
彼は，球の表面積と体積が，それぞれ円柱の表面積と体積の $\dfrac{2}{3}$ となることを知っていた。

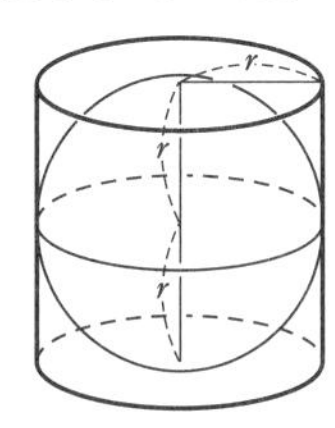

○球の半径を r とすると

円柱の表面積は　$\pi r^2\times 2+2\pi r\times 2r=6\pi r^2$

円柱の体積は　$\pi r^2\times 2r=2\pi r^3$

これらをそれぞれ $\dfrac{2}{3}$ 倍すると，その結果は球の表面積と体積の公式になる。

□例 8，練習 25

○球の表面積と体積。それぞれ，公式にあてはめて計算する。

□練習 26

○これまでに学んだ公式を利用して計算する。

テキストの解答

練習 25　表面積　$4\pi\times 2^2=\mathbf{16\pi}\ (\mathbf{cm^2})$

体積　$\dfrac{4}{3}\pi\times 2^3=\mathbf{\dfrac{32}{3}\pi}\ (\mathbf{cm^3})$

球の表面積と体積

空間において，ある 1 点から等しい距離にある点の集まりは球面を表す。

球面のことを単に球ともいう。

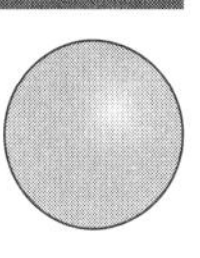

球の表面積と体積について，次のことが成り立つ。

球の表面積と体積

半径が r の球の表面積を S，体積を V とすると

$$S=4\pi r^2,\quad V=\frac{4}{3}\pi r^3$$

上の公式を用いて，球の表面積と体積を求めよう。

例 8　半径が 6 cm の球の表面積を S，体積を V とすると

$S=4\pi\times 6^2=144\pi\ (\mathrm{cm}^2)$

$V=\dfrac{4}{3}\pi\times 6^3=288\pi\ (\mathrm{cm}^3)$

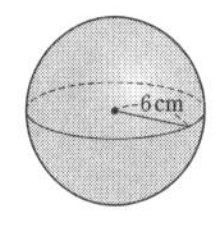

練習 25　半径が 2 cm である球の表面積と体積を求めなさい。

練習 26　右の図のように，半径が 5 cm の半球，底面の半径と高さがともに 5 cm の円錐，底面の半径と高さがともに 5 cm の円柱がある。

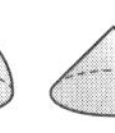
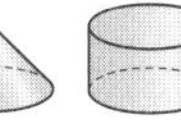

(1) 半球の体積は円錐の体積の何倍であるか答えなさい。また，円柱の体積は半球の体積の何倍であるか答えなさい。

(2) 半球の底の部分を除いた表面の面積，円柱の側面積をそれぞれ求め，2 つの面積の間にどのような関係があるか答えなさい。

第2章　4. 立体の表面積と体積　63

練習 26　(1)　半球の体積は

$\dfrac{4}{3}\pi\times 5^3\times\dfrac{1}{2}=\dfrac{250}{3}\pi$

円錐の体積は

$\dfrac{1}{3}\times\pi\times 5^2\times 5=\dfrac{125}{3}\pi$

円柱の体積は

$\pi\times 5^2\times 5=125\pi$

したがって，半球の体積は円錐の体積の **2 倍**

また，円柱の体積は半球の体積の **$\dfrac{3}{2}$ 倍**

(2)　半球の底を除いた表面の面積は

$4\pi\times 5^2\times\dfrac{1}{2}=50\pi$

円柱の側面積は

$5\times(2\pi\times 5)=50\pi$

したがって，**2 つの面積は等しい。**

学習のめあて

回転体の体積の求め方を理解すること。

学習のポイント

回転体の体積

円柱や円錐などの体積を考える。

いろいろな立体の体積

例題 6 右の図の直角三角形 ABC を，辺 AC を軸として 1 回転させてできる立体の体積を求めなさい。

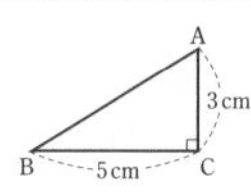

解答 できる立体は，右の図のような，底面の半径が 5 cm，高さが 3 cm の円錐である。
したがって，求める体積は

$\frac{1}{3}\times\pi\times5^2\times3=25\pi$　　答 25π cm^3

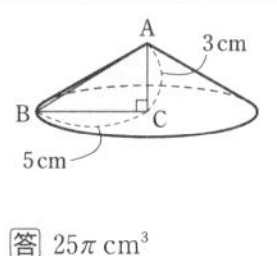

練習 27 右の図の直角三角形 ABC を，次のように 1 回転させてできる立体の体積を求めなさい。
(1) 辺 AC を軸として 1 回転させる。
(2) 辺 BC を軸として 1 回転させる。

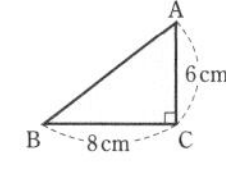

体積が直接求められない場合には，立体をいくつかの部分に分けたり，大きい立体を考えて，そこから余分な立体を除いたりして考えるとよい。

練習 28 右の図のような，AD∥BC で AD=3 cm，BC=6 cm，CD=4 cm の台形 ABCD を，次のように 1 回転させてできる立体の体積を求めなさい。
(1) 辺 BC を軸として 1 回転させる。
(2) 辺 CD を軸として 1 回転させる。

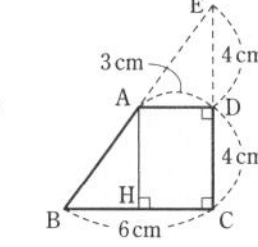

64　第 2 章　空間図形

テキストの解説

□例題 6，練習 27

○直角三角形を，直角をはさむ 1 つの辺を軸として 1 回転させるから，できる立体は円錐である。

○直角三角形の 2 辺のうち，どちらが底面の円の半径になって，どちらが円錐の高さになるかを，まちがわないようにする。

□練習 28

○くふうをして，回転体の体積を求める。

○本書 51 ページで述べたように，複雑な形をした立体は

[1]　いくつかの立体に分けて考える。

[2]　その立体を含むある立体から，余分な部分を除いて考える。

テキストの解答

練習 27 (1)　できる立体は，底面の半径が 8 cm，高さが 6 cm の円錐である。
よって，求める体積は

$$\frac{1}{3}\times\pi\times8^2\times6=\mathbf{128\pi\ (cm^3)}$$

(2)　できる立体は，底面の半径が 6 cm，高さが 8 cm の円錐である。
よって，求める体積は

$$\frac{1}{3}\times\pi\times6^2\times8=\mathbf{96\pi\ (cm^3)}$$

練習 28 (1)　できる立体は，△ABH を 1 回転させてできる円錐と，長方形 AHCD を 1 回転させてできる円柱を組み合わせたものである。

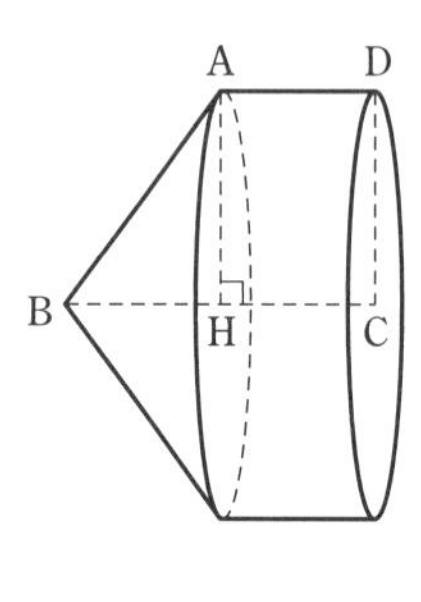

AH=4 cm，
BH=3 cm
であるから，求める体積は

$$\frac{1}{3}\times\pi\times4^2\times3+\pi\times4^2\times3$$
$$=\mathbf{64\pi\ (cm^3)}$$

(2)　できる立体は，△EBC を 1 回転させてできる円錐から，△EAD を 1 回転させてできる円錐を除いたものである。

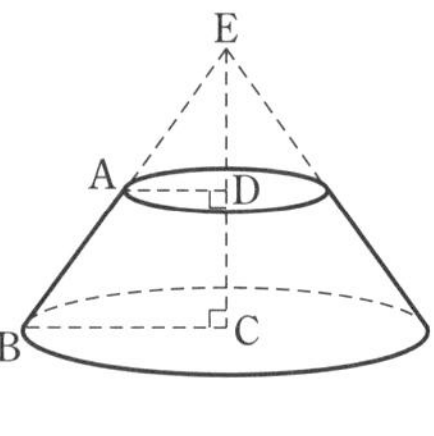

よって，求める体積は

$$\frac{1}{3}\times\pi\times6^2\times8-\frac{1}{3}\times\pi\times3^2\times4$$
$$=\mathbf{84\pi\ (cm^3)}$$

テキスト 65 ページ

学習のめあて

くふうをして，いろいろな立体の体積を求めることができるようになること。

学習のポイント

体積の求め方のくふう

[1]　いくつかの立体に分ける。

[2]　その立体を含むある立体から，余分な部分を除いて考える。

テキストの解説

□例題 7

○できる立体は，底面の 1 辺の長さもわからなければ，高さもわからない。そこで，上の [2] の考えを用いて，体積を計算する。

○正多面体上の適当な点を結ぶと，他の正多面体をつくることができる。たとえば

正十二面体 —適当な頂点を結ぶ→ 正六面体

正六面体 —1 つおきに頂点を結ぶ→ 正四面体

正四面体 —各辺の中点を結ぶ→ 正八面体

正八面体 —各辺をある同じ比に分ける点を結ぶ→ 正二十面体

正二十面体 —各面の真ん中の交点を結ぶ→ 正十二面体

例題は，この 2 番目の場合である。

□練習 29

○正八面体の体積。2 つの正四角錐に分けて体積を求める。

テキストの解答

練習 29　(1)　できる多面体の各頂点を，次の図のように定める。

このとき，四角形 AEFC，ABFD，BCDE は合同な正方形であるから，各辺の長さはすべて等しい。

例題 7　右の図は，1 辺の長さが 6 cm の立方体である。この立方体の 4 点 A，C，F，H を頂点とする立体について，その体積を求めなさい。

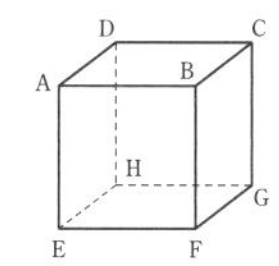

5　考え方　立方体から，余分な立体を除いて考える。

解答　できる立体は，右の図のような四面体で，立方体から，三角錐

BACF，EAFH，

DACH，GCFH

10　を除いたものである。

このとき，4 つの三角錐の体積は等しく，それぞれの体積は

$$\frac{1}{3}\times\left(\frac{1}{2}\times6\times6\right)\times6=36$$

また，立方体の体積は　$6\times6\times6=216$

15　よって，求める立体の体積は

$216-36\times4=72$　　答　$72\ cm^3$

上の例題において，四面体 ACFH の各面は正三角形になるから，この四面体は正四面体である。

練習 29　立方体の各面の対角線の交点を頂点とし，

20　隣り合った面どうしの頂点を結ぶことによって，立方体の中に多面体がつくられる。

(1)　この多面体の名前を答えなさい。

(2)　立方体の 1 辺の長さが 6 cm であるとき，中につくられる多面体の体積を求めなさい。

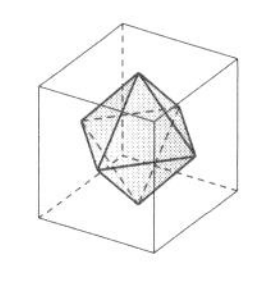

第2章

4. 立体の表面積と体積　65

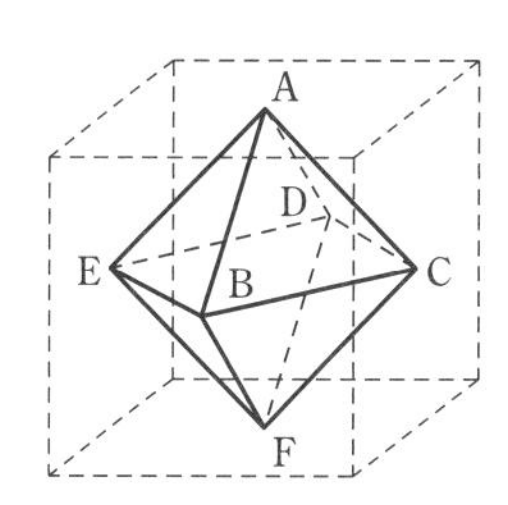

よって，できる多面体の 8 個の面はすべて正三角形になるから，この多面体は **正八面体** である。

(2)　求める体積は，正四角錐 ABCDE の体積の 2 倍である。

正方形 BCDE の面積は，1 辺の長さが 6 cm の正方形の面積の半分で

$6\times6\div2=18$

正四角錐 ABCDE の高さは

$6\div2=3$

よって，正四角錐 ABCDE の体積は

$\frac{1}{3}\times18\times3=18$

したがって，正八面体の体積は

$18\times2=$ **36 (cm^3)**

確認問題

テキストの解説

□問題 1

○空間の 2 直線の位置関係，直線と平面の位置関係。

○(1)　平行　→　同じ平面上にあって交わらない直線

　(2)　ねじれの位置　→　同じ平面上になくて交わらない直線

○(3)　B または C で，直線 BC と垂直に交わる 2 本の直線を考える。

□問題 2

○投影図から見取図をかく。

○テキストの図の上側が立面図，下側が平面図。

　立面図　→　立体を正面から見た図

　平面図　→　立体を真上から見た図

立体は，底面に平行または垂直な面で囲まれている。

□問題 3

○立体の表面積。見取図や展開図をかいて考えるとわかりやすい。

○(1)　直方体の面は 6 つの長方形で，そのうち 2 つずつの長方形が合同である。

○(2)　(円錐の表面積)＝(底面積)＋(側面積)

□問題 4

○立体の体積。できる立体は三角錐になる。

○たとえば，△AEN を三角錐の底面とみると，辺 MA が高さになる。

□問題 5

○球の表面積と体積。直径が 6 cm であるから，半径は 3 cm である。

○半径が r の球の

　表面積は　$4\pi r^2$　　体積は　$\frac{4}{3}\pi r^3$

確認問題

1 右の図の直方体の各辺を延長した直線や，各面を含む平面について，次の位置関係にある図形をすべて答えなさい。

(1)　直線 AE と平行な直線

(2)　直線 AD とねじれの位置にある直線

(3)　直線 BC と垂直な平面

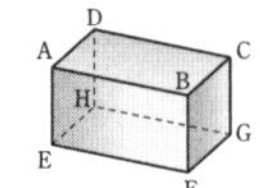

2 右の図は，ある立体の投影図である。この立体は，底面に平行または垂直な面で囲まれている。

この立体の見取図をかきなさい。

また，この立体の面の数を答えなさい。

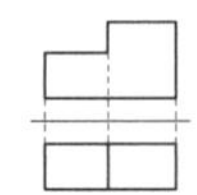

3 次の立体の表面積を求めなさい。

(1)　底面が縦 4 cm，横 5 cm の長方形で，高さが 6 cm の直方体

(2)　底面が半径 7 cm の円で，母線の長さが 12 cm の円錐

4 右の図の直方体において，M，N は，それぞれ辺 AB，AD の中点である。

このとき，4 点 A，M，N，E を頂点とする立体の体積を求めなさい。

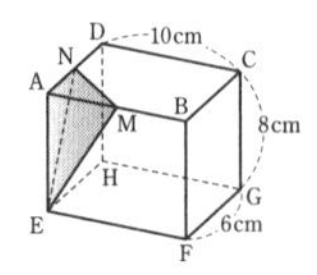

5 直径が 6 cm である球の表面積と体積を求めなさい。

66　第 2 章　空間図形

確かめの問題　解答は本書 154 ページ

1　次の文章の空らんに入る語句を，

　ア　1 つに決まる

　イ　1 つに決まらない

より選び，記号で答えなさい。

(1)　1 直線上にない 3 点 A，B，C を含む平面は［　］。

(2)　平行な 2 直線を含む平面は［　］。

(3)　2 点 A，B を含む平面は［　］。

2　直方体を 1 つの平面で切った右の図のような立体がある。

このとき，辺 AB とねじれの位置にある辺は全部で何本あるか答えなさい。

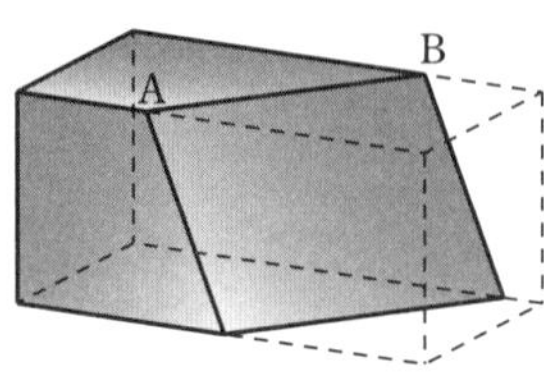

演習問題A

テキストの解説

□問題 1

○空間の直線や平面の位置関係。

○正しくない場合があるかどうかを考える。

① 下の左の図において，$\ell /\!/ P$，$\ell /\!/ Q$ であるが，P と Q は交わっている。

③ 下の右の図において，P は ℓ とも m とも交わらないが，$\ell /\!/ m$ である。

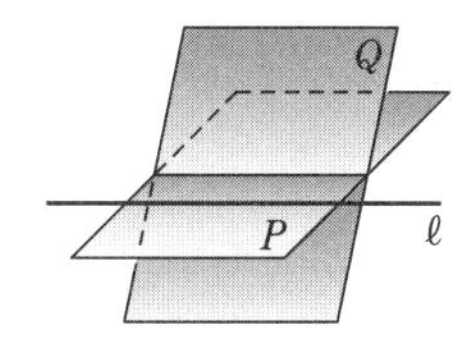

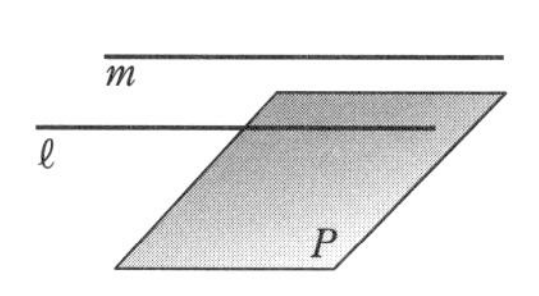

□問題 2

○展開図と見取図。直線の位置関係。

○面が 4 個の合同な正三角形 → 正四面体

○(3) 辺 CD と同じ平面上になく交わらない辺を，見取図から選ぶ。

□問題 3

○展開図を組み立ててできる立体を考え，その体積を求める。

○点線部で折り曲げると，線分 AM と BM，線分 AN と DN，線分 BC と DC がそれぞれ重なり，3 点 A，B，D が一致する。

○三角錐の底面をどの三角形とするかがポイントになる。

△CMN → 高さはわからない

△AMN → 高さは辺 BC

○できる三角錐の体積 ($9\ \mathrm{cm}^3$) を利用すると，△CMN を底面としたときの高さを，次のようにして求めることができる。

△CMN の面積は，正方形 ABCD から 3 つの直角三角形 AMN，BCM，DCN を除いて考えると

演習問題 A

1 空間内に異なる 2 直線 ℓ，m，異なる 2 平面 P，Q がある。次の中からつねに正しい記述を選びなさい。

① $\ell /\!/ P$，$\ell /\!/ Q$ ならば $P /\!/ Q$ である。

5 ② $\ell \perp P$，$m \perp P$ ならば $\ell /\!/ m$ である。

③ P が ℓ とも m とも交わらないならば，ℓ と m はねじれの位置にある。

2 右の図は，ある立体の展開図である。ただし，展開図の 4 個の三角形は，すべて正三角形である。この展開図からつくられる立体につい

10 て，次の問いに答えなさい。

(1) 立体の見取図をかきなさい。

(2) 何という立体であるか答えなさい。

(3) 立体の辺 CD とねじれの位置にある辺を答えなさい。

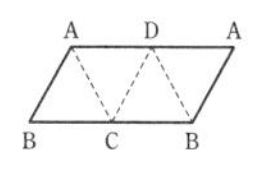

3 右の図は三角錐の展開図で，四角形 ABCD は

15 1 辺が 6 cm の正方形である。また，M，N は，それぞれ辺 AB，AD の中点である。この展開図からつくられる三角錐の見取図をかきなさい。また，その三角錐の体積を求めなさい。

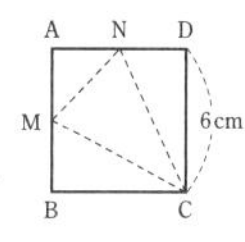

4 右の図形を直線 ℓ を軸として 1 回転させて

20 できる立体の体積を求めなさい。

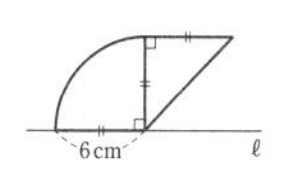

第 2 章 空間図形 67

$$6\times6-\frac{1}{2}\times3\times3-2\times\left(\frac{1}{2}\times3\times6\right)$$

$$=\frac{27}{2}\ (\mathrm{cm}^2)$$

△CMN を底面としたときの高さを h cm とすると $\dfrac{1}{3}\times\dfrac{27}{2}\times h=9$

$$h=2$$

よって，求める高さは 2 cm になる。

□問題 4

○回転体の体積。いくつかの部分に分けて考える。

○テキストの図の扇形を 1 回転させてできる立体は球の半分になる。また，直角二等辺三角形を 1 回転させてできる立体は，円柱から円錐を除いたものになる。

演習問題B

テキストの解説

□問題 5

○多面体の辺の数。見取図から，辺を数えるのはむずかしい。

○多面体の辺は，各面の多角形の辺によってできることに着目する。多面体の各辺は，すべて 2 つの多角形の辺を共有する。

○また，この多面体の各頂点は，すべて 3 つの多角形の頂点を共有することから，この立体の頂点の数を求めることもできる。

(各面の頂点の数は　$5\times12+6\times20=180$

多面体の頂点の数は　$180\div3=60$)

□問題 6

○円錐を平面上で転がしてできる図形は，頂点 O を中心とする円になる。

○この円周を，次の 2 通りに考える。

[1]　母線の端が動いてできる

[2]　底面の円周が動いてできる

この 2 つの長さを比べると，円錐が何回転したかがわかる。

□問題 7

○角柱を，底面と平行でない平面で切ったときにできる立体の体積。次の方針で考える。

[1]　いくつかの立体に分ける。

[2]　その立体を含むある立体から，余分な部分を除く。

○できる立体は角柱でも角錐でもない。角柱，角錐の体積の公式を利用するために，底面に平行な平面で切って考える。

□問題 8

○体積の応用問題。

○水が入った部分は円柱で，球の体積の分だけ，円柱の体積は増える。

演習問題 B

5 右の図は，12 個の正五角形の面と 20 個の正六角形の面からなるサッカーボール状の多面体で，どの頂点にも 1 個の正五角形の面と 2 個の正六角形の面が集まっている。この多面体の辺の数を求めなさい。

6 母線の長さが 8 cm，底面の半径が 2 cm の円錐を，右の図のように平面Q上に置く。
この円錐を，頂点Oを固定し，Q 上をすべることなく転がすとき，何回転すると，初めてもとの位置に戻るか答えなさい。

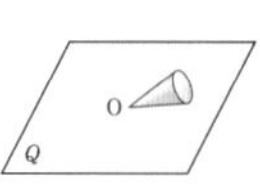

7 右の図は，底面が直角三角形の三角柱で，
AB=4 cm，BC=6 cm，AD=12 cm
である。また，点 P，Q，R はそれぞれ辺 AD，BE，CF 上の点で，
AP=6 cm，BQ=7 cm，CR=3 cm
である。3 点 P，Q，R を通る平面で，この立体を切って 2 つに分けるとき，頂点Eを含む方の立体の体積を求めなさい。

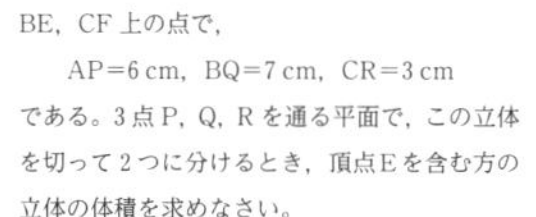

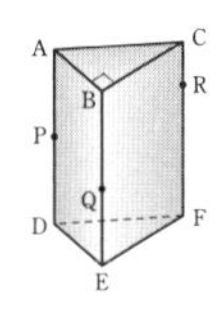

8 底面の半径が 6 cm，高さが 20 cm のふたのない円柱形の容器に，深さ 10 cm の位置まで水が入っている。この容器に，半径 3 cm の鉄の球を沈めるとき，水面の位置は何 cm 上がるか答えなさい。

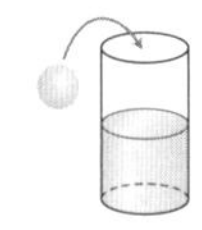

68 | 第 2 章　空間図形

○円柱の底面は変わらないから

(球の体積)=(増える円柱の体積)

=(底面積)×(水面が上昇した長さ)

実力を試す問題　解答は本書 157 ページ

1　右の図は，底面が直角三角形の三角柱で

AB=4 cm

BC=6 cm

AD=8 cm

である。

このとき，辺 BE 上に点 P をとり，3 点 A，P，F を通る平面でこの三角柱を切断し，2 つの立体に分ける。

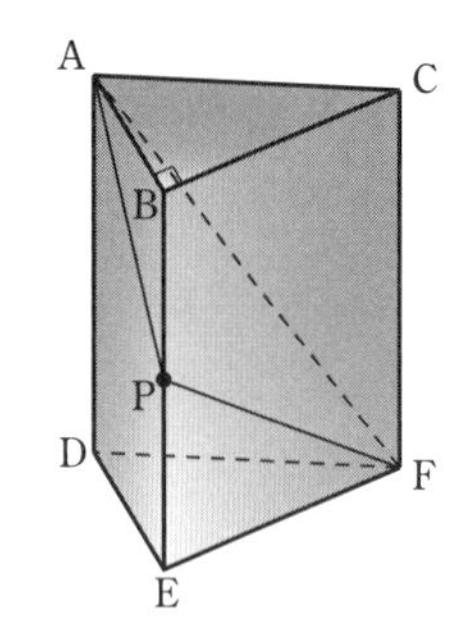

(1)　BP=3 cm であるとき，B を含む方の立体の体積を求めなさい。

(2)　2 つの立体の表面積が等しくなるとき，線分 BP の長さを求めなさい。

ヒント　**1**(2)　共有する面の表面積は同じである。

テキスト 69 ページ

学習のめあて

正多面体が 5 種類しかないことのわけを理解すること。

学習のポイント

正多面体

正多面体であるための条件は

[1]　すべての面が合同な正多角形

[2]　どの頂点にも同じ数の面が集まる

[3]　へこみがない

テキストの解説

□正多面体の調べ方

○多面体の 1 つの頂点は，3 つ以上の面が集まってできる。また，このときに集まった角の大きさの合計は 360° より小さい。

○上の [1] に着目して，面の形が正三角形，正四角形，正五角形，正六角形，… になる場合を順に調べていく。

○正三角形の 1 つの角の大きさは 60° である。360÷60＝6 であるから，1 つの頂点に集まることのできる面の数は，3, 4, 5 のいずれかである。

　→　正四面体，正八面体，正二十面体

○正四角形の 1 つの角の大きさは 90° である。360÷90＝4 であるから，1 つの頂点に集まることのできる面の数は 3 である。

　→　正六面体

○正五角形の 1 つの角の大きさは 108° である。360÷108＝3.3… であるから，1 つの頂点に集まることのできる面の数は 3 である。

　→　正十二面体

○正六角形の 1 つの角の大きさは 120° である。360÷120＝3 であるから，正六角形が集まって，多面体の 1 つの頂点になることはできない。このことは，正七角形以上の正多角形についても同じである。

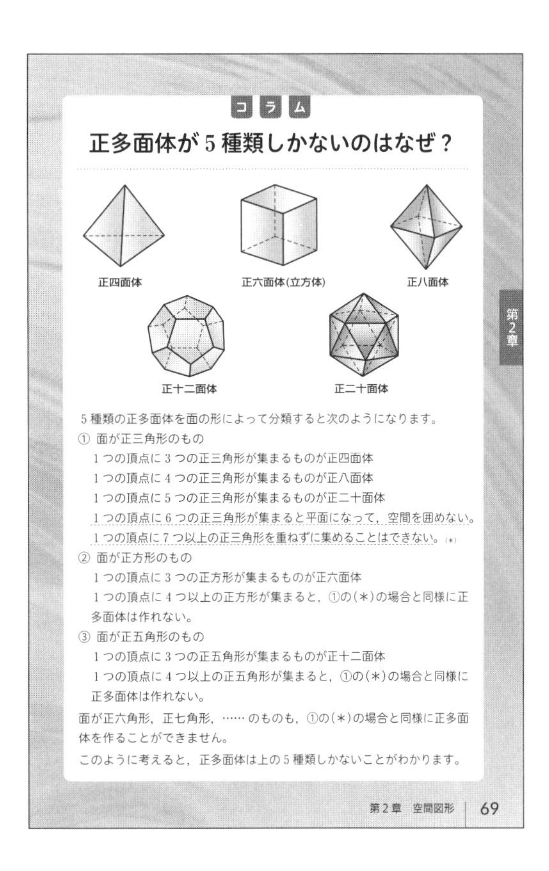

コラム

正多面体が 5 種類しかないのはなぜ？

5 種類の正多面体を面の形によって分類すると次のようになります。

① 面が正三角形のもの
　1 つの頂点に 3 つの正三角形が集まるものが正四面体
　1 つの頂点に 4 つの正三角形が集まるものが正八面体
　1 つの頂点に 5 つの正三角形が集まるものが正二十面体
　1 つの頂点に 6 つの正三角形が集まると平面になって，空間を囲めない。
　1 つの頂点に 7 つ以上の正三角形を重ねずに集めることはできない。(*)

② 面が正方形のもの
　1 つの頂点に 3 つの正方形が集まるものが正六面体
　1 つの頂点に 4 つ以上の正方形が集まると，①の(*)の場合と同様に正多面体は作れない。

③ 面が正五角形のもの
　1 つの頂点に 3 つの正五角形が集まるものが正十二面体
　1 つの頂点に 4 つ以上の正五角形が集まると，①の(*)の場合と同様に正多面体は作れない。

面が正六角形，正七角形，…… のものも，①の(*)の場合と同様に正多面体を作ることができません。

このように考えると，正多面体は上の 5 種類しかないことがわかります。

第2章　空間図形　69

○したがって，正多面体は 5 種類しかない。

□オイラーの多面体定理の利用

○多面体の頂点の数，面の数，辺の数の間には，次の関係が成り立つ (オイラーの多面体定理)。

(頂点の数)＋(面の数)－(辺の数)＝2

○少しむずかしいが，この関係を利用して，正多面体の面の数を調べることができる。

○たとえば，面が正五角形である正多面体の面の数を n とすると，各面の頂点の数の合計と辺の数の合計は，ともに $5n$ である。
この多面体は，3 つの面が集まって 1 つの頂点ができるから，多面体の頂点の数は　$\frac{5}{3}n$
また，2 つの面が集まって 1 つの辺ができるから，多面体の辺の数は　$\frac{5}{2}n$
よって　$\frac{5}{3}n+n-\frac{5}{2}n=2$

○これを解くと $n=12$ が得られるから，面が正五角形である正多面体は，十二面体である。

第3章　図形の性質と合同

この章で学ぶこと

① **平行線と角**（72～75 ページ）

2 直線が交わってできるいろいろな角と，その性質について学習し，いろいろな角の大きさを求める方法を考えます。
また，平行線と同位角や錯角の間に成り立つ関係を利用して，いろいろな角の間に成り立つ関係を説明することを考えます。

新しい用語と記号

対頂角，補角，同位角，錯角，証明，補助線

② **多角形の内角と外角**（76～81 ページ）

三角形の角の和が 180° になることは，小学校でも学びました。この章では，このことがどのような三角形についても成り立つことを，平行線の性質などを用いて論理的に説明するとともに，いろいろな図形の角の大きさの求め方について考えます。
また，三角形の内角の和を利用して，多角形の内角の和と外角の和を調べます。

新しい用語と記号

内角，外角，鋭角，鈍角，鋭角三角形，鈍角三角形

③ **三角形の合同**（82～85 ページ）

合同な図形の性質を考えるとともに，2 つの三角形が合同になる条件を明らかにします。
また，三角形の合同条件を利用して，2 つの三角形が合同になるかどうかを考えます。

新しい用語と記号

対応する頂点，対応する辺，対応する角，≡，
三角形の合同条件

④ **証明**（86～92 ページ）

仮定から結論を導く証明のすすめ方について学びます。また，平行線の性質や三角形の合同条件などを利用して，いろいろな図形の性質を証明する方法を考えます。

ここで学習する証明という考えは，今後の学習の基礎となるものですから，しっかりと身につけましょう。

新しい用語と記号

仮定，結論，定義，定理，公理

テキストの解説

□合同な図形

○同じ形を組み合わせたデザインの例として，着物のやがすり，たいやき器，歩道のタイル，ビルの窓枠模様の写真を示した。

○このように，同じ形を組み合わせたデザインは他にもたくさんある。
たとえばテキスト 14 ページに示した，日本古来の文様の麻の葉文様，青海波文様，亀甲文様もその一例である。

確かめの問題　　解答は本書 154 ページ

1　角度について，半回転は 180°，1 回転は 360° であることを，えんぴつを回すことで表すと，次のようになる。

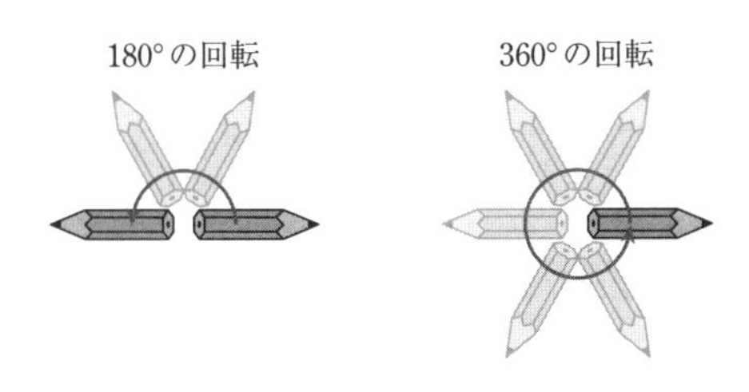

この方法を用いて（実際にえんぴつを回転させて），印をつけた角の和を求めなさい。

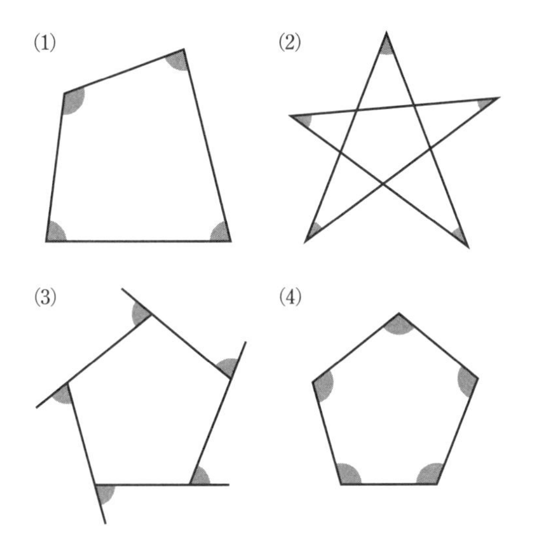

この章で学ぶこと

○この章では，すでに正しいことがわかっていることを利用して，図形のもつ性質を明らかにする方法（証明という）を学習する。

○たとえば，2 直線が交わってできる角の性質や平行線の性質を利用すると，三角形の角の和が 180° であることが証明できる。そして，三角形の角の和の性質を利用すると，確かめの問題 (2) の星形の角の和が 180° であることが導かれる。

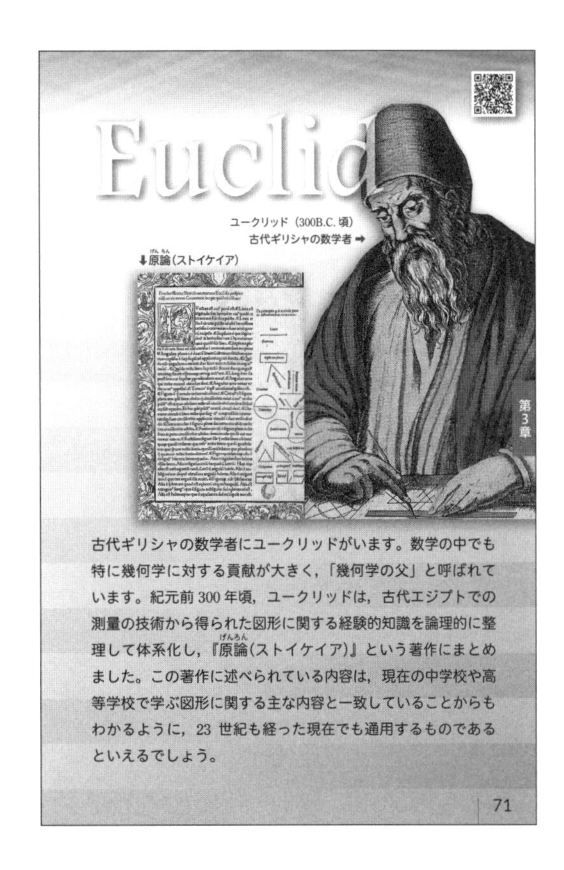
Euclid

ユークリッド（300B.C. 頃）
古代ギリシャの数学者 ➡
⬇原論（ストイケイア）

古代ギリシャの数学者にユークリッドがいます。数学の中でも特に幾何学に対する貢献が大きく，「幾何学の父」と呼ばれています。紀元前 300 年頃，ユークリッドは，古代エジプトでの測量の技術から得られた図形に関する経験的知識を論理的に整理して体系化し，『原論（ストイケイア）』という著作にまとめました。この著作に述べられている内容は，現在の中学校や高等学校で学ぶ図形に関する主な内容と一致していることからもわかるように，23 世紀も経った現在でも通用するものであるといえるでしょう。

第 3 章

71

○また，三角形の角の和が 180° であることを利用すると，多角形の角の和を求めることができて，確かめの問題 (1) の四角形の角の和が 360° であることや，(4) の五角形の角の和が 540° であることなどがわかる。さらに，(3) の図のような角の和が 360° であることもわかる。

○事柄を論理的な推論によって明らかにする証明という手法は，数学を学ぶうえでたいへん重要である。

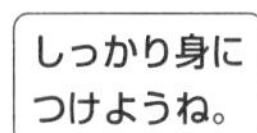

テキスト 72 ページ

1．平行線と角

学習のめあて

対頂角の性質について理解すること。

学習のポイント

対頂角

2 直線が交わってできる角のうち，向かい合っている 2 つの角を **対頂角** という。

例　右の図で，$\angle a$ と $\angle c$ は対頂角であり，$\angle b$ と $\angle d$ は対頂角である。

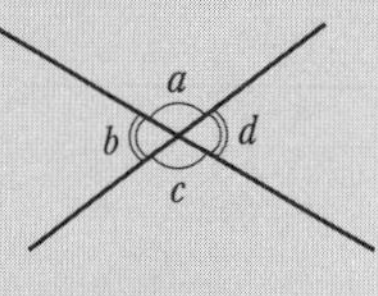

このとき，$\angle a$ と $\angle b$，$\angle c$ と $\angle d$ のように，2 つの角の大きさの和が 180° である位置関係にある角を，それぞれ互いに **補角** であるという。

対頂角の性質

対頂角は等しい。

テキストの解説

□対頂角とその性質

○平行でない 2 直線は交わり，その交点の周りには 4 つの角ができる。

○上の図の対頂角 $\angle a$ と $\angle c$ について

$\angle a+\angle b=180°$，$\angle b+\angle c=180°$

すなわち

$\angle a=180°-\angle b$，$\angle c=180°-\angle b$

であるから　　$\angle a=\angle c$

同じように，対頂角 $\angle b$ と $\angle d$ について

$\angle b+\angle c=180°$，$\angle c+\angle d=180°$

すなわち

$\angle b=180°-\angle c$，$\angle d=180°-\angle c$

であるから　　$\angle b=\angle d$

○対頂角の性質は，図形の性質を明らかにするうえで，基本となるものの 1 つである。

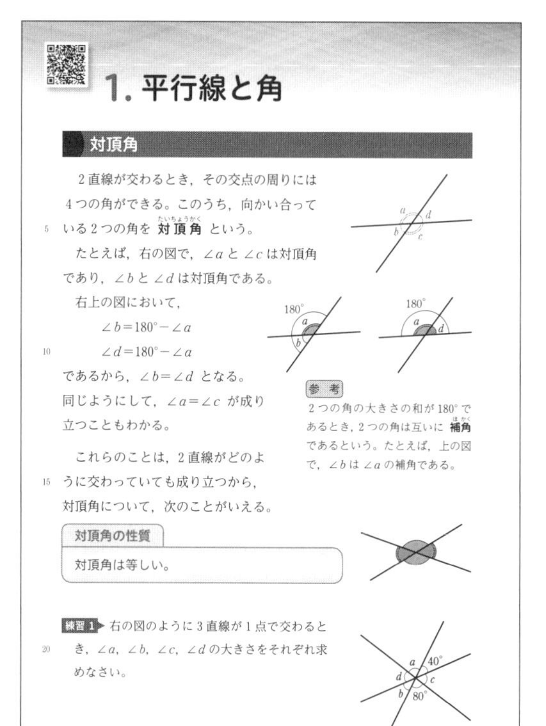

1．平行線と角

対頂角

2 直線が交わるとき，その交点の周りには 4 つの角ができる。このうち，向かい合っている 2 つの角を **対頂角** という。

たとえば，右の図で，$\angle a$ と $\angle c$ は対頂角であり，$\angle b$ と $\angle d$ は対頂角である。

右上の図において，

$\angle b=180°-\angle a$

$\angle d=180°-\angle a$

であるから，$\angle b=\angle d$ となる。

同じようにして，$\angle a=\angle c$ が成り立つこともわかる。

これらのことは，2 直線がどのように交わっていても成り立つから，対頂角について，次のことがいえる。

参考　2 つの角の大きさの和が 180° であるとき，2 つの角は互いに **補角** であるという。たとえば，上の図で，$\angle b$ は $\angle a$ の補角である。

対頂角の性質

対頂角は等しい。

練習 1　右の図のように 3 直線が 1 点で交わるとき，$\angle a$，$\angle b$，$\angle c$，$\angle d$ の大きさをそれぞれ求めなさい。

72　第 3 章　図形の性質と合同

□練習 1

○対頂角が等しいことを利用して，角の大きさを求める。

○$\angle c$ について　　$40°+\angle c+80°=180°$

テキストの解答

練習 1　対頂角は等しいから

$\angle \boldsymbol{a}=\mathbf{80°}$，$\angle \boldsymbol{b}=\mathbf{40°}$

また　　$\angle \boldsymbol{c}=180°-(40°+80°)$

$=\mathbf{60°}$

対頂角は等しいから

$\angle \boldsymbol{d}=\angle c=\mathbf{60°}$

確かめの問題　　解答は本書 154 ページ

1　右の図のように 3 直線が 1 点で交わっているとき，$\angle a+\angle b+\angle c$ の大きさを求めなさい。

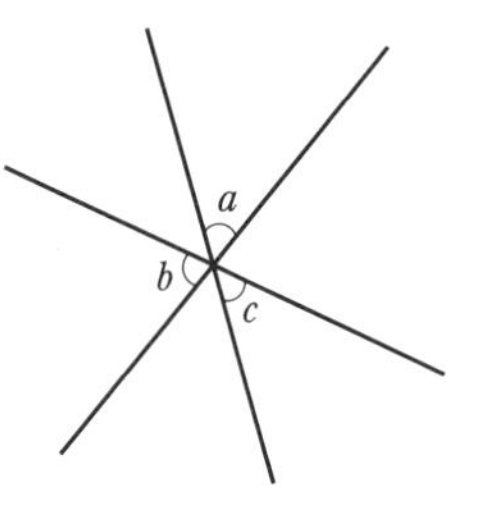

テキスト 73 ページ

学習のめあて

同位角と錯角について理解すること。

学習のポイント

同位角と錯角

右の図のように，2 直線に 1 つの直線が交わるとき，

$\angle a$ と $\angle e$
$\angle b$ と $\angle f$
$\angle c$ と $\angle g$
$\angle d$ と $\angle h$

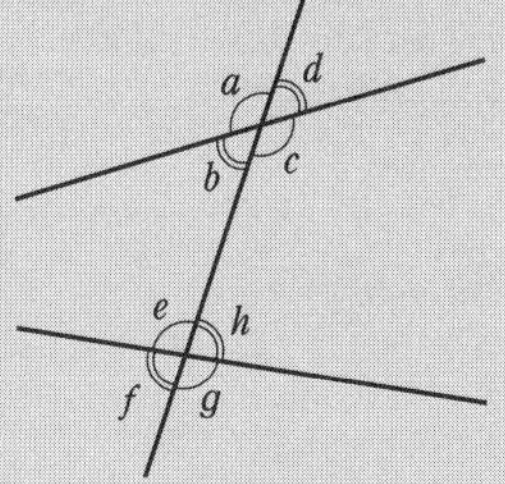

のような位置関係にある角を，それぞれ **同位角** という。
また，$\angle b$ と $\angle h$，$\angle c$ と $\angle e$ のような位置関係にある角を，それぞれ **錯角** という。

証明

すでに正しいことが明らかにされた事柄を用いて，ある事柄が成り立つわけを示すことを **証明** という。

同位角と錯角

右の図のように，2 直線 ℓ，m に直線 n が交わるとき，$\angle a$ と $\angle e$，$\angle b$ と $\angle f$，$\angle c$ と $\angle g$，$\angle d$ と $\angle h$ のような位置関係にある角を，それぞれ **同位角**(どういかく) という。

また，$\angle b$ と $\angle h$，$\angle c$ と $\angle e$ のような位置関係にある角を，それぞれ **錯角**(さっかく) という。

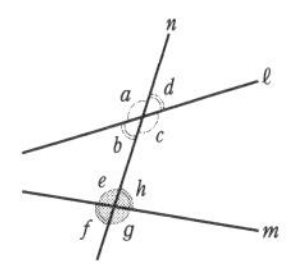

例題 1 右の図のように，2 直線 ℓ，m に直線 n が交わるとき，次のことが成り立つわけを説明しなさい。

$\angle a=\angle c$ ならば $\angle b=\angle c$
$\angle b=\angle c$ ならば $\angle a=\angle c$

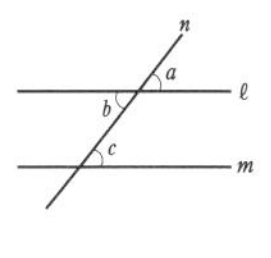

解答 $\angle a$ と $\angle b$ は対頂角であるから　$\angle a=\angle b$
よって，$\angle a=\angle c$ ならば $\angle b=\angle c$
$\angle b=\angle c$ ならば $\angle a=\angle c$ 終

練習 2 右の図のように，2 直線 ℓ，m に直線 n が交わるとき，次のことが成り立つわけを説明しなさい。

$\angle a=\angle b$ ならば $\angle c=\angle d$

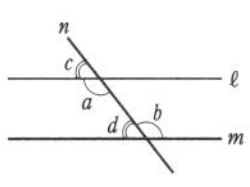

上の例題 1 では，前のページで学んだ対頂角の性質を用いて，同位角と錯角の間に成り立つ関係を説明した。このように，すでに正しいことが明らかにされた事柄(ことがら)を用いて，ある事柄が成り立つわけを示すことを **証明**(しょうめい) という。

1. 平行線と角　73

第3章

テキストの解説

□同位角と錯角

○2 直線が交わるとき，その交点の周りに 4 つの角ができる。同位角と錯角は，2 直線に 1 つの直線が交わるときにできる 4 つの角と 4 つの角，合わせて 8 つの角を，その位置関係で分類したものである。

○対頂角とは異なり，同位角や錯角は，いつも等しいとは限らない。

□例題 1

○対頂角の性質を利用して，同位角や錯角の性質を証明する。

○図の角を整理する。
$\angle a$ と $\angle b$ は対頂角であり，$\angle a$ と $\angle c$ は同位角，$\angle b$ と $\angle c$ は錯角である。

○図形の性質として「対頂角は等しい」ことをすでに学んだ。
したがって，$\angle a=\angle b$ が必ず成り立つから

$\angle a=\angle c$ ならば $\angle b=\angle c$
同位角が等しい　　**錯角が等しい**

$\angle b=\angle c$ ならば $\angle a=\angle c$
錯角が等しい　　**同位角が等しい**

が成り立つ。

□練習 2

○正しいことが明らかな事柄は

$\angle c=180^\circ-\angle a$，$\angle d=180^\circ-\angle b$

このことを利用して，$\angle a=\angle b$ と $\angle c=\angle d$ を結びつける。

テキストの解答

練習 2 $\angle c=180^\circ-\angle a$，$\angle d=180^\circ-\angle b$
よって，$\angle a=\angle b$ ならば $\angle c=\angle d$

学習のめあて

同位角と錯角の性質について理解すること。

学習のポイント

平行線になるための条件

2 直線に 1 つの直線が交わるとき，次のことが成り立つ。

同位角または錯角が等しいならば，2 直線は平行である。

平行線の性質

平行な 2 直線が 1 つの直線と交わるとき，次のことが成り立つ。

2 直線が平行ならば，同位角，錯角はそれぞれ等しい。

平行線と同位角，錯角

右の図のように 1 組の三角定規を用いると，平行線を引くことができる。

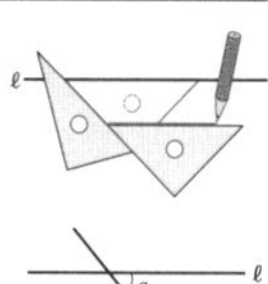

このようにして平行線が引けることは，右下の図の同位角 $\angle a$ と $\angle b$ が等しいとき，2 直線 ℓ，m が平行になることを意味している。

さらに，2 直線に 1 つの直線が交わるとき，前のページの例題 1 により，錯角が等しいならば同位角も等しいから，次のことがいえる。

平行線になるための条件

同位角または錯角が等しいならば，2 直線は平行である。

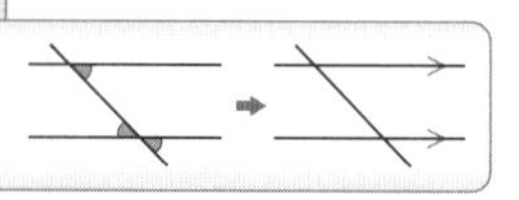

平行な 2 直線に 1 つの直線が交わるときは，次のことがいえる。

平行線の性質

2 直線が平行ならば，同位角，錯角はそれぞれ等しい。

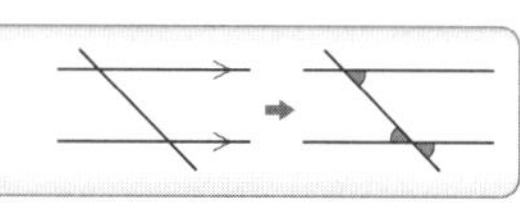

練習 3 右の図において，次の問いに答えなさい。

(1) $\ell /\!/ m$ である理由を答えなさい。

(2) $\angle x$，$\angle y$ の大きさを求めなさい。

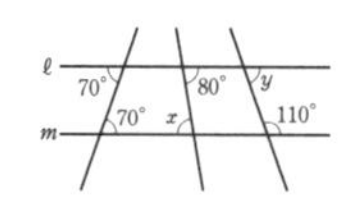

74 第 3 章 図形の性質と合同

テキストの解説

□平行線である条件

2 直線 ℓ，m に 1 つの直線が交わるとき，次のことが成り立つ。

[1] 同位角が等しいならば $\ell /\!/ m$ である。

[2] 錯角が等しいならば $\ell /\!/ m$ である。

□平行線と同位角，錯角の性質

○テキストのように 1 組の三角定規を用いると，平行線を引くことができる。

○このとき，1 つの三角定規をずらしてできる同位角はいつでも等しい。

○このことは，同位角が等しければ，2 直線は平行になることを示している。

○「平行線になるための条件」と「平行線の性質」は，図形の性質を証明するときによく用いられるので，しっかり覚えておく。

□練習 3

○等しい同位角や錯角を利用する。

(1) 学習のポイントの「平行線になるための条件」を利用する。

(2) 学習のポイントの「平行線の性質」を利用する。

テキストの解答

練習 3 (1) **錯角が 70° で等しい** から

$\ell /\!/ m$

(2) 平行線の錯角は等しいから

$\angle \boldsymbol{x} = \mathbf{80^\circ}$

平行線の同位角は等しいから，右の図で

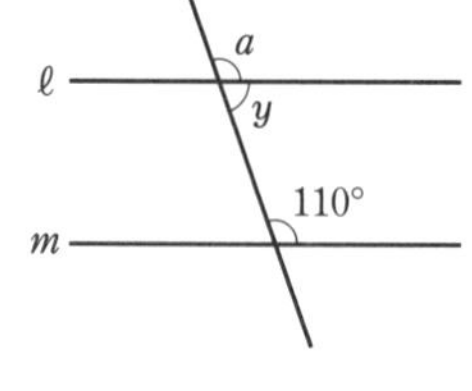

$\angle a = 110^\circ$

よって

$\angle \boldsymbol{y} = 180^\circ - 110^\circ = \mathbf{70^\circ}$

練習 4 $\ell /\!/ m$ であるから　$\angle a = \angle b$

$\ell /\!/ n$ であるから　$\angle a = \angle c$

よって　$\angle b = \angle c$

同位角が等しいから　$m /\!/ n$

(練習 4 は次ページの問題)

学習のめあて

同位角を利用して，2 直線が平行であることを説明したり，同位角や錯角の大きさを求めたりすることができるようになること。

学習のポイント

平行線の問題と補助線の利用

問題を解く手がかりとして引く線を **補助線** という。補助線を引いて，等しい同位角や錯角をつくる。

テキストの解説

□練習 4

○平行線の性質，平行線になるための条件を利用する。

□例題 2

○平行線と角の大きさ。平行線はあるが，同位角や錯角はないため，角の大きさを求めるにはくふうが必要になる。

○等しい同位角，錯角をつくる

　→　平行線　→　$\angle x$ の頂点を通る平行線

の順に考え，$\angle x$ を 2 つの角に分ける。

□練習 5

○例題 2 にならって考える。(3) は補助線を 2 本引く。

テキストの解答

(練習 4 の解答は前ページ)

練習 5　(1)　下の図のように，$\angle x$ の頂点を通り ℓ に平行な直線 n を引く。図において，錯角は等しいから

$\angle a=51^\circ$

$\angle b=38^\circ$

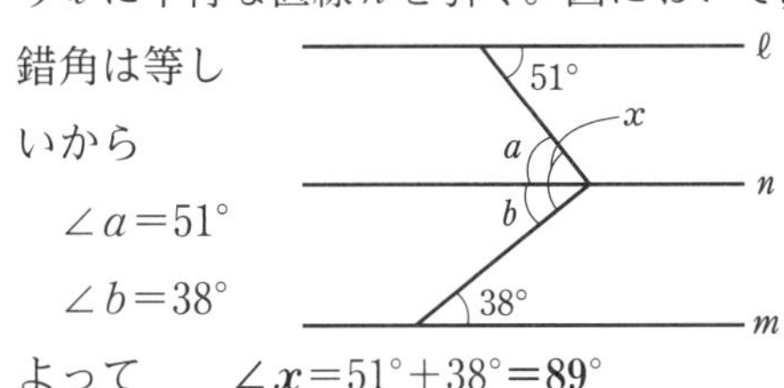

よって　$\angle x=51^\circ+38^\circ=\mathbf{89^\circ}$

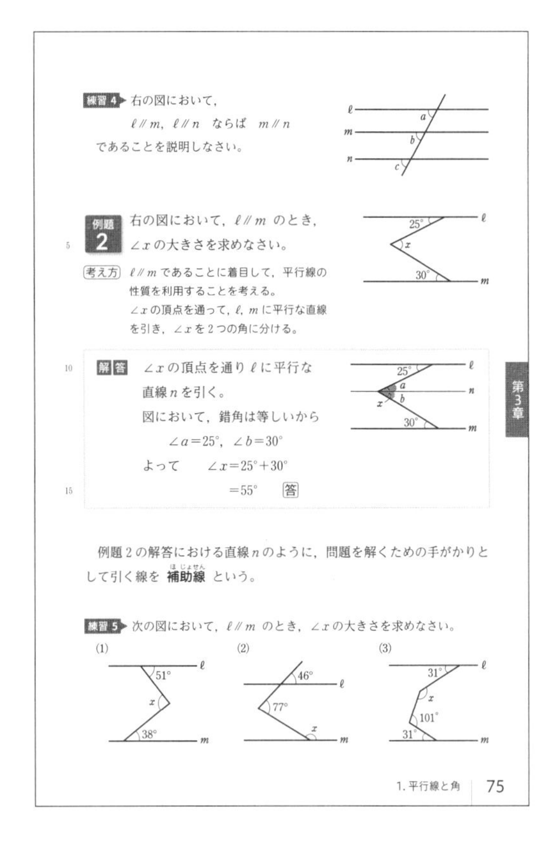

練習 4 右の図において，

$\ell /\!/ m$，$\ell /\!/ n$ ならば $m /\!/ n$

であることを説明しなさい。

例題 2 右の図において，$\ell /\!/ m$ のとき，$\angle x$ の大きさを求めなさい。

考え方 $\ell /\!/ m$ であることに着目して，平行線の性質を利用することを考える。

$\angle x$ の頂点を通って，ℓ，m に平行な直線を引き，$\angle x$ を 2 つの角に分ける。

解答 $\angle x$ の頂点を通り ℓ に平行な直線 n を引く。

図において，錯角は等しいから

$\angle a=25^\circ$，$\angle b=30^\circ$

よって　$\angle x=25^\circ+30^\circ$

$=55^\circ$　答

例題 2 の解答における直線 n のように，問題を解くための手がかりとして引く線を **補助線** という。

練習 5 次の図において，$\ell /\!/ m$ のとき，$\angle x$ の大きさを求めなさい。

(1)　(2)　(3)

1. 平行線と角　75

第3章

(2)　次の図のように，点 P を通り ℓ に平行な直線 n を引く。図において，同位角は等しいから　$\angle a=46^\circ$　よって

$\angle b=77^\circ-46^\circ$

$=31^\circ$

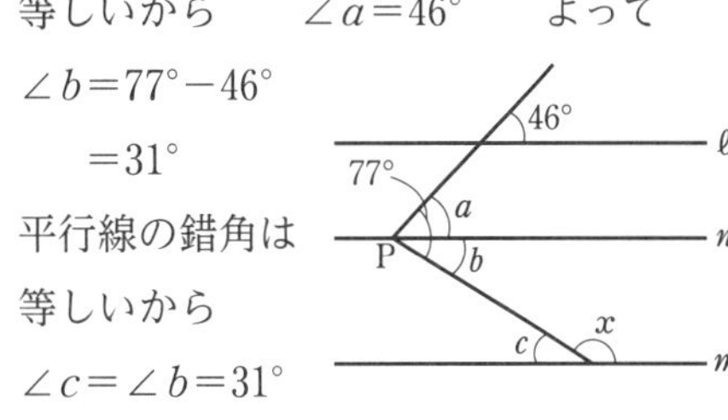

平行線の錯角は等しいから

$\angle c=\angle b=31^\circ$

したがって　$\angle x=180^\circ-31^\circ=\mathbf{149^\circ}$

(3)　下の図のように，点 P，Q を通り ℓ に平行な直線 n，n' を引く。図において，錯角は等しいから

$\angle a=31^\circ$

$\angle b=31^\circ$

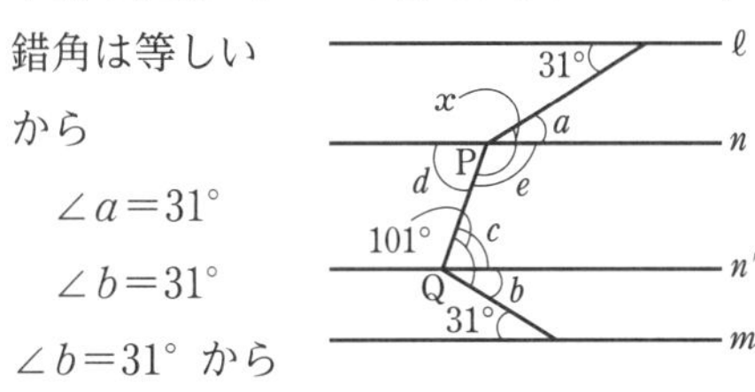

$\angle b=31^\circ$ から

$\angle c=101^\circ-31^\circ=70^\circ$

図において，錯角は等しいから

$\angle d=\angle c=70^\circ$，$\angle e=180^\circ-70^\circ=110^\circ$

よって　$\angle x=31^\circ+110^\circ=\mathbf{141^\circ}$

2．多角形の内角と外角

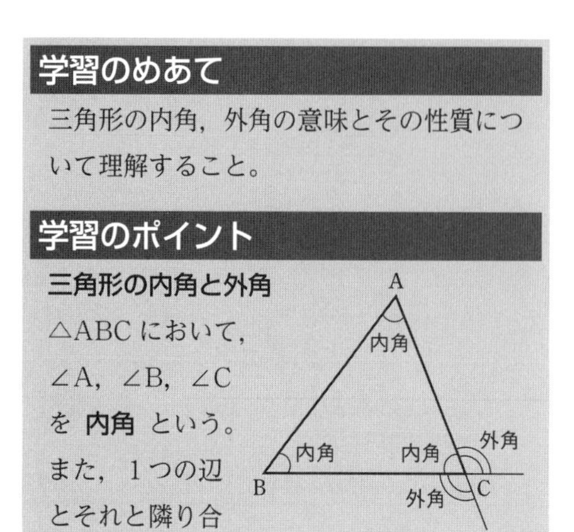

学習のめあて

三角形の内角，外角の意味とその性質について理解すること。

学習のポイント

三角形の内角と外角

△ABC において，∠A，∠B，∠C を **内角** という。
また，1つの辺とそれと隣り合う辺の延長がつくる角を **外角** という。

テキストの解説

□三角形の内角と外角

○小学校では，具体的な三角形を調べて，3つの角の和が 180° であることを確かめた。

○ここでは，これまでに学んだことを利用して，どんな三角形についても，内角の和が 180° になることを示す。

○これまでに学んだ事柄を整理すると

[対頂角の性質]
対頂角は等しい。

[平行線になるための条件]
2直線に1つの直線が交わるとき
　同位角または錯角が等しいならば，2直線は平行である。

[平行線の性質]
平行な2直線が1つの直線と交わるとき
　同位角，錯角はそれぞれ等しい。

○出発点は　$\angle a$，$\angle b$，$\angle c$ は内角
到達点は　$\angle a+\angle b+\angle c=180°$
上に示した事柄を用いて，これらを結びつけることを考える。

2. 多角形の内角と外角

三角形の内角と外角

△ABC の3つの角 ∠A，∠B，∠C を **内角**（ないかく）という。また，右の図の ∠ACD や ∠BCE のような，1つの辺とそれと隣り合う辺の延長がつくる角を，**外角**（がいかく）という。

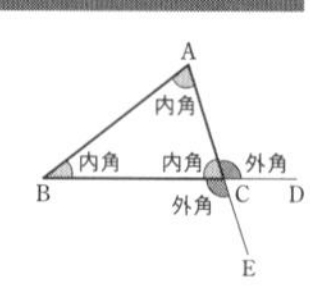

小学校では，いくつかの三角形を調べて，角の大きさの和が 180° になることを知った。ここでは，どんな三角形についても内角の和が 180° になることを，平行線と角の性質を用いて証明してみよう。

右の図のように，△ABC の辺 BC の延長上に点Dをとる。また，点Cを通り，辺 AB に平行な直線 CE を引く。

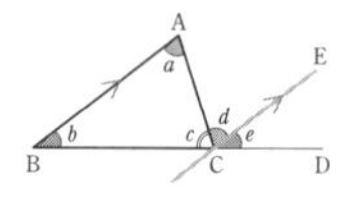

平行線の錯角は等しいから

$$\angle a=\angle d$$

平行線の同位角は等しいから

$$\angle b=\angle e$$

よって，△ABC において

$$\angle a+\angle b+\angle c=\angle d+\angle e+\angle c$$
$$=\angle \mathrm{BCD}$$

3点 B，C，D は一直線上にあるから，∠BCD＝180° であり，三角形の3つの内角の和は 180° となる。
また，このとき，次のことが成り立つ。

$$\angle a+\angle b=\angle \mathrm{ACD}$$

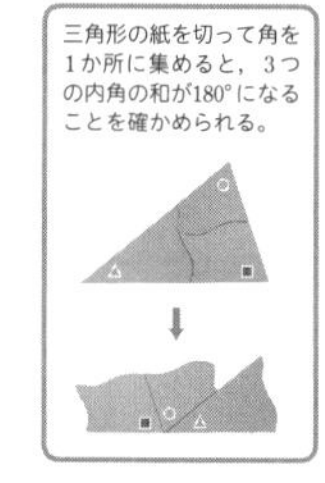

76　第3章　図形の性質と合同

○離れた図形は，比較しやすいような位置に移動して考えるとよいから，内角を移動することを考える。

○たとえば，頂点Cに集めることを考える。
そのままでは，$\angle a$ も $\angle b$ も移動することはできないので，点Cを通り辺 AB に平行な直線を引く。すると，平行線の性質を利用して，$\angle a$，$\angle b$ を移動することができる。

○次のようにして証明することもできる。
右の図のように，点Aを通り辺 BC に平行な直線 DE を引く。

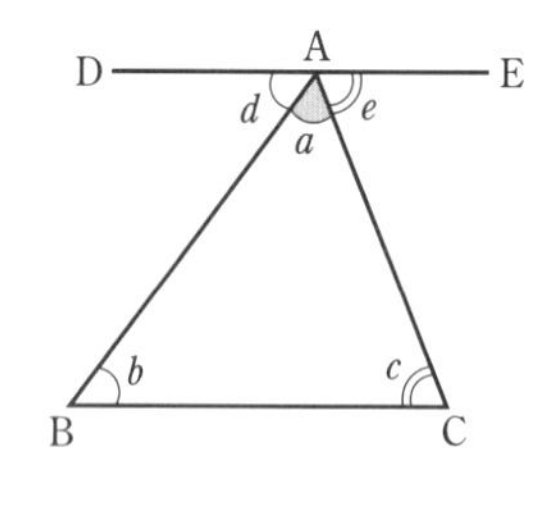

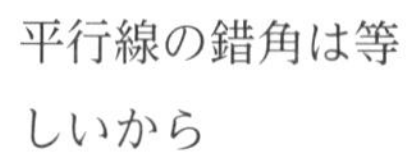

平行線の錯角は等しいから

$$\angle b=\angle d,\ \angle c=\angle e$$

よって　$\angle a+\angle b+\angle c$
$=\angle a+\angle d+\angle e$
$=\angle \mathrm{DAE}=180°$

テキスト 77 ページ

学習のめあて

三角形の内角，外角の性質を理解して，いろいろな角の大きさを求めることができるようになること。

学習のポイント

三角形の内角と外角の性質

[1]　三角形の 3 つの内角の和は 180° である。

[2]　三角形の外角は，それと隣り合わない 2 つの内角の和に等しい。

鋭角と鈍角

0° より大きく 90° より小さい角を **鋭角** といい，90° より大きく 180° より小さい角を **鈍角** という。

三角形の分類

鋭角三角形　3 つの内角がすべて鋭角

直角三角形　1 つの内角が直角

鈍角三角形　1 つの内角が鈍角

前のページで調べたことから，次のことがいえる。

三角形の内角と外角の性質

[1]　三角形の 3 つの内角の和は 180° である。

[2]　三角形の 1 つの外角は，それと隣り合わない 2 つの内角の和に等しい。

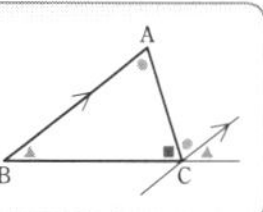

練習 6 次の図において，∠x の大きさを求めなさい。

(1)

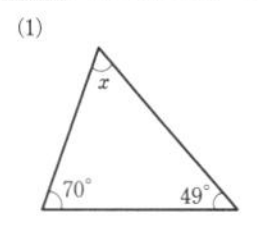

(2)

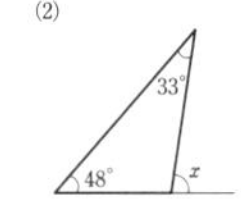

(3)

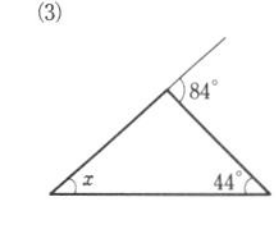

0° より大きく 90° より小さい角を **鋭角**（えいかく），90° より大きく 180° より小さい角を **鈍角**（どんかく）という。三角形の 1 つの内角は 0° より大きく 180° より小さいから，鋭角，直角，鈍角のいずれかである。

三角形は，内角の大きさによって，次のように分類される。

鋭角三角形　3 つの内角がすべて鋭角である三角形

直角三角形　1 つの内角が直角である三角形

鈍角三角形　1 つの内角が鈍角である三角形

練習 7 2 つの内角の大きさが次のような三角形は，鋭角三角形，直角三角形，鈍角三角形のどれであるか答えなさい。

(1)　35°，55°　　(2)　42°，38°　　(3)　61°，74°

テキストの解説

□練習 6

○三角形の内角と外角の性質を利用する。

□三角形の分類

○三角形を，内角の大きさで分類する。内角の大きさと直角の大小に着目する。

○三角形の内角のうち，少なくとも 2 つは鋭角である。

□練習 7

○与えられた角はすべて鋭角であるが，残りの角が鋭角であるとは限らない。残りの角の大きさを調べて，三角形を分類する。

テキストの解答

練習 6　(1)　三角形の内角の和は 180° であるから　　$\angle x+70^\circ+49^\circ=180^\circ$

よって　　$\angle \boldsymbol{x}=180^\circ-(70^\circ+49^\circ)=\mathbf{61^\circ}$

(2)　三角形の内角と外角の性質から

$\angle x=33^\circ+48^\circ$

よって　　$\angle \boldsymbol{x}=\mathbf{81^\circ}$

(3)　三角形の内角と外角の性質から

$\angle x+44^\circ=84^\circ$

よって　　$\angle \boldsymbol{x}=84^\circ-44^\circ=\mathbf{40^\circ}$

練習 7　(1)　三角形の残りの内角の大きさは

$180^\circ-(35^\circ+55^\circ)=90^\circ$

よって，1 つの内角が直角であるから

直角三角形

(2)　三角形の残りの内角の大きさは

$180^\circ-(42^\circ+38^\circ)=100^\circ$

よって，1 つの内角が鈍角であるから

鈍角三角形

(3)　三角形の残りの内角の大きさは

$180^\circ-(61^\circ+74^\circ)=45^\circ$

よって，3 つの内角がすべて鋭角であるから　　**鋭角三角形**

テキスト 78 ページ

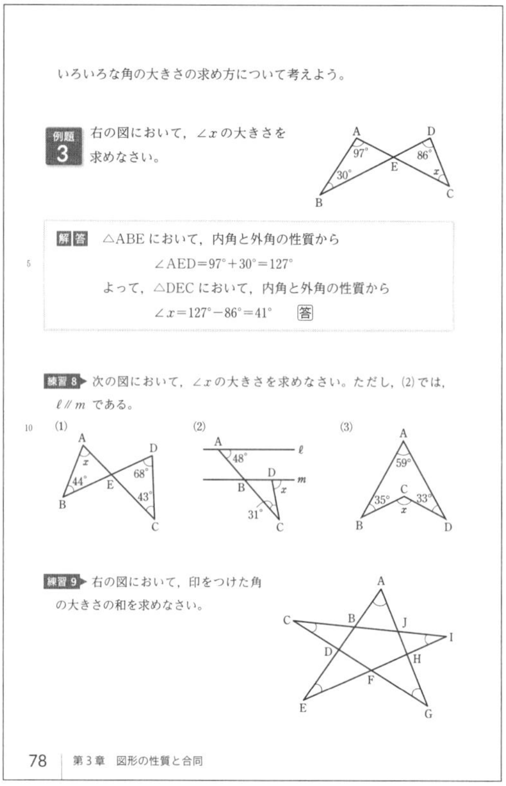

> いろいろな角の大きさの求め方について考えよう。
>
> **例題 3** 右の図において，$\angle x$ の大きさを求めなさい。
>
> **解答** △ABE において，内角と外角の性質から
> $\angle \mathrm{AED}=97^\circ+30^\circ=127^\circ$
> よって，△DEC において，内角と外角の性質から
> $\angle x=127^\circ-86^\circ=41^\circ$ 答
>
> **練習 8** 次の図において，$\angle x$ の大きさを求めなさい。ただし，(2) では，$\ell /\!/ m$ である。
>
> (1) (2) (3)
>
> **練習 9** 右の図において，印をつけた角の大きさの和を求めなさい。
>
> 78 第 3 章 図形の性質と合同

学習のめあて

いろいろな図形について，角の大きさを求めることができるようになること。

学習のポイント

角の大きさの求め方

直線や三角形に着目する。

2 直線 → 対頂角は等しい

平行線 → 同位角，錯角は等しい

三角形 → 内角，外角の性質を利用

テキストの解説

□例題 3，練習 8

○三角形に着目して，内角と外角の性質を利用する。

○三角形の内角と外角の性質を利用するときは，「△ABE において」のように，どの三角形で考えているかを明らかにする。

□練習 9

○星形をした図形の角の和。印をつけた 1 つ 1 つの角の大きさを知ることはできないが，それらの和は求めることができる。

○離れた 5 つの角を，1 つの三角形の角に移動することを考える。

△BEI の 2 つの角 → △ABJ へ移す

△JCG の 2 つの角 → △ABJ へ移す

テキストの解答

練習 8 (1) △DEC において，内角と外角の性質から

$\angle \mathrm{AED}=68^\circ+43^\circ=111^\circ$

よって，△ABE において，内角と外角の性質から $\angle x=111^\circ-44^\circ=\mathbf{67^\circ}$

(2) 平行線の同位角は等しいから

$\angle \mathrm{DBC}=48^\circ$

よって，△DBC において，内角と外角の性質から $\angle x=48^\circ+31^\circ=\mathbf{79^\circ}$

(3) 四角形 ABCD において，辺 DC の延長と辺 AB との交点を E とする。

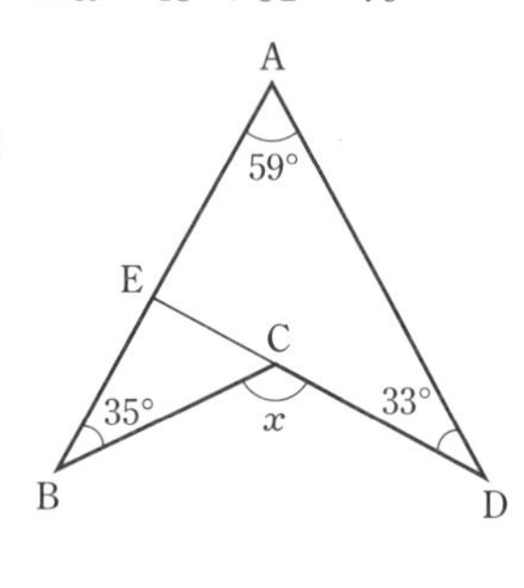

このとき，

△AED において，内角と外角の性質から $\angle \mathrm{DEB}=59^\circ+33^\circ=92^\circ$

よって，△CEB において，内角と外角の性質から $\angle x=92^\circ+35^\circ=\mathbf{127^\circ}$

練習 9 △BEI において，内角と外角の性質から $\angle \mathrm{BEI}+\angle \mathrm{BIE}=\angle \mathrm{ABI}$

△JCG において，内角と外角の性質から

$\angle \mathrm{JCG}+\angle \mathrm{JGC}=\angle \mathrm{AJC}$

よって，印をつけた角の大きさの和は，△ABJ の内角の大きさの和に等しいから

180°

学習のめあて

三角形の内角の二等分線によってできる三角形について，その内角の大きさを求めることができるようになること。

学習のポイント

角の二等分線

BD が $\angle ABC$ の二等分線であるとき

$$\angle ABD=\angle DBC=\frac{1}{2}\angle ABC$$

テキストの解説

□例題 4

○△ABC と △DBC の関係を利用して，角の大きさを求める。

○$\angle B$ の大きさも $\angle C$ の大きさもわからないが，

$$\angle A \ \rightarrow\ \angle B+\angle C \ \rightarrow\ \frac{1}{2}\angle B+\frac{1}{2}\angle C$$

の順で考えると，$\angle BDC$ の大きさを知ることができる。

□練習 10

○(1)　例題 4 にならって考える。

○(2)　内角の二等分線と外角の二等分線でできる $\angle DCE$ の大きさを考える。

テキストの解答

練習 10　(1)　△ABC において

$$\angle ABC+\angle ACB=180^\circ-\angle BAC$$
$$=120^\circ$$

$\angle DBC=\frac{1}{2}\angle ABC,\ \angle DCB=\frac{1}{2}\angle ACB$

であるから

$$\angle DBC+\angle DCB$$
$$=\frac{1}{2}(\angle ABC+\angle ACB)=60^\circ$$

よって，△DBC において

$$\angle \mathbf{BDC}=180^\circ-(\angle DBC+\angle DCB)$$
$$=\mathbf{120^\circ}$$

例題 4　$\angle A=70^\circ$ である △ABC において，$\angle B$，$\angle C$ の二等分線の交点を D とする。このとき，$\angle BDC$ の大きさを求めなさい。

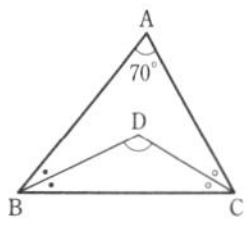

考え方　$\angle B$，$\angle C$ それぞれの大きさはわからないから，それらの和に着目する。

解答　△ABC において

$$\angle ABC+\angle ACB=180^\circ-\angle BAC$$
$$=110^\circ$$

$\angle DBC=\frac{1}{2}\angle ABC$，$\angle DCB=\frac{1}{2}\angle ACB$ であるから

$$\angle DBC+\angle DCB=\frac{1}{2}(\angle ABC+\angle ACB)$$
$$=55^\circ$$

よって，△DBC において

$$\angle BDC=180^\circ-(\angle DBC+\angle DCB)$$
$$=125^\circ \quad \text{答}$$

練習 10　$\angle A=60^\circ$ である △ABC において，$\angle B$ と $\angle C$ の二等分線の交点を D とし，$\angle B$ の二等分線と $\angle C$ の外角の二等分線の交点を E とする。このとき，次の角の大きさを求めなさい。

(1)　$\angle BDC$　　(2)　$\angle DEC$

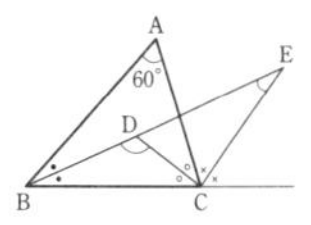

一般に，△ABC において，$\angle B$，$\angle C$ の二等分線の交点を D とすると，$\angle BDC=90^\circ+\frac{1}{2}\angle A$ が成り立つ。

2. 多角形の内角と外角　79

第3章

(2)　下の図において，

$$\angle ACB+\angle ACF=180^\circ$$

$$\angle ACD=\frac{1}{2}\angle ACB,\ \angle ACE=\frac{1}{2}\angle ACF$$

であるから

$$\angle ACD+\angle ACE$$
$$=\frac{1}{2}(\angle ACB+\angle ACF)=90^\circ$$

すなわち　　$\angle DCE=90^\circ$

△DCE において，内角と外角の性質から　　$\angle DEC+\angle DCE=\angle BDC$

よって　　$\angle DEC+90^\circ=120^\circ$

したがって　　$\angle \mathbf{DEC=30^\circ}$

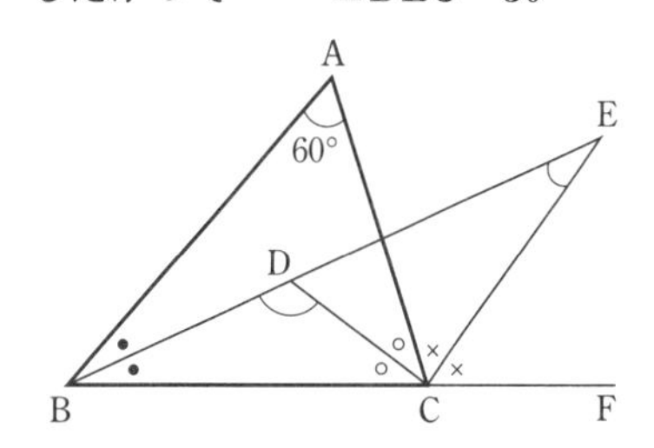

学習のめあて

多角形の内角の和について理解すること。

学習のポイント

多角形の内角の和

n 角形の内角の和は　$180°\times(n-2)$

多角形の内角と外角

多角形の内角と外角も，三角形の場合と同じように定める。たとえば，右の図の五角形において，∠A，∠B，∠C，∠D，∠AED は，この五角形の内角であり，∠AEF と ∠DEG は，ともに頂点Eにおける外角である。

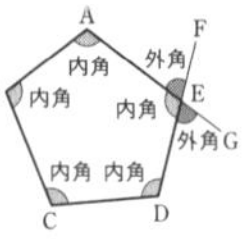

注 意　180° より大きい内角に対しては，その外角を考えないものとする。

四角形，五角形，六角形は，1 つの頂点を共有する対角線で，それぞれ 2 個，3 個，4 個の三角形に分けることができる。

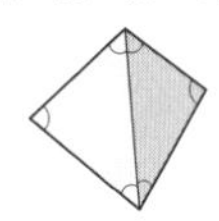
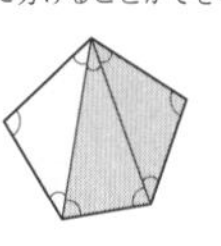
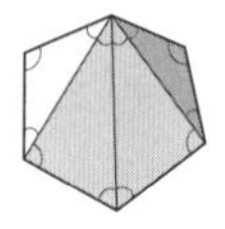

一般に，n 角形は，1 つの頂点から $(n-3)$ 本の対角線が引けるから，$(n-2)$ 個の三角形に分けることができる。

n 角形を $(n-2)$ 個の三角形に分けたとき，すべての三角形の内角の和は，もとの n 角形の内角の和に等しいから，次のことがいえる。

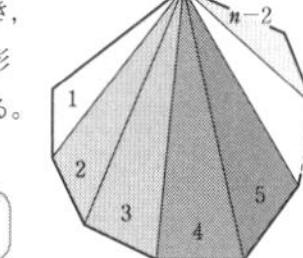

多角形の内角の和

n 角形の内角の和は　$180°\times(n-2)$

六角形の内角の和は　$180°\times(6-2)=720°$

80　第 3 章　図形の性質と合同

テキストの解説

□多角形の内角の和

○四角形，五角形，六角形などの多角形についても，三角形と同じように，その内角と外角を考える。

○多角形の内角の和は，三角形の内角の和をもとにして考えることができる。

○1 点を共有する対角線で，

　　四角形　は　2 個の三角形
　　五角形　は　3 個の三角形
　　六角形　は　4 個の三角形
　　　　……

　に分けることができるから，

　　n 角形　は　$(n-2)$ 個の三角形

　に分けることができる。

○したがって，n 角形の内角の和は，$(n-2)$ 個の三角形の内角の和に等しくなる。三角形の内角の和は 180° であるから，n 角形の内角の和は $180°\times(n-2)$ になる。

○多角形の内角の和は，次のように考えて導くこともできる。

　n 角形の内部に点 O をとり，n 角形の各頂点と O を結ぶ。
　このとき，n 角形は n 個の三角形に分かれる。

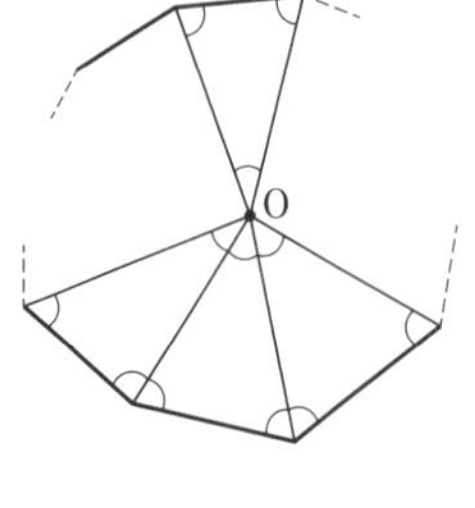

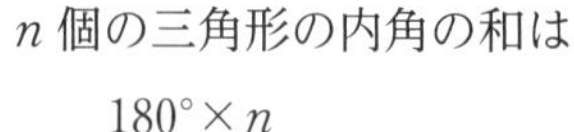

　n 個の三角形の内角の和は

　　$180°\times n$

　n 角形の内角の和は，n 個の三角形の内角の和から，O の周りにできた角（大きさの和は 360°）を除けばよいから

$$180°\times n-360°=180°\times n-180°\times 2$$
$$=180°\times(n-2)$$

□例 1

○公式にあてはめて計算する。

　六角形 → $n=6$

テキストの解答

練習 11　五角形の内角の和は

$$180°\times(5-2)=\mathbf{540°}$$

　七角形の内角の和は

$$180°\times(7-2)=\mathbf{900°}$$

（練習 11 は次ページの問題）

テキスト 81 ページ

練習 11 五角形，七角形の内角の和を，それぞれ求めなさい。

練習 12 次の問いに答えなさい。

(1) 正八角形の 1 つの内角の大きさを求めなさい。

(2) 内角の和が 1440° になるような多角形は何角形ですか。

5 多角形において，各頂点における外角を 1 つずつとった和を，多角形の外角の和という。

多角形の外角の和について考えてみよう。

多角形の各頂点における内角と 1 つの外角の和は 180° であるから，n 角形の内角の和と外角の和の合計は　　$180°\times n$

10

n 角形の内角の和は $180°\times(n-2)$ であるから，n 角形の外角の和は

$$180°\times n-180°\times(n-2)=180°\times n-180°\times n+360°=360°$$

したがって，n 角形の外角の和は一定で，次のことがいえる。

15 **多角形の外角の和**

多角形の外角の和は　360°

上のことから，正 n 角形の 1 つの外角の大きさは $\left(\frac{360}{n}\right)^{\circ}$ となることがわかる。

練習 13 次の図において，$\angle x$ の大きさを求めなさい。

20 (1)　　(2)

2. 多角形の内角と外角　81

第3章

学習のめあて

多角形の外角の和について理解すること。
また，多角形の内角の和やいろいろな角の大きさが求められるようになること。

学習のポイント

多角形の外角の和

多角形の外角の和は　360°

テキストの解説

□練習 11

○前ページの例 1 にならって計算する。

□練習 12

○n 角形の内角の和が $180°\times(n-2)$ であることを利用する。

□多角形の外角の和

○ 1 つの頂点における内角と外角の和は 180° である。このことと内角の和から，外角の和が求まる。

○右の図のように，多角形の内部に点Oをとると，外角はOの周りに移動することができる。このように考えても，多角形の外角の和は 360° になる。

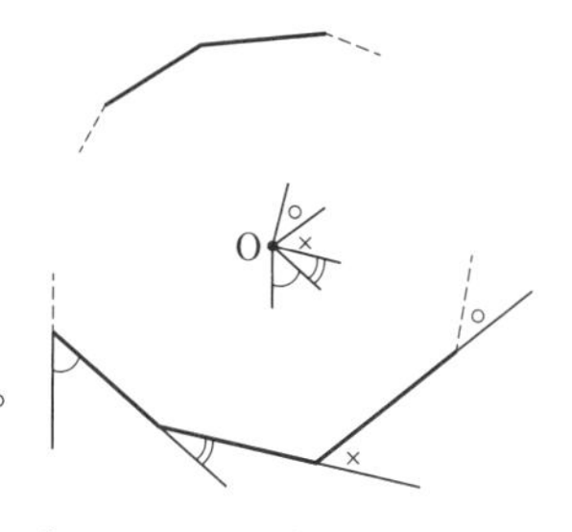

□練習 13

○多角形の外角の和が 360° であることを利用して，残りの角の大きさを求める。

テキストの解答

(練習 11 の解答は前ページ)

練習 12 (1) 八角形の内角の和は

$$180°\times(8-2)=1080°$$

正八角形の内角の大きさはすべて等しいから，1 つの内角の大きさは

$$1080°\div 8=\mathbf{135°}$$

(2) n 角形の内角の和が 1440° になるとすると　　$180°\times(n-2)=1440°$

$$n-2=8$$

$$n=10$$

よって　　**十角形**

練習 13 (1) 外角の和は 360° であるから

$$\angle x=360°-(72°+70°+78°+63°)=\mathbf{77°}$$

(2) 下の図において

$$\angle a=360°-(90°+60°+50°+90°+30°)=40°$$

よって　　$\angle x=180°-40°=\mathbf{140°}$

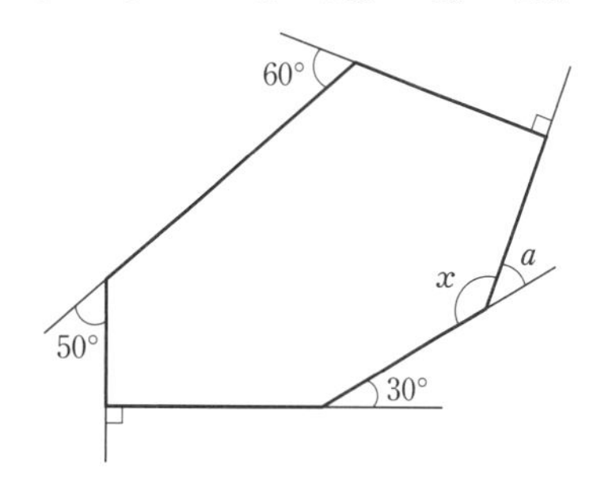

3．三角形の合同

学習のめあて

合同な図形の意味と，その性質について理解すること。

学習のポイント

合同な図形

2つの合同な図形は，その一方を移動して，他方にぴったりと重ねることができる。このとき，重なり合う頂点，辺，角を，それぞれ**対応する頂点**，**対応する辺**，**対応する角** という。

合同な図形の性質

合同な図形では，次のことが成り立つ。

[1]　対応する線分の長さはそれぞれ等しい。

[2]　対応する角の大きさはそれぞれ等しい。

合同な三角形の表し方

△ABC と △DEF が合同であるとき，

△ABC≡△DEF

と表す。

3. 三角形の合同

合同な図形

2つの合同な図形は，その一方を移動して，他方にぴったりと重ねることができる。このとき，重なり合う頂点，辺，角を，それぞれ **対応する頂点**，**対応する辺**，**対応する角** という。

合同な図形について，次のことが成り立つ。

合同な図形の性質

[1]　合同な図形では，対応する線分の長さはそれぞれ等しい。

[2]　合同な図形では，対応する角の大きさはそれぞれ等しい。

2つの図形が合同であることを記号 ≡ を使って表す。

たとえば，右の図のように，△ABC を平行移動して △DEF にぴったりと重ねることができるとき，2つの三角形は合同で

△ABC≡△DEF

と表される。

これは「三角形 ABC 合同 三角形 DEF」と読む。このように，記号 ≡ を用いるときは，対応する頂点を周にそって順に並べて書く。

練習 14 右の図の2つの直角三角形は合同である。次の問いに答えなさい。

(1)　2つの三角形が合同であることを，記号 ≡ を用いて表しなさい。

(2)　辺 AB の長さと ∠EDF の大きさ，∠DEF の大きさを求めなさい。

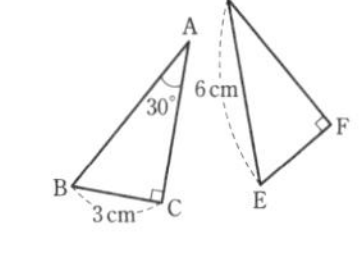

82　第3章　図形の性質と合同

テキストの解説

□合同な図形の性質

○2つの図形が合同であるとき，その一方を移動して他方にぴったりと重ねることができるから，辺や角もぴったりと重なる。

○ぴったりと重なる2つの辺の長さは等しく，ぴったりと重なる2つの角の大きさは等しい。したがって，合同な図形の対応する辺の長さは等しく，対応する角の大きさは等しい。

○2つの三角形が合同であることを表すとき，対応する頂点の順に注意する。

○2つの四角形が合同であるような場合も，記号≡を用いて表す。たとえば，次の図の四角形 ABCD と四角形 EFGH が合同であるとき，

四角形 ABCD≡四角形 EFGH　と表す。

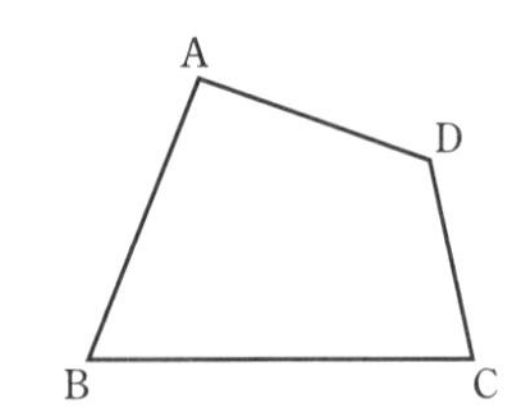

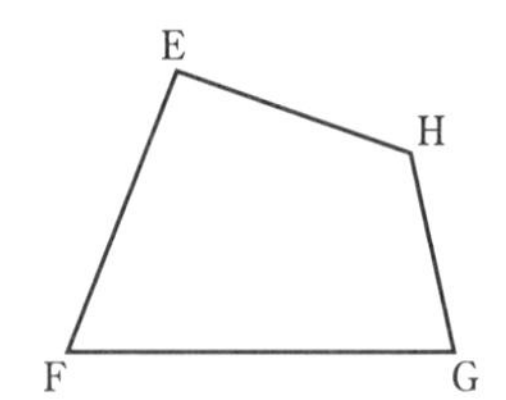

□練習 14

○対応する頂点，対応する辺，対応する角を考える。

テキストの解答

練習 14　(1)　**△ABC≡△DEF**

(2)　辺 AB に対応する辺は，辺 DE であるから　　**AB**＝DE＝**6 (cm)**

また，∠EDF に対応する角は，∠BAC であるから

∠EDF＝∠BAC＝**30°**

∠DEF＝180°−(∠EDF＋∠DFE)

＝180°−(30°＋90°)

＝**60°**

テキスト 83 ページ

学習のめあて

2 つの三角形が合同になる条件について理解すること。

学習のポイント

三角形が合同になる条件

[1]　3 組の辺がそれぞれ等しいとき，2 つの三角形は合同である。

[2]　2 組の辺と 1 組の角がそれぞれ等しいとき，2 つの三角形は合同であったりなかったりする。

テキストの解説

□三角形が合同になる条件

○右の図のように，三角形には，3 つの辺

AB，BC，CA

と，3 つの角

∠A，∠B，∠C

がある。

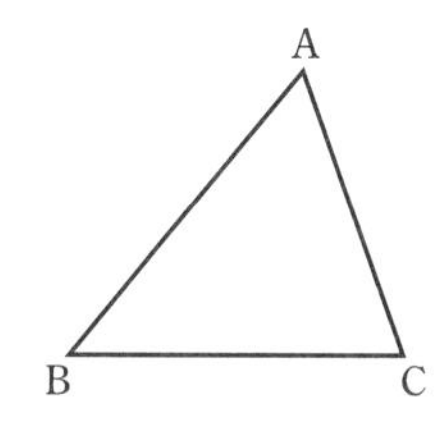

この 6 つを，三角形の要素という。

○コンパスと定規を使って，3 辺の長さが与えられた三角形をただ 1 つ作図することができる。このようにしてかいた三角形は，どれもその形と大きさが一致する。

○ 2 辺が与えられても，決まった三角形を作図することはできないが，2 辺の間の角の大きさを決めると，三角形をただ 1 つ作図することができる。

○三角形がただ 1 通りに作図できることは，同じ条件が与えられた 2 つの三角形は一致することを意味している。

したがって，次の各場合に，2 つの三角形は合同になる。

[1]　3 組の辺がそれぞれ等しい。

[2]　2 組の辺とその間の角がそれぞれ等しい。

三角形の合同条件

2 つの三角形が合同になるためには，辺や角についてどんな条件が必要になるだろうか。必要な条件を，等しい辺に着目して考えてみよう。

[1]　3 組の辺がそれぞれ等しい場合

3 辺の長さが与えられた三角形は，下の図のようにただ 1 通りに作図することができる。このことは，3 組の辺がそれぞれ等しい 2 つの三角形は，合同であることを意味している。

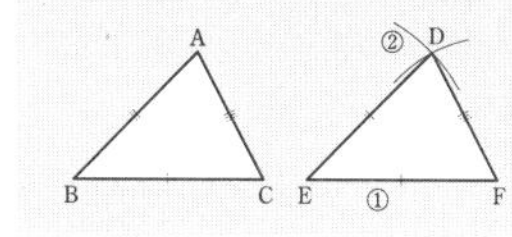

第3章

[2]　2 組の辺が等しい場合

△ABC と △DEF において

AB=DE，AC=DF，

∠A=∠D

とする。このとき，∠A が ∠D に重なるように △ABC を移動して，辺 AB は辺 DE に，辺 AC は辺 DF に，それぞれ重ねることができるから，△ABC は △DEF に重なる。このことは，2 組の辺とその間の角がそれぞれ等しい 2 つの三角形は，合同であることを意味している。

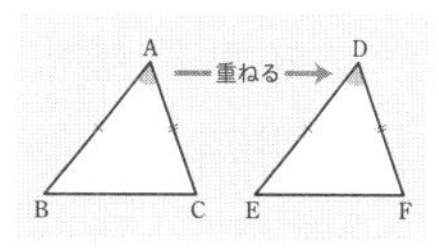

練習 15　上の [2] において，AB=DE，AC=DF，∠B=∠E の場合，△ABC と △DEF は合同であるとは限らない。どのような場合があるか，図をかいて答えなさい。

3. 三角形の合同　83

□練習 15

○ 2 組の辺とその間以外の角がそれぞれ等しい場合。

○単に，2 組の辺と 1 組の角がそれぞれ等しい場合，2 つの三角形が合同であるかどうかはわからない。

テキストの解答

練習 15　下の図の △ABC と △DEF は

AB=DE，AC=DF，∠B=∠E

であるが，これら以外の辺や角は等しくない。

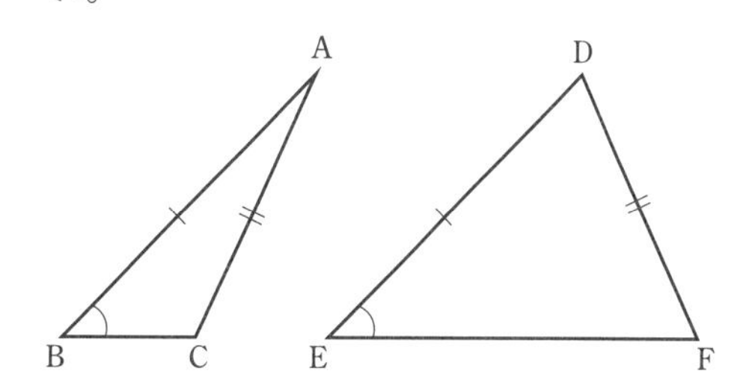

学習のめあて

2 つの三角形が合同になる条件を，三角形の合同条件にまとめて理解すること。

学習のポイント

三角形の合同条件

2 つの三角形は，次のどれかが成り立つとき合同である。

[1]　**3 組の辺** がそれぞれ等しい。

[2]　**2 組の辺とその間の角** がそれぞれ等しい。

[3]　**1 組の辺とその両端の角** がそれぞれ等しい。

これらを **三角形の合同条件** という。

[3]　1 組の辺が等しい場合

△ABC と △DEF において，

BC＝EF

∠B＝∠E，∠C＝∠F

とする。このとき，辺 BC が辺 EF に重なるように △ABC を移動して，∠B は ∠E に，∠C は ∠F に，それぞれ重ねることができるから，△ABC は △DEF に重なる。このことは，1 組の辺とその両端の角がそれぞれ等しい 2 つの三角形は，合同であることを意味している。

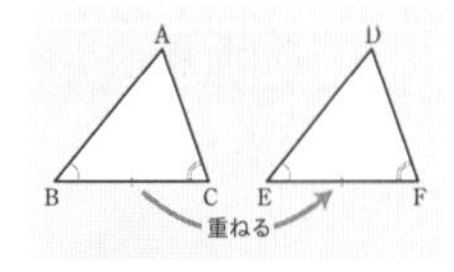

これまで調べたことから，**三角形の合同条件** は，次のようにまとめられる。

三角形の合同条件

2 つの三角形は，次のどれかが成り立つとき合同である。

[1]　**3 組の辺** がそれぞれ等しい。

[2]　**2 組の辺とその間の角** がそれぞれ等しい。

[3]　**1 組の辺とその両端の角** がそれぞれ等しい。

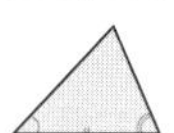

注意　上において，「辺」は「辺の長さ」，「角」は「角の大きさ」のことを表している。

84　第 3 章　図形の性質と合同

テキストの解説

□三角形が合同になる条件

○テキスト前ページでは，3 組の辺がそれぞれ等しい場合と，2 組の辺がそれぞれ等しい場合について考えた。次に，1 組の辺が等しい場合を考える。

○ 1 辺が与えられても，決まった三角形を作図することはできないが，1 辺の両端の角の大きさを決めると，三角形をただ 1 つ作図することができる。

○このことから，1 組の辺とその両端の角がそれぞれ等しい三角形も合同になる。

○ 2 つの三角形において，2 組の角の大きさが等しければ，残りの角の大きさも等しい。
ところが，1 組の辺と 2 組の角がそれぞれ等しい 2 つの三角形は，合同であったりなかったりする。
すなわち，
　　1 組の辺と 2 組の角がそれぞれ等しい
→　2 つの三角形は合同であるとは限らない

○角が 3 つ与えられても，辺が与えられなければ三角形は決まらない。したがって，2 つの三角形が合同になるためには，少なくとも 1 組の辺は等しくなければならない。

○これまでに調べたことから，三角形の合同条件は，次の 3 つにまとめられる。

[1]　3 組の辺がそれぞれ等しい。

[2]　2 組の辺とその間の角がそれぞれ等しい。

[3]　1 組の辺とその両端の角がそれぞれ等しい。

三角形の合同条件は，とても重要だから，しっかりと覚えておこう。

確かめの問題　　解答は本書 154 ページ

1　△ABC と △DEF について，次のことが成り立っている。これに 1 つの条件を加えて，△ABC≡△DEF であるようにしなさい。

(1)　AB＝DE，BC＝EF

(2)　∠B＝∠E，BC＝EF

テキスト 85 ページ

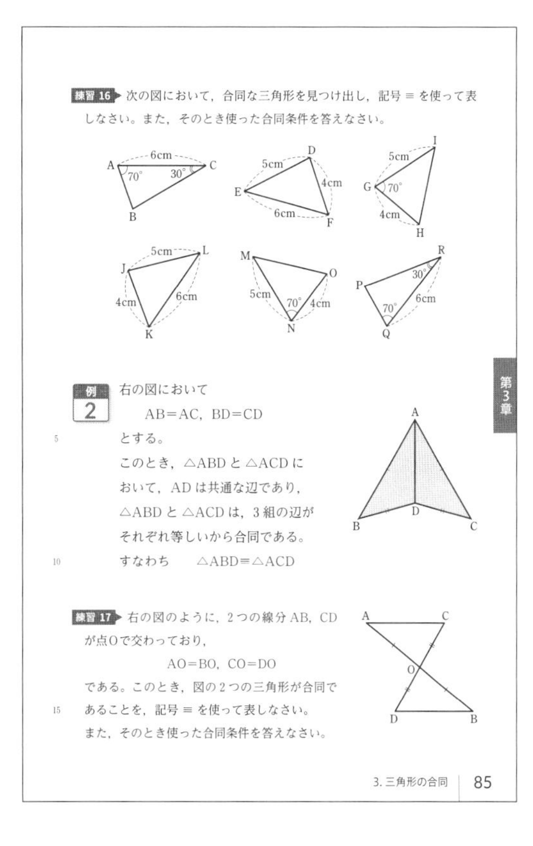

練習 16 次の図において，合同な三角形を見つけ出し，記号 ≡ を使って表しなさい。また，そのとき使った合同条件を答えなさい。

例 2 右の図において

AB=AC，BD=CD

とする。

このとき，△ABD と △ACD において，AD は共通な辺であり，△ABD と △ACD は，3 組の辺がそれぞれ等しいから合同である。

すなわち　△ABD≡△ACD

練習 17 右の図のように，2 つの線分 AB，CD が点 O で交わっており，

AO=BO，CO=DO

である。このとき，図の 2 つの三角形が合同であることを，記号 ≡ を使って表しなさい。また，そのとき使った合同条件を答えなさい。

第3章

3. 三角形の合同　85

学習のめあて

いろいろな三角形について，三角形の合同条件を利用できるようになること。

学習のポイント

三角形の合同条件の利用

等しい辺，等しい角に注目する。

テキストの解説

□練習 16

○三角形の合同条件の利用。6 つの三角形は，その要素によって，次のように分かれる。

[1]　3 辺の長さが　4 cm，5 cm，6 cm

[2]　2 辺の長さが　4 cm，5 cm

その間の角の大きさが　70°

[3]　1 辺の長さが　6 cm

その両端の角の大きさが　30°，70°

○合同な図形は，対応する頂点の順にかく。

□例 2

○合同な三角形。合同となる条件を考える。

○与えられた条件は　AB=AC，BD=CD

これ以外の条件を探すと

辺 AD は共通　→　AD=AD

○ 2 つの三角形は，直線 AD を対称の軸として，対称移動したものになっている。

□練習 17

○与えられた条件は　AO=BO，CO=DO

これ以外の条件を探すと

∠AOC と ∠BOD は対頂角

→　∠AOC=∠BOD

○ 2 つの三角形は，点 O を回転の中心として，点対称移動したものになっている。

テキストの解答

練習 16　△ABC と △QPR において

AC=QR，∠A=∠Q，∠C=∠R

よって，**1 組の辺とその両端の角がそれぞれ等しい** から

△ABC≡△QPR

△DEF と △JLK において

DE=JL，EF=LK，FD=KJ

よって，**3 組の辺がそれぞれ等しい** から

△DEF≡△JLK

△GHI と △NOM において

GH=NO，GI=NM，∠G=∠N

よって，**2 組の辺とその間の角がそれぞれ等しい** から　**△GHI≡△NOM**

練習 17　△AOC と △BOD において

AO=BO，CO=DO

また，対頂角は等しいから

∠AOC=∠BOD

よって　**△AOC≡△BOD**

このときに使った合同条件は

2 組の辺とその間の角がそれぞれ等しい

4．証　明

学習のめあて

仮定と結論の意味を知り，いろいろな事柄の仮定と結論を理解すること。

学習のポイント

仮定と結論

○○○　ならば　△△△

という形で述べられた事柄において，○○○の部分を **仮定**，△△△の部分を **結論** という。

証明

○ある事柄を証明するには，仮定から出発して，すでに正しいことが明らかにされた事柄を根拠に，結論を導くことになる。

4. 証明

仮定と結論

73 ページの例題 1 では，右の図のように，2 直線 ℓ，m に直線 n が交わるとき

$\angle a=\angle c$　ならば　$\angle b=\angle c$

であることを証明した。

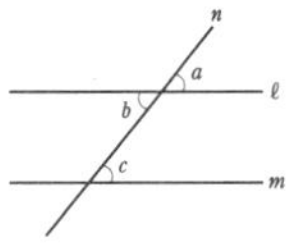

また，74 ページで述べた平行線の性質は，この図において，たとえば

$\ell /\!/ m$　ならば　$\angle a=\angle c$

が成り立つことである。

このように，ある事柄や性質は「○○○ ならば △△△」という形で述べられることが多い。このとき，

○○○ の部分を 仮定，△△△ の部分を 結論

という。

練習 18 ▶ 次の事柄の仮定と結論をそれぞれ答えなさい。

(1) △ABC≡△DEF ならば AB=DE

(2) $a=b$ ならば $a+c=b+c$

証明のしくみと手順

一般に，ある事柄を証明するには，仮定から出発して，すでに正しいことが明らかにされた事柄を根拠に，結論を導くことになる。

仮定　初めからわかっていること
根拠　すでに正しいことが明らかにされた事柄
結論　証明したいこと

86　第 3 章　図形の性質と合同

テキストの解説

□仮定と結論

○数学の問題は，○○○ならば△△△の形に述べられるものが多い。

たとえば，平行線の性質の 1 つである

平行な 2 直線が 1 つの直線と交わるとき，同位角は等しい

も，2 直線を ℓ，m，同位角を $\angle a$，$\angle c$ とすれば，次の形に述べることができる。

$\ell /\!/ m$　ならば　$\angle a=\angle c$

○このとき，仮定は「$\ell /\!/ m$」であり，結論は「$\angle a=\angle c$」である。

2 直線 ℓ, m に対し，同位角 $\angle a$，$\angle c$ は等しくなるとは限らないが，「$\ell /\!/ m$」と仮定すると，$\angle a$，$\angle c$ は等しくなる。

○「ならば」とかかれていない事柄についても，仮定と結論を明らかにした形に述べることができる。

○たとえば，テキスト 82 ページで学んだ合同な図形の性質[1]を，「○○○ならば△△△」の形で述べると，次のようになる。

2 つの図形が合同ならば，対応する線分の長さはそれぞれ等しい。

○このとき，仮定は「2 つの図形が合同」であり，結論は「対応する線分の長さはそれぞれ等しい」である。

□練習 18

○数学の問題における仮定と結論。

それぞれ「○○○ならば△△△」の形で述べられているから，「○○○」の部分と「△△△」の部分を答えればよい。

テキストの解答

練習 18 (1) **仮定**　**△ABC≡△DEF**

結論　**AB=DE**

(2) **仮定**　$\boldsymbol{a=b}$

結論　$\boldsymbol{a+c=b+c}$

テキスト 87 ページ

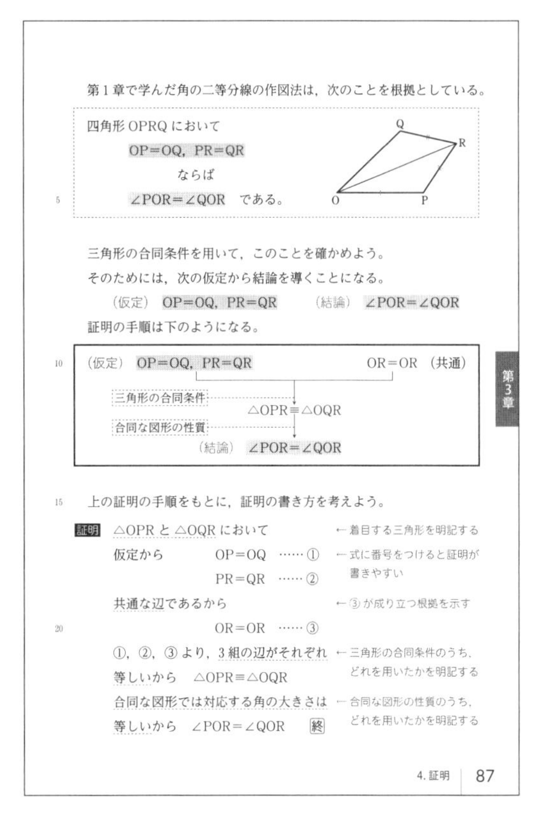
第 1 章で学んだ角の二等分線の作図法は，次のことを根拠としている。

四角形 OPRQ において
OP＝OQ，PR＝QR
ならば
∠POR＝∠QOR　である。

三角形の合同条件を用いて，このことを確かめよう。
そのためには，次の仮定から結論を導くことになる。
（仮定）OP＝OQ，PR＝QR　（結論）∠POR＝∠QOR
証明の手順は下のようになる。

（仮定）OP＝OQ，PR＝QR　OR＝OR（共通）
三角形の合同条件
△OPR≡△OQR
合同な図形の性質
（結論）∠POR＝∠QOR

上の証明の手順をもとに，証明の書き方を考えよう。

証明　△OPR と △OQR において　← 着目する三角形を明記する
仮定から　OP＝OQ　……①　← 式に番号をつけると証明が書きやすい
PR＝QR　……②
共通な辺であるから　← ③が成り立つ根拠を示す
OR＝OR　……③
①，②，③より，3 組の辺がそれぞれ等しいから　△OPR≡△OQR　← 三角形の合同条件のうち，どれを用いたかを明記する
合同な図形では対応する角の大きさは等しいから　∠POR＝∠QOR　終　← 合同な図形の性質のうち，どれを用いたかを明記する

4. 証明　87

学習のめあて

証明のすすめ方について理解すること。

学習のポイント

証明のすすめ方

[1]　仮定と結論を明らかにする。

[2]　仮定から出発して，結論を導く。

テキストの解説

□証明のすすめ方

○ある事柄を証明するには，仮定から出発して，すでに正しいことが明らかにされた事柄を根拠に，結論を導くことになる。

○したがって，まずは，仮定と結論が明らかでなくてはならない。テキストの角の二等分線の性質の証明では，

（仮定）は　OP＝OQ，PR＝QR であり，

（結論）は　∠POR＝∠QOR　である。

○この証明では，すでに明らかにされた三角形の合同条件と合同な図形の性質を用いて，仮定から結論を導く。

○これから学習する図形の証明では，多くの場合，三角形の合同を証明したり，合同な三角形を利用したりする。三角形の合同の証明は，それだけ大切であるから，テキストに記した次の各点に十分注意する。

・最初に着目する三角形を明記する。

・等しい辺や角を等号で示した式に，番号をつけて区別する。

・等式が成り立つ根拠を示す。

・用いた三角形の合同条件を明記する。

→「3 組の辺」

「2 組の辺とその間の角」

「1 組の辺とその両端の角」のどれか。

・用いた合同な図形の性質を明記する。

○証明をすすめるうえで根拠となる事柄には，三角形の合同条件や合同な図形の性質以外にも，次のようなものがある。これらはすべて，証明の根拠として用いることができる。

[対頂角の性質]

対頂角は等しい。

[平行線になるための条件]

2 直線に 1 つの直線が交わるとき，

同位角が等しいならば，2 直線は平行であり，

錯角が等しいならば，2 直線は平行である。

[平行線の性質]

平行な 2 直線が 1 つの直線と交わるとき，

同位角は等しく，錯角は等しい。

[三角形の内角と外角の性質]

[1]　三角形の 3 つの内角の和は 180° である。

[2]　三角形の外角は，それと隣り合わない 2 つの内角の和に等しい。

[多角形の内角と外角]

[1]　n 角形の内角の和は $180° \times (n-2)$ である。

[2]　多角形の外角の和は 360° である。

テキスト 88 ページ

学習のめあて

2つの線分の長さが等しくなることを，合同な三角形を利用して証明することができるようになること。

学習のポイント

線分の長さや角の大きさが等しいことの証明

合同な三角形の利用を考える。

テキストの解説

□例題 5

○三角形の合同の証明。仮定と結論を明らかにして，仮定から結論を導くことを考える。

○仮定は　OA=OC，OD=OB
　結論は　　△AOD≡△COB
　仮定に，2組の辺が与えられているから，その間の角について調べる。

○この証明から，さらに AD=CB などが成り立つこともわかる。

□練習 19，練習 20

○2つの三角形が合同になることを利用して，線分の長さが等しいことを証明する。

○結論を見て，証明の方針をたてるとよい。
　たとえば，練習 19 の場合，
　　結論「PA=PB」を示したい
　→　線分 PA，PB を辺にもつ △PAM と △PBM を考える

○練習 20 は，線分 BE，CD を辺にもつ △ABE と △ACD に着目する。

例題 5　右の図のように，線分 AB と CD が点 O で交わっている。
このとき，OA=OC，OD=OB ならば，△AOD≡△COB であることを証明しなさい。

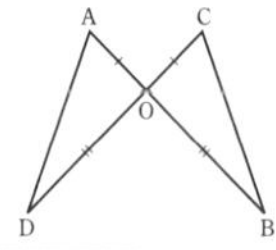

［仮定］ OA=OC，OD=OB　［結論］ △AOD≡△COB

証明　△AOD と △COB において
仮定から　OA=OC　……①
　　　　　OD=OB　……②
対頂角は等しいから
　∠AOD=∠COB　……③
①，②，③ より，2組の辺とその間の角がそれぞれ等しいから　△AOD≡△COB　終

練習 19　右の図のような △PAB があり，辺 AB 上に点Mをとる。このとき，AM=BM，AB⊥PM ならば，PA=PB が成り立つ。
(1) 仮定と結論を答えなさい。
(2) PA=PB を証明しなさい。

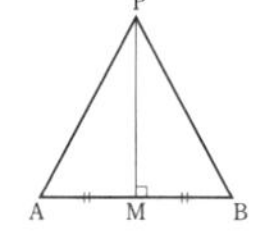

練習 20　右の図において，2点 D，E はそれぞれ線分 AB，AC 上の点である。
このとき，AB=AC，∠ABE=∠ACD ならば，BE=CD であることを証明しなさい。

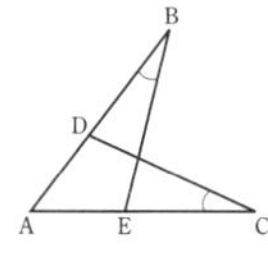

88　第3章　図形の性質と合同

テキストの解答

練習 19　(1)　**仮定　AM=BM，AB⊥PM**
　　　　　　結論　PA=PB

(2)　△PAM と △PBM において
　仮定から　AM=BM　……①
　　∠AMP=∠BMP (=90°)　……②
　共通な辺であるから
　　PM=PM　……③
　①，②，③ より，2組の辺とその間の角がそれぞれ等しいから
　　△PAM≡△PBM
　合同な図形では対応する辺の長さは等しいから　PA=PB

練習 20　［仮定］ AB=AC，∠ABE=∠ACD
　［結論］ BE=CD
　［証明］ △ABE と △ACD において
　仮定から　AB=AC　……①
　　∠ABE=∠ACD　……②
　共通な角であるから
　　∠BAE=∠CAD　……③
　①，②，③ より，1組の辺とその両端の角がそれぞれ等しいから
　　△ABE≡△ACD
　合同な図形では対応する辺の長さは等しいから　BE=CD

学習のめあて

平行線の性質を利用して，図形の性質を証明することができるようになること。

学習のポイント

平行線の性質

平行線の同位角は等しい。

平行線の錯角は等しい。

テキストの解説

□例題 6

○結論は「AB＝CD，BC＝DA」であるから，これらの線分を辺にもつ △ABC と △CDA を考える。

○仮定は「AB∥DC，AD∥BC」であるから，平行線の性質を利用することができる。

○△ABC と △CDA において，辺 AC と CA は共通であるから，その両端の角を考えると

　∠BAC と ∠DCA は平行線の錯角

　∠BCA と ∠DAC は平行線の錯角

平行線の錯角は等しいから，△ABC と △CDA は，1 組の辺とその両端の角がそれぞれ等しく，合同である。

したがって，AB＝CD，BC＝DA を結論することができる。

○証明では，根拠となる事柄（平行線の性質，三角形の合同条件，合同な図形の性質）をきちんと明記する。

○四角形 ABCD は，2 組の向かい合う辺がそれぞれ平行であるから，平行四辺形である。例題 6 は，平行四辺形の 2 組の向かい合う辺の長さが，それぞれ等しいことを示している。

□練習 21

○例題 6 にならって考える。

○△AOB と △DOC に着目して，対頂角と平行線の錯角の性質を利用する。

　図形の性質を証明するとき，三角形の合同条件のほかに，平行線と角の関係や三角形の角の性質などがよく用いられる。

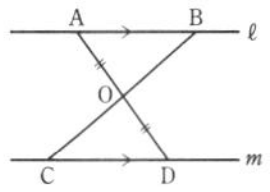

例題 6　右の図のように，AB∥DC，AD∥BC である四角形 ABCD がある。
このとき，AB=CD，BC=DA であることを証明しなさい。

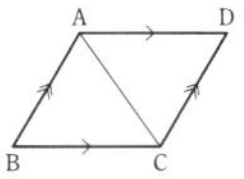

［仮定］ AB∥DC，AD∥BC　［結論］ AB=CD，BC=DA

証明　△ABC と △CDA において
共通な辺であるから　AC＝CA　……①
仮定より AB∥DC であり，平行線の錯角は等しいから
　∠BAC＝∠DCA　……②
仮定より AD∥BC であり，平行線の錯角は等しいから
　∠BCA＝∠DAC　……③
①，②，③ より，1 組の辺とその両端の角がそれぞれ等しいから　△ABC≡△CDA
合同な図形では対応する辺の長さは等しいから
　AB＝CD，BC＝DA　終

注意　例題 6 で証明したことは，112 ページで利用する。

練習 21　右の図のように平行な 2 直線 ℓ，m があり，ℓ 上に 2 点 A，B が，m 上に 2 点 C，D がある。このとき，AD と BC の交点を O とすると，AO=DO ならば BO=CO であることを証明しなさい。

4. 証明　89

テキストの解答

練習 21　［仮定］ ℓ∥m，AO＝DO

［結論］ BO＝CO

［証明］ △AOB と △DOC において

仮定から

　AO＝DO　……①

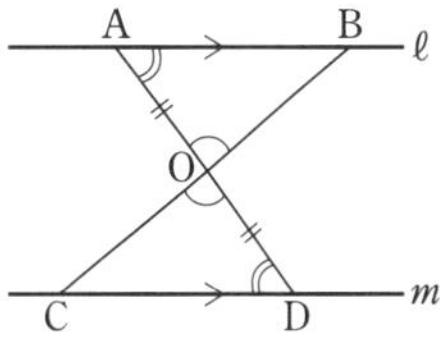

対頂角は等しいから

　∠AOB＝∠DOC　……②

平行線の錯角は等しいから

　∠BAO＝∠CDO　……③

①，②，③ より，1 組の辺とその両端の角がそれぞれ等しいから

　△AOB≡△DOC

合同な図形では対応する辺の長さは等しいから　BO＝CO

テキスト 90 ページ

学習のめあて

平行線である条件を利用して，図形の性質を証明することができるようになること。

学習のポイント

平行線になるための条件

2 直線に 1 つの直線が交わるとき，次のことが成り立つ。

　同位角または錯角が等しいならば，2 直線は平行である。

例題 7　右の図のように，2 つの線分 AB，CD が点 O で交わっている。
このとき，AO=BO，CO=DO ならば，AC∥DB であることを証明しなさい。

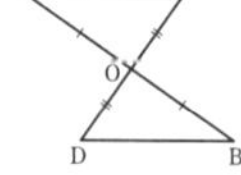

考え方　2 直線が平行であることをいうためには，同位角または錯角が等しいことがいえるとよい。

［仮定］ AO=BO，CO=DO　［結論］ AC∥DB

証明　△AOC と △BOD において
仮定から　AO=BO　……①
　　　　　CO=DO　……②
対頂角は等しいから
　　∠AOC=∠BOD　……③
①，②，③ より，2 組の辺とその間の角がそれぞれ等しいから
　　△AOC≡△BOD
合同な図形では対応する角の大きさは等しいから
　　∠OAC=∠OBD
よって，錯角が等しいから
　　AC∥DB　終

練習 22　右の図の四角形 ABCD において，AD=BC，∠CAD=∠ACB である。
このとき，AB∥DC であることを証明しなさい。

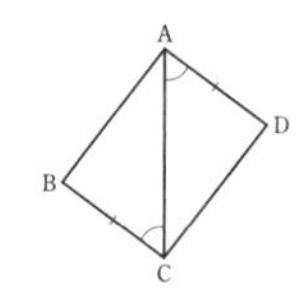

90　第 3 章　図形の性質と合同

テキストの解説

□例題 7

○2 直線が平行であることの証明。平行線になるための条件に結びつける。

○結論は「AC∥DB」であるから，これら 2 直線と他の直線 (→ AB，CD) によってできる同位角や錯角を考える。

○∠OAC と ∠OBD，∠OCA と ∠ODB がそれぞれ錯角になるから，△AOC と △BOD に着目する。

○仮定は「AO=BO，CO=DO」であるから，間の角 ∠AOC と ∠BOD を考えると，

　∠AOC と ∠BOD は対頂角　→　等しい

したがって，2 組の辺とその間の角がそれぞれ等しいから，△AOC と △BOD は合同である。

○合同な図形では，対応する角の大きさは等しいから

　　∠OAC=∠OBD　→　錯角が等しい

これより，平行線になるための条件を根拠として，AC∥DB を結論することができる。

○証明が長くなるから，仮定から結論までの道筋を，順序だてて論理的に記す。

□練習 22

○平行であることの証明。△ACD と △CAB に着目する。

テキストの解答

練習 22　［仮定］ AD=BC，∠CAD=∠ACB

［結論］ AB∥DC

［証明］ △ACD と △CAB において

仮定から　AD=CB　……①

　　∠CAD=∠ACB　……②

共通な辺であるから

　　AC=CA　……③

①，②，③ より，2 組の辺とその間の角がそれぞれ等しいから

　　△ACD≡△CAB

合同な図形では対応する角の大きさは等しいから

　　∠ACD=∠CAB

したがって，錯角が等しいから

　　AB∥DC

学習のめあて

証明の仕組みを理解して，少し複雑な図形の性質も証明することができるようになること。

学習のポイント

証明のすすめ方

仮定から結論を導く道筋がわからないときは，結論から仮定に向かう道筋を考える。

テキストの解説

□例題 8

○普通，証明問題では，仮定からスタートして，それまでに明らかになった事柄を根拠に，ゴールとなる結論を目指す。

○しかし，少し複雑な問題になると，このような考え方だけでは，なかなかゴール（結論）にたどりつけないことがある。

このような場合は，結論から逆に出発して，

結論がいえるためには何がいえればよいか

↓

それが○○だとした場合，○○がいえるためには何がいえればよいか

………

と順に考え，結論と仮定を結びつける。

○例題 8 の場合，結論は「△ABD≡△ACE」

仮定により「AB＝AC，AD＝AE」であることはわかっているから，∠BAD＝∠CAE がわかるとよい。そこで，このことを示す方針で証明をすすめる。

○少し複雑な図形では，合同であることを証明する三角形を目立つように表したり，等しい辺や角に印をつけてみたりするとよい。

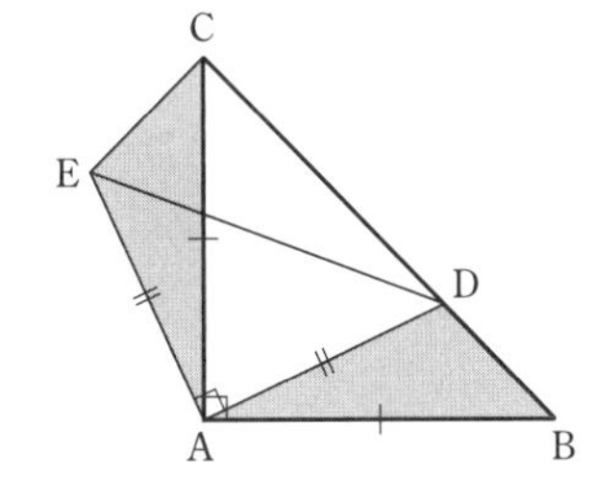

図形の性質を証明するには，仮定から出発して結論を導けばよいが，問題が少し複雑になると，その道筋が簡単に見つかるとは限らない。
このような場合は，結論から逆に出発して，結論がいえるためには何がわかるとよいかを考え，証明の方針を立てるとよい。

5 **例題 8** 右の図の △ABC は，AB＝AC，∠BAC＝90° の直角二等辺三角形である。
辺 BC 上に点 D をとり，図のように AD＝AE，∠DAE＝90° となる
10 直角二等辺三角形 ADE をつくる。
このとき，△ABD≡△ACE であることを証明しなさい。

C
E
D
A
B

第3章

考え方　仮定から AB＝AC，AD＝AE であることはわかっている。
△ABD≡△ACE がいえるためには，∠BAD＝∠CAE であることがわかるとよい。

15 ［仮定］　AB＝AC，∠BAC＝90°，AD＝AE，∠DAE＝90°
［結論］　△ABD≡△ACE

証明　△ABD と △ACE において
仮定から　AB＝AC　……①
AD＝AE　……②
20 また　∠BAD＝∠BAC－∠CAD＝90°－∠CAD
∠CAE＝∠DAE－∠CAD＝90°－∠CAD
よって　∠BAD＝∠CAE　……③
①，②，③ より，2 組の辺とその間の角がそれぞれ等しいから
△ABD≡△ACE　終

4. 証明　91

○このようにすることで，視覚的にも考えやすくなる。

○証明のポイントは，∠BAD＝∠CAE を示すこと。大きさが等しい ∠BAC と ∠DAE が ∠CAD を共有することに着目する。

確かめの問題　解答は本書 154 ページ

1　右の図において

AB＝DC

AB∥DC

であるとき，

AD∥BC

が成り立つ。

このことを，次のヒントを参考にして証明しなさい。

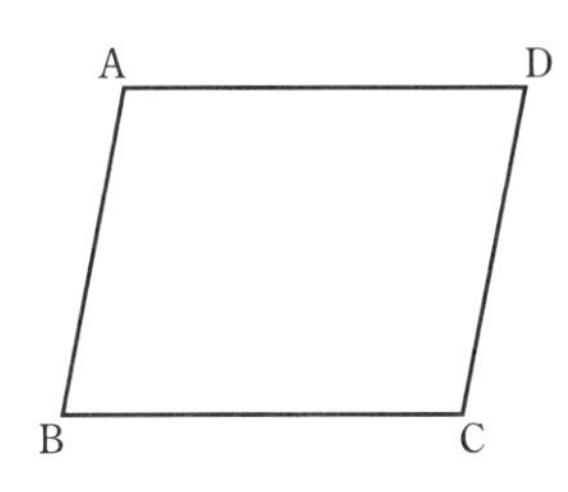

> AD∥BC を示すには，たとえば，錯角が等しいことがいえればよい。
> そのため，錯角を含む 2 つの三角形を考え，それらが合同であることを示す。

テキスト 92 ページ

学習のめあて

少し複雑な図形の性質も証明することができるようになること。また，定義や定理などのことばの意味を理解すること。

学習のポイント

定義，定理，公理

用語や記号の意味をはっきりと述べたものを **定義** という。

例　2 辺が等しい三角形を二等辺三角形という。これは，二等辺三角形の定義である。

証明された事柄のうち，よく使われるものを **定理** という。定理をもとに導かれる重要な事柄も定理である。

例　三角形の内角の和は 180° である。これは定理である。

証明なしでもだれもが認める事実で，いつでも成り立ち，議論の出発点となる事柄を **公理** という。

例　2 点を通る直線は 1 本しか引くことができない。これは公理である。

テキストの解説

□練習 23

○△ABD と △ACE において，AB＝AC，AD＝AE はわかっているから，その間の角 ∠BAD と ∠CAE が等しいことを示す。

○∠BAD と ∠CAE を，それぞれ 2 つの角の和と考える。

□定義，定理，公理

○証明をすすめるうえで根拠とする事柄には，いろいろなものがある。

○たとえば，練習 23 で仮定として用いる ∠BAC＝90° は，△ABC が AB＝AC の直角二等辺三角形であることを根拠としている。これは直角二等辺三角形の定義の利用である。

練習 23▶ 右の図のように，AB＝AC の直角二等辺三角形 ABC において，辺 BC の延長上に点 D をとり，AD＝AE の直角二等辺三角形 ADE をつくる。このとき，△ABD≡△ACE であることを証明しなさい。

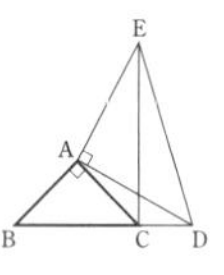

定義，定理

小学校で，二等辺三角形は次のような三角形であることを学んだ。

「2 辺が等しい三角形を二等辺三角形という。」

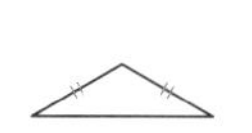

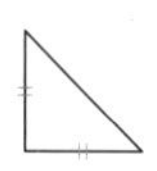

このように，用語や記号の意味をはっきり述べたものを **定義**（ていぎ） という。

また，76 ページでは「三角形の 3 つの内角の和は 180° である」ことを証明した。この性質は，図形の性質を証明するときの根拠としてよく用いられる。

このような，証明された事柄のうち，よく使われるものを **定理**（ていり） という。定理をもとに導かれる重要な事柄も定理である。

対頂角の性質，多角形の内角と外角の性質などは，すべて定理である。

参考　6 ページでは，直線がもつ性質として，次のことを述べた。

「2 点を通る直線は 1 本しか引くことができない。」

このことは，証明なしでもだれもが認める事実であり，いつでも成り立つと仮定してもよい。このように，議論の出発点となる事柄を **公理**（こうり） という。

92　第 3 章　図形の性質と合同

○一方，これまで，平行であることを示すのに，同位角や錯角が等しいことを根拠とした。これは，平行な直線に関する定理の利用である。

テキストの解答

練習 23　［仮定］　AB＝AC，∠BAC＝90°

AD＝AE，∠DAE＝90°

［結論］　△ABD≡△ACE

［証明］　△ABD と △ACE において

仮定から　AB＝AC　…… ①

AD＝AE　…… ②

また　∠BAD＝∠BAC＋∠CAD

＝90°＋∠CAD

∠CAE＝∠DAE＋∠CAD

＝90°＋∠CAD

よって　∠BAD＝∠CAE　…… ③

①，②，③ より，2 組の辺とその間の角がそれぞれ等しいから

△ABD≡△ACE

確認問題

テキストの解説

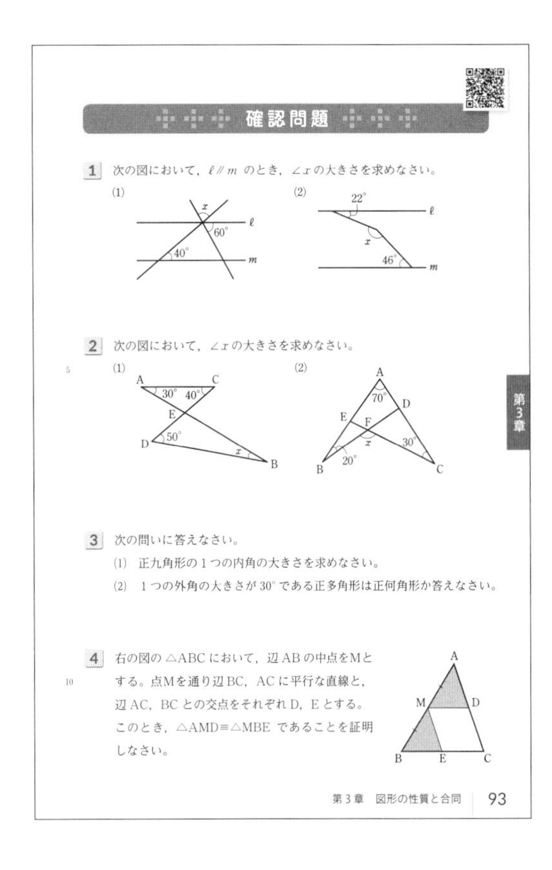

確認問題

1 次の図において，$\ell /\!/ m$ のとき，$\angle x$ の大きさを求めなさい。

(1) (2)

2 次の図において，$\angle x$ の大きさを求めなさい。

(1) (2)

3 次の問いに答えなさい。

(1) 正九角形の 1 つの内角の大きさを求めなさい。

(2) 1 つの外角の大きさが 30° である正多角形は正何角形か答えなさい。

4 右の図の △ABC において，辺 AB の中点を M とする。点 M を通り辺 BC，AC に平行な直線と，辺 AC，BC との交点をそれぞれ D，E とする。このとき，△AMD≡△MBE であることを証明しなさい。

第 3 章 図形の性質と合同 93

□問題 1

○平行線と角。平行線と角の性質を利用して，角を 1 つの頂点の周りに集める。

○(1) 平行線の同位角は等しい。

(2) $\angle x$ の頂点を通り，直線 ℓ に平行な直線を引く。平行線の錯角は等しい。

□問題 2

○三角形の内角と外角。

○(1) △AEC と △DBE に着目する。

(2) 与えられた角から，ただちに

△ABD における ∠BDC

△ACE における ∠CEB

の大きさがわかる。

○ 2 点 B，C を結んで，次のように求めることもできる。

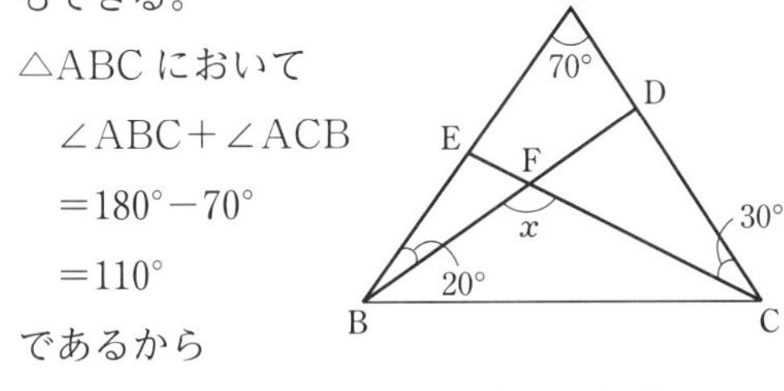

△ABC において

$\angle ABC + \angle ACB$

$= 180° - 70°$

$= 110°$

であるから

$\angle FBC + \angle FCB = 110° - (20° + 30°)$

$= 60°$

よって，△FBC において

$\angle x = 180° - 60° = 120°$

○この解法は，テキスト 79 ページ例題 4 の考え方を利用したものである。

□問題 3

○多角形の内角の和と外角の和。

○n 角形の内角の和は $180° \times (n-2)$ であり，外角の和は 360° である（外角の和は，n の値に関係しない）。

□問題 4

○三角形の合同の証明。

○まず，仮定と結論を明らかにして，仮定から結論を導くことを考える。

確かめの問題 解答は本書 155 ページ

1 次の図において，$\angle x$ の大きさを求めなさい。

(1) (2)

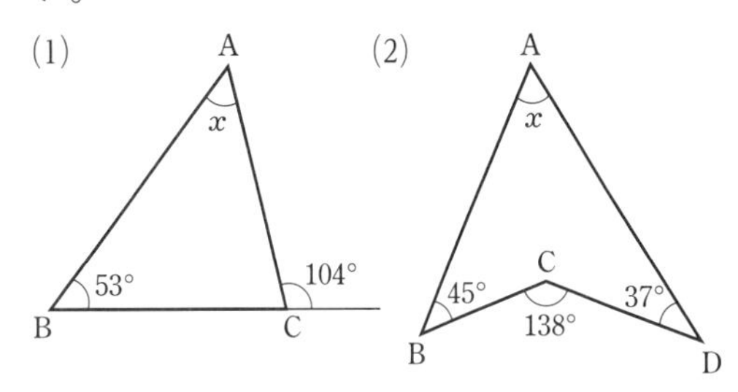

2 次の問いに答えなさい。

(1) 正十五角形の 1 つの内角の大きさを求めなさい。

(2) 1 つの外角の大きさが 15° である正多角形は正何角形か答えなさい。

演習問題A

テキストの解説

□問題 1

○図形の特徴を考えて，角の大きさを求める。

○(1)　平行線の補助線を引く。等しい錯角や，三角形の内角と外角の性質を利用する。

○(2)　3 つの三角形に着目して，その内角，外角を求めていく。また，右の図のように四角形 ABCD をつくると，△EBC において

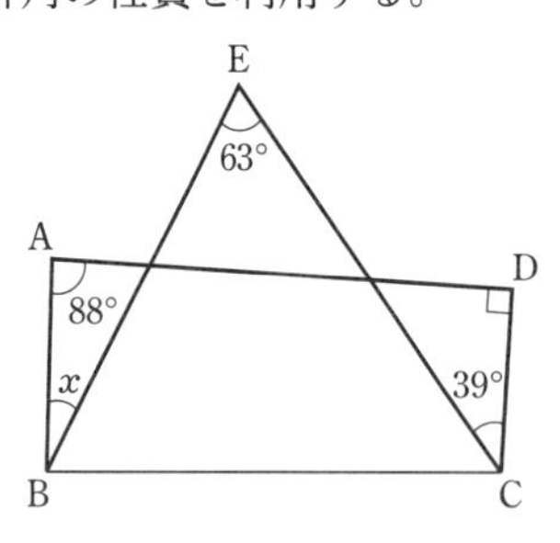

$$\angle EBC + \angle ECB = 180° - 63° = 117°$$

よって，四角形 ABCD において

$$88° + \angle x + 117° + 39° + 90° = 360°$$

したがって　　$\angle x = 26°$

□問題 2

○ 1 つの外角の大きさを $a°$ とすると，内角の大きさは $4a°$ と表される。

○ 1 つの頂点における内角と外角の和 → 180°
多角形の外角の和　→　360°
を利用すると，この正多角形が正何角形であるかがわかる。

□問題 3

○平行線の性質と正多角形の内角の大きさ。

○正五角形の 1 つの内角の大きさは

$$180° \times (5-2) \div 5 = 108°$$

このことと，正五角形の頂点Eに注目すると，右のような図が得られる。

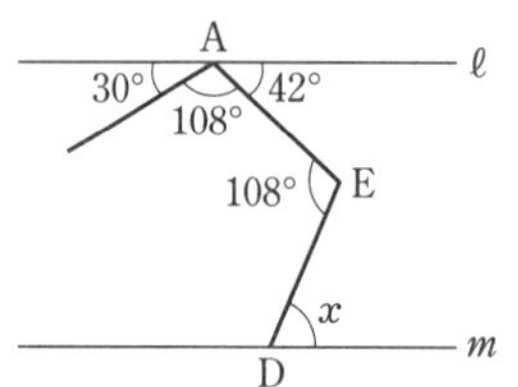

→　Eを通り ℓ に平行な直線を引く。

演習問題 A

1 次の図において，$\angle x$ の大きさを求めなさい。

(1)

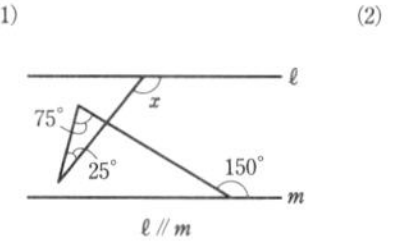

(2)

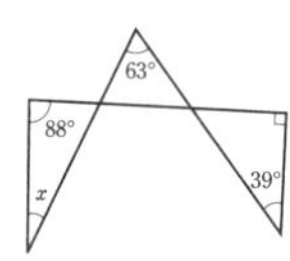

2 1 つの内角の大きさが，その外角の大きさの 4 倍であるような正多角形は，正何角形か答えなさい。

3 右の図において，2 直線 ℓ，m は平行である。また，五角形 ABCDE は正五角形である。図の $\angle x$ の大きさを求めなさい。

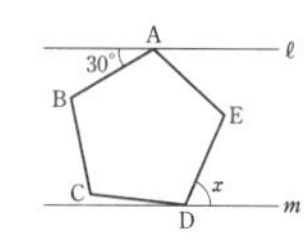

4 右の図のように，△ABC において，辺 AC 上に AD=CE となる 2 点 D，E をとる。BE の延長と，点 C を通り辺 AB に平行な直線との交点を F とし，点 D を通り BF に平行な直線と直線 AB との交点を G とする。このとき，△AGD≡△CFE であることを証明しなさい。

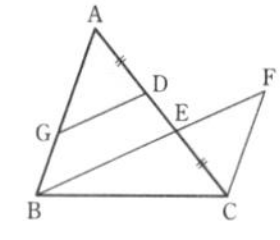

94　第 3 章　図形の性質と合同

□問題 4

○三角形の合同の証明。これまでと同じように，まず，仮定と結論を明らかにする。

○△AGD と △CFE において，仮定より，1 組の辺 AD と CE が等しいことがわかる。
残りの仮定は AB // FC，BE // GD であるから，平行線の同位角，錯角に着目して，辺 AD と CE の両端の角を調べる。

確かめの問題　解答は本書 155 ページ

1　△ABC と △DEF の 2 つの三角形が必ず合同となるのは次の(ア)～(オ)のうちどれか。あてはまるものをすべて選び，記号で答えなさい。

(ア)　$\angle A = \angle D$，AB=DE，BC=EF

(イ)　$\angle B = \angle E$，$\angle C = \angle F$，AC=DF

(ウ)　$\angle C = \angle F$，AC=DF，BC=EF

(エ)　AB=DE，BC=EF，CA=FD

(オ)　$\angle A = \angle D$，$\angle B = \angle E$，$\angle C = \angle F$

テキスト 95 ページ

演習問題B

テキストの解説

□問題 5

○図形の角の和。1つ1つの角の大きさはわからないが，印をつけた角の大きさの和は求めることができる。

○すでにわかっている事柄に結びつけて考える。

　　角の和についてわかっていること

　→　多角形の内角の和，外角の和

○もとの図形のままでは，多角形の角の和の性質を利用することができないため，いくつかの多角形に分けるくふうをする。

○図のように補助線を引くと，求めるものは

(1)　四角形の内角の和

(2)　五角形の内角の和と三角形の内角の和

になる。

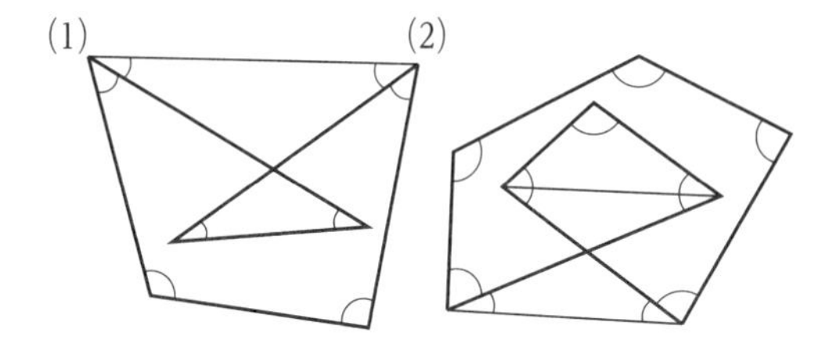

□問題 6

○長方形のテープを折り返してできる角の大きさを求める。

○図形の特徴から，利用することができる性質を見つける。

　長方形　→　平行線

　　　　　→　同位角，錯角は等しい

　折り返し　→　折り返した角は等しい

これらのことから，$\angle ABC = \angle BAC$ であることがわかる。

○(1)　△ABC において，内角と外角の性質から　$\angle ACX = \angle ABC + \angle BAC$

○(2)　少し複雑な問題。順序だてて，等しい角を考えていく。

演習問題 B

5 次の各図において，印をつけた角の大きさの和を求めなさい。

(1)

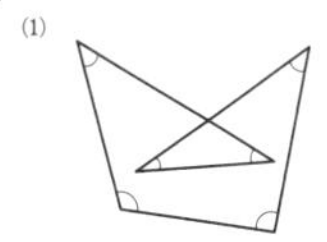

(2)

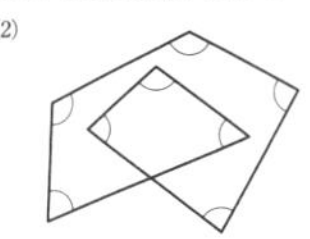

6 長方形のテープを，右の図のように，線分 AB を折り目として折り，さらに線分 CD を折り目として折る。次の問いに答えなさい。

(1)　$\angle ABC = 70^\circ$ のとき，$\angle ACX$ の大きさを求めなさい。

(2)　$\angle ABC = x^\circ$，$\angle BCD = y^\circ$ とする。このとき，$\angle BEC$ の大きさを x，y を用いて表しなさい。

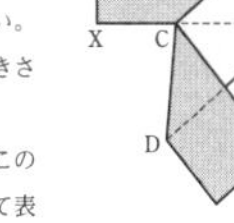

第3章

7 右の図のように，中心角が 90° である扇形 OAB の $\overset{\frown}{AB}$ 上に点Qがある。Qから OA に垂線 QH を引き，線分 OQ 上に点Pを，OH=OP となるようにとる。また，線分 QH と AP の交点をRとする。このとき，次のことを証明しなさい。

(1)　$\angle OPA = 90^\circ$

(2)　HR=PR

(3)　半直線 OR は $\angle AOQ$ の二等分線

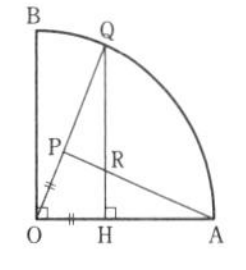

第3章　図形の性質と合同　95

○△ECD において，内角と外角の性質から

$$\angle ECD + \angle EDC = \angle BEC$$

また，$\angle ECD = \angle EDC$ が成り立つから

$$\angle BEC = 2\angle ECD$$

□問題 7

○図形の性質の証明。仮定は

$$\angle AOB = 90^\circ,\ OA \perp QH,\ OH = OP$$

○それぞれの角の大きさや線分の長さを，合同な三角形を利用して考える。

(1)　△AOP と △QOH

(2)　△AHR と △QPR

(3)　△OHR と △OPR

○証明は，すでに正しいことが明らかにされた事柄を根拠として行う。(2) では (1) の結果が，(3) では (2) の結果が，それぞれ根拠とならないかどうかを考える。

学習のめあて

三角形の合同条件から，四角形の合同条件について探究すること。

学習のポイント

四角形の合同条件

等しい辺，等しい角に注目して，四角形の合同条件について調べる。

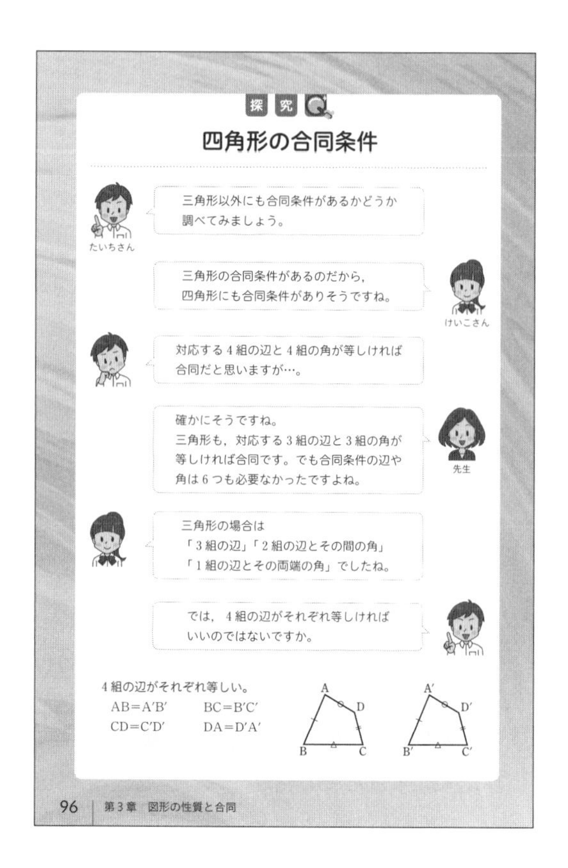

テキストの解説

□ 4 組の辺がそれぞれ等しい四角形 ABCD と四角形 A′B′C′D′

○テキスト 96, 97 ページで学ぶように，4 組の辺がそれぞれ等しい 2 つの四角形は，合同であるとは限らない。

○したがって，対応する角のうち，何組が等しい場合に合同になるかを調べる。なお，四角形であるから，3 組の角が等しいとき，4 組の角はすべて等しい。

○ 3 組の角がそれぞれ等しい場合。

対応する 4 組の辺と 4 組の角がそれぞれ等しいから，2 つの四角形は合同である。

○ 2 組の角がそれぞれ等しい場合。

$\angle A=\angle A'$，$\angle B=\angle B'$ とする。対角線 BD, B′D′ を引く。

2 組の辺とその間の角がそれぞれ等しいから

$\triangle ABD\equiv\triangle A'B'D'$

よって　$BD=B'D'$

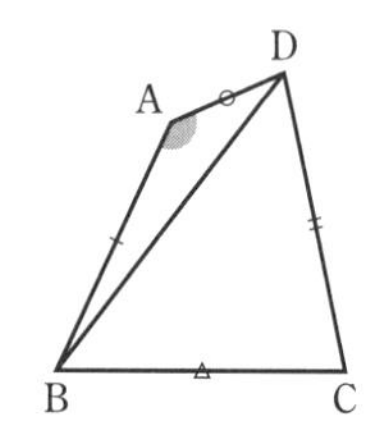

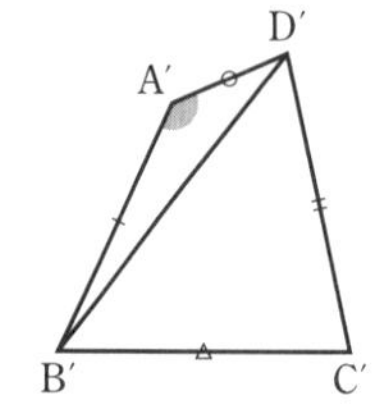

3 組の辺がそれぞれ等しいから

$\triangle BCD\equiv\triangle B'C'D'$

よって，2 つの四角形は合同である。

○ 1 組の角が等しい場合。

2 組の角がそれぞれ等しい場合と同じような証明により，2 つの四角形は合同である。

□ 3 組の辺がそれぞれ等しい四角形 ABCD と四角形 A′B′C′D′ (AB=A′B′，BC=B′C′，CD=C′D′ とする。)

○ 3 組の角がそれぞれ等しい場合。

対角線 AC，A′C′ を引く。

2 組の辺とその間の角がそれぞれ等しいから

$\triangle ABC\equiv\triangle A'B'C'$

よって　$\angle ACB=\angle A'C'B'$

$\angle C=\angle C'$ から　$\angle ACD=\angle A'C'D'$

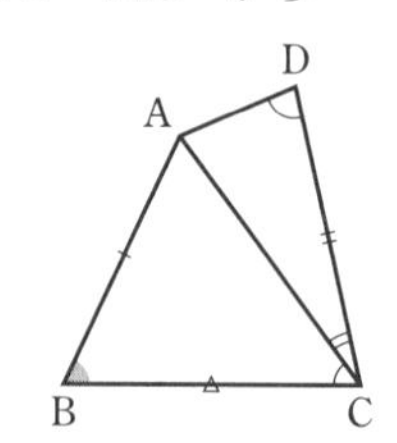

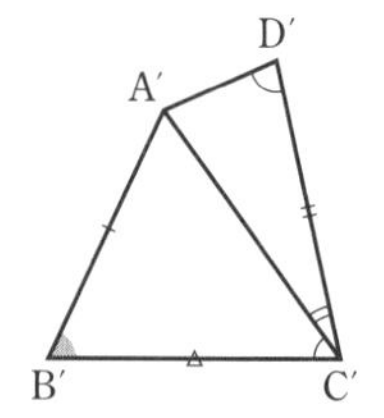

1 組の辺とその両端の角がそれぞれ等しいから　$\triangle ACD\equiv\triangle A'C'D'$

よって，2 つの四角形は合同である。

(次ページに続く)

テキスト 97 ページ

テキストの解説

(前ページの続き)

○ 2 組の角がそれぞれ等しい場合。

[1]　$\angle B=\angle B'$，$\angle C=\angle C'$ のときは，3 組の角がそれぞれ等しい場合と同じように証明できるから，2 つの四角形は合同である。

[2]　$\angle A=\angle A'$，$\angle B=\angle B'$

[3]　$\angle A=\angle A'$，$\angle C=\angle C'$

[4]　$\angle A=\angle A'$，$\angle D=\angle D'$

[2]～[4]のときは，次の図のような場合に，2 つの四角形は合同にならない。

[2]

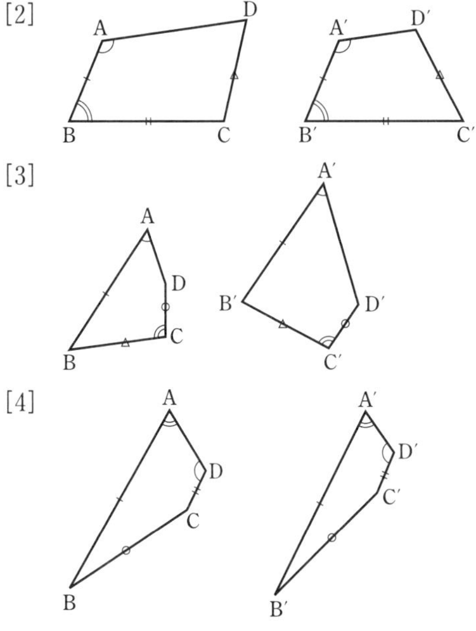

$\angle B=\angle B'$，$\angle D=\angle D'$ のときは [3]，$\angle C=\angle C'$，$\angle D=\angle D'$ のときは [2] と同じような場合があり，そのとき 2 つの四角形は合同にならない。

□ 2 組の辺がそれぞれ等しい四角形 ABCD と四角形 A′B′C′D′

○ 3 組の角がそれぞれ等しい場合。

[1]　$AB=A'B'$，$BC=B'C'$ のときは，前ページの，3 組の辺と 3 組の角がそれぞれ等しい場合と同じようにすると

$\triangle ABC\equiv\triangle A'B'C'$ から $AC=A'C'$，

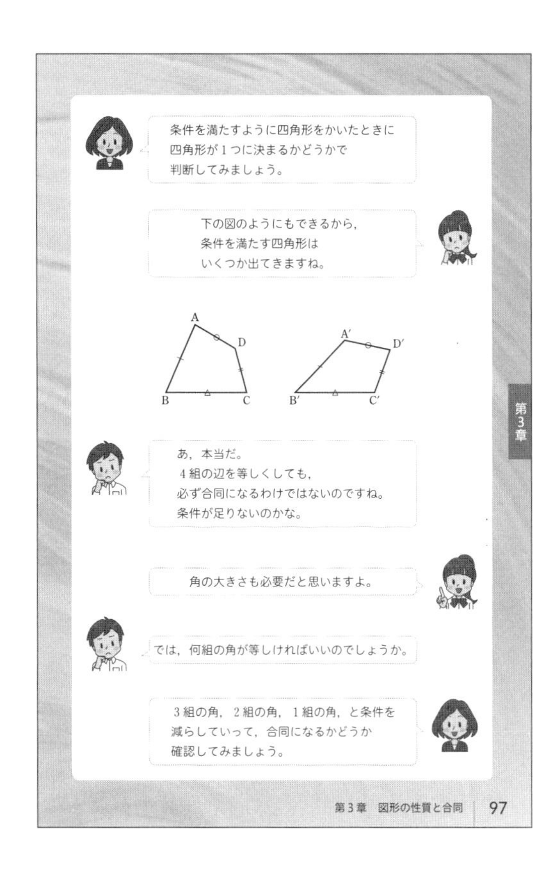

$\angle ACD=\angle A'C'D'$，$\angle CAD=\angle C'A'D'$

1 組の辺とその両端の角がそれぞれ等しいから　　$\triangle ACD\equiv\triangle A'C'D'$

よって，2 つの四角形は合同になる。

[2]　$BC=B'C'$，$DA=D'A'$ のときは，次の図のような場合に，合同にならない。

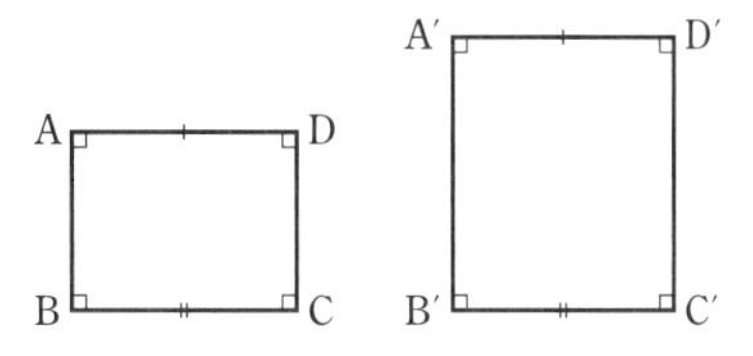

等しい 2 組の辺が $AB=A'B'$，$DC=D'C'$ のときは [2]，それ以外のときは [1] と同じようになる。

□ 1 組の辺と 3 組の角がそれぞれ等しい四角形 ABCD と四角形 A′B′C′D′

○次の図のような場合に合同にならない。

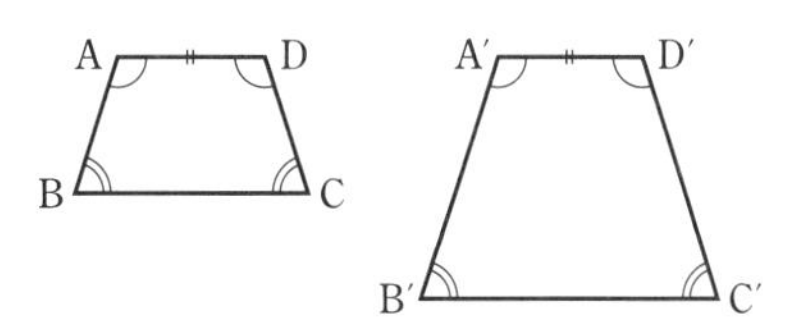

第4章　三角形と四角形

この章で学ぶこと

① **二等辺三角形**（100〜107 ページ）

最も基本的な図形である三角形のうち，二等辺三角形や正三角形がもついろいろな性質を明らかにします。
また，それらの性質を，図形の性質の証明に利用することを考えます。
さらに，ある事柄の仮定と結論を入れ替えた事柄についても考えます。

新しい用語と記号

頂角，底辺，底角，中線，逆，反例

② **直角三角形の合同**（108〜111 ページ）

第 3 章では，三角形の合同条件を学びました。この章では，直角三角形の特徴に着目して，直角三角形の合同条件を導くとともに，直角三角形の合同条件を利用して，いろいろな図形の性質を調べます。

新しい用語と記号

斜辺，直角三角形の合同条件

③ **平行四辺形**（112〜122 ページ）

三角形とともに基本的な図形である四角形について，平行四辺形がもつ性質や特徴を明らかにします。
さらに，長方形，ひし形，正方形などの四角形についても，それらがもつ性質を調べ，各図形の関係を考えます。
また，四角形の性質を，図形の性質の証明に利用します。

新しい用語と記号

対辺，対角，▱，等脚台形

④ **平行線と面積**（123〜125 ページ）

平行線と面積の関係を調べ，面積が等しい図形の性質を考えます。

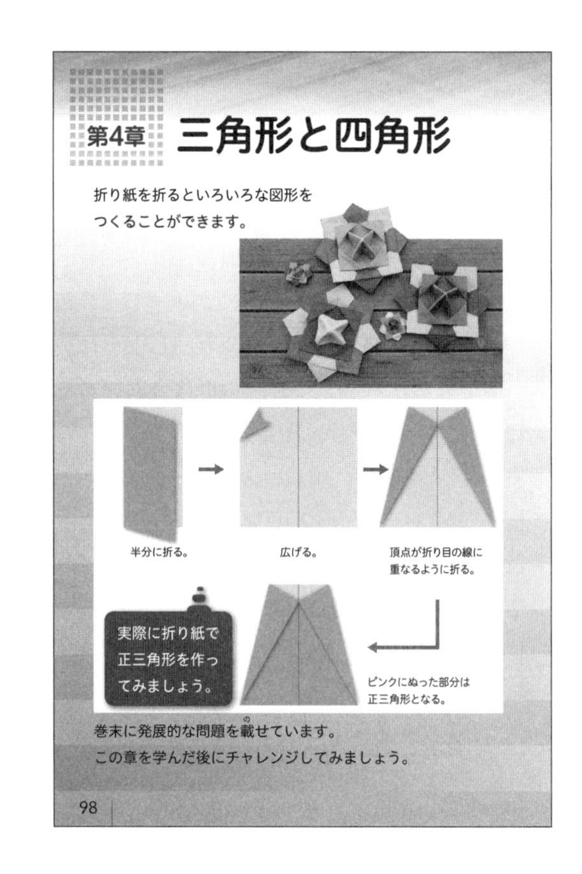

平行線と面積の関係を利用すると，どんな多角形も，それと面積の等しい三角形に変形することができるようになります。

新しい用語と記号

等積変形

⑤ **三角形の辺と角**（126〜129 ページ）

三角形の辺と角の大小関係を明らかにします。
また，三角形の 2 辺の和，差と残りの辺の大小関係についても考えます。

テキストの解説

□折り紙による図形

○折り紙を使って作成した作品の例を示した。

○正方形の折り紙を使って，正三角形を作る方法を示した。テキストの巻末の総合問題で，関連する発展的な問題を載せているので，この章を学習した後にチャレンジしてみるとよい。

テキストの解説

□封筒を折ってできる立体

○前ページでは，折り紙を折ってできる図形をいくつか示した。

○本ページでは，封筒を折ってできる立体を，手順を示すとともに紹介しよう。

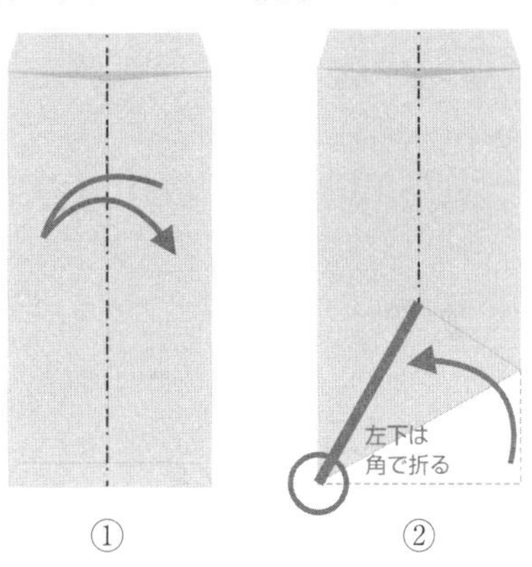

① 縦に半分になるように折ってもどす。

② 右下の角が中央の折り目にくるように折り曲げる。

③ ②で太くひいた線にそってさらに折り曲げる。

④ 一度広げ，②と③について，逆側も同じように折る。

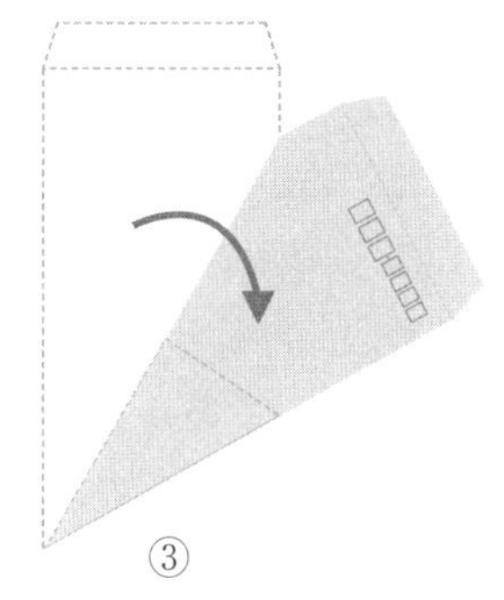

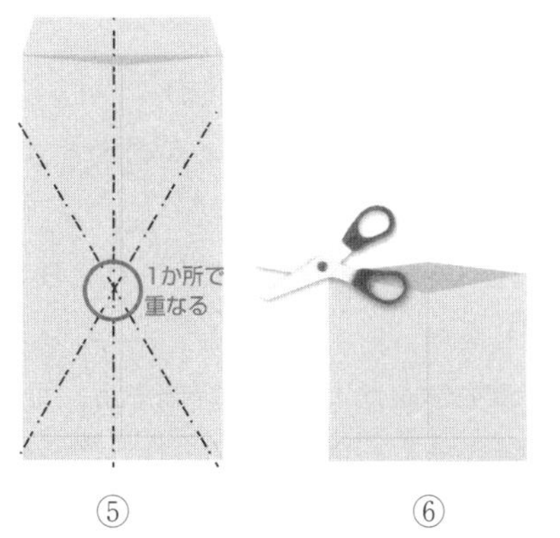

⑤ ①，③，④でできた折り目は1か所で重なる。

関孝和

←関孝和（せきたかかず）（1640?–1708）
日本の数学者

←新編塵劫記（しんぺんじんこうき）3巻
吉田光由（よしだみつよし） 著

第4章

『塵劫記（じんこうき）』は，日本独自の数学である和算の算術書です。江戸時代を通じて多くの寺子屋で使用された算術書の大ベストセラーで，『塵劫記』といえば数学そのものを意味するようになるほど，人々に親しまれました。
著者の吉田光由（よしだみつよし）(1598–1673)は，当時の日常生活に必要な算術全般についてまとめ，単位計算，かけ算の九九，面積の求め方などを執筆しました。和算の大家である関孝和（せきたかかず）も『塵劫記』を読んで，数学の知識を身につけたといいます。

99

⑥ ⑤で交わった点を通るように真横に切る。

○このあと，左右から押しつぶすようにして立体を作ります。

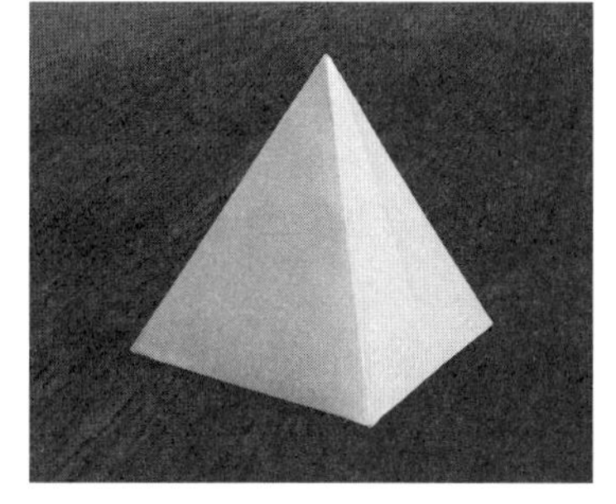

できあがった立体の面は，すべて正三角形になっているね。

○上の手順でできる立体は，正四面体である。

1．二等辺三角形

学習のめあて

合同な三角形を利用して，二等辺三角形の性質を調べること。

学習のポイント

二等辺三角形

2 辺が等しい三角形を二等辺三角形という。

テキストの解説

□二等辺三角形

○多角形の中で，最も基本的な図形は三角形であり，その次に基本的な図形が四角形である。この章では，これまでに学んだ事柄を利用して，特徴のある三角形や四角形の性質を明らかにする。

○小学校でも，次のような三角形について学んでいる。

二等辺三角形	2 辺が等しい
正三角形	3 辺が等しい
直角三角形	1 つの角が直角
直角二等辺三角形	2 辺が等しく，その間の角が直角

○二等辺三角形の 2 辺が等しいことは定義である。したがって，二等辺三角形といえば，必ず等しい 2 辺をもつ。

□例題 1

○ 2 辺が等しい三角形（二等辺三角形）は 2 角が等しいことの証明。

○二等辺三角形は，等しい辺がつくる角の二等分線を対称の軸とする線対称な図形である。

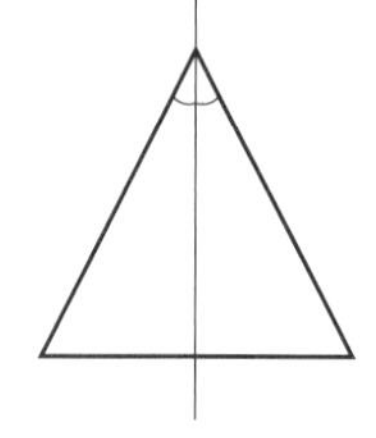

1．二等辺三角形

多角形の中で，最も基本的な図形は三角形である。ここでは，特徴のある三角形について，その性質を調べよう。

二等辺三角形

5 二等辺三角形は，次のように定義される三角形である。

定義　2 辺が等しい三角形を **二等辺三角形** という。

まずは，次の例題について考えよう。

例題 1　△ABC において，AB＝AC ならば ∠B＝∠C であることを証明しなさい。

10 考え方　補助線を引いて，合同な 2 つの三角形をつくる。

［仮定］ AB＝AC　［結論］ ∠B＝∠C

証明　∠A の二等分線と辺 BC の交点を D とする。
△ABD と △ACD において
仮定から　AB＝AC　……①
15 AD は ∠A の二等分線であるから
∠BAD＝∠CAD　……②
共通な辺であるから
AD＝AD　……③
①，②，③ より，2 組の辺とその間の角がそれぞれ等しい
20 から　△ABD≡△ACD
合同な図形では対応する角の大きさは等しいから
∠B＝∠C　終

100　第 4 章　三角形と四角形

○したがって，対称の軸に関して折り返すと，2 つの角はぴったりと重なる。

○このことは，△ABC において，AB＝AC ならば，∠B＝∠C が成り立つことを意味している。証明は，前に述べた対称の軸を考え，二等辺三角形を 2 つの三角形に分ける。

○AB＝AC である △ABC において，∠A の二等分線と辺 BC の交点を D とする。
このとき，△ABD と △ACD は 2 辺とその間の角が等しいから

△ABD≡△ACD

合同な図形では，対応する角の大きさは等しいから，

∠ABD＝∠ACD　すなわち　∠B＝∠C

が成り立つ。

○第 3 章で学んだように，証明では，まず仮定と結論を明らかにして，仮定から結論を導くことを考える。

学習のめあて

二等辺三角形の底角の性質，頂角の二等分線の性質を理解すること。

学習のポイント

二等辺三角形の底角

二等辺三角形の等しい辺の間の角を **頂角**，頂角に対する辺を **底辺**，底辺の両端の角を **底角** といい，2 つの底角は等しい。

二等辺三角形の頂角の二等分線

二等辺三角形の頂角の二等分線は，底辺を垂直に 2 等分する。

テキストの解説

□二等辺三角形の底角

○二等辺三角形の内角を，頂角，底角という。二等辺三角形でない三角形についても，頂点，底辺というが，頂角，底角は，二等辺三角形の角を指すことに注意する。

○テキスト前ページの例題 1 を言いかえると，次のようになる。

△ABC において，

AB＝AC　　ならば　　∠B＝∠C

二等辺三角形　　　　2 つの底角は等しい

○二等辺三角形の 2 つの底角が等しいことは定理である。今後，この結果は，図形の性質の証明などにも利用する。

□練習 1

○二等辺三角形の 2 つの底角が等しいことを利用して，角の大きさを求める。

○(2)　△ABC と △DCA は，ともに二等辺三角形である。

○二等辺三角形の頂角を $\angle a$，底角を $\angle x$ とすると，三角形の内角の和から

$$\angle a+\angle x+\angle x=180^\circ$$

よって　　$2\angle x=180^\circ-\angle a$

二等辺三角形において，等しい辺の間の角を **頂角**，頂角に対する辺を **底辺**，底辺の両端の角を **底角** という。

前のページで調べたことから，二等辺三角形について，次のことが成り立つ。

二等辺三角形の底角

定理　二等辺三角形の 2 つの底角は等しい。

練習 1　AB＝AC である次の二等辺三角形について，$\angle x$ の大きさを求めなさい。

(1)　(∠A＝54°)

(2)　(∠A＝50°)　DA＝DC

例題 1 の証明において，△ABD≡△ACD から，BD＝CD が成り立つ。

また，∠ADB＝∠ADC が成り立つから

∠ADB＝∠ADC＝90°

である。

したがって，二等辺三角形の頂角の二等分線について，次のことがいえる。

二等辺三角形の頂角の二等分線

定理　二等辺三角形の頂角の二等分線は，底辺を垂直に 2 等分する。

1. 二等辺三角形　101

□二等辺三角形の頂角の性質

○例題 1 の証明から，次のことが成り立つことがわかる。

AB＝AC である二等辺三角形 ABC において，頂角 BAC の二等分線と底辺 BC の交点を D とすると

BD＝CD，∠BDA＝∠CDA（＝90°）

テキストの解答

練習 1　(1)　AB＝AC であるから

∠B＝∠C

よって　　$\angle x=(180^\circ-54^\circ)\div 2$

$=\mathbf{63^\circ}$

(2)　△ABC において，AB＝AC であるから

$\angle ACB=(180^\circ-50^\circ)\div 2=65^\circ$

△DCA において，DA＝DC であるから

$\angle DCA=50^\circ$

よって　　$\angle x=65^\circ-50^\circ=\mathbf{15^\circ}$

学習のめあて

二等辺三角形のいろいろな性質について理解すること。

学習のポイント

中線

三角形の頂点と，その向かい合う辺の中点を結んだ線分を **中線** という。

二等辺三角形の性質

二等辺三角形において，頂角の二等分線，頂点から底辺に引いた中線・垂線，底辺の垂直二等分線は，すべて一致する。

テキストの解説

□例題 2

○AB＝AC の二等辺三角形において，辺 BC の中点をDとするから，仮定は

AB＝AC，BD＝CD

この仮定から，次の結論を導く。

∠BAD＝∠CAD，∠ADB＝∠ADC＝90°

○仮定と結論を考えると，△ABD≡△ACD を示せばよいことがわかる。

○∠BAD＝∠CAD が成り立つから，底辺に引いた中線は頂角を 2 等分する。また，∠ADB＝∠ADC＝90° が成り立つから，底辺に引いた中線は底辺を垂直に 2 等分する。

□練習 2

○△ABD と △ACD に着目して証明する。

○二等辺三角形の頂点から底辺に引いた垂線は，底辺を 2 等分する。すなわち，頂点から底辺に引いた垂線は，中線であり，垂直二等分線である。

○これまでに調べたことなどから，二等辺三角形の頂角の二等分線，頂点から底辺に引いた中線・垂線，底辺の垂直二等分線は，すべて一致することがわかる。

例題 2 AB＝AC である二等辺三角形 ABC において，辺 BC の中点をDとする。このとき，次のことを証明しなさい。

∠BAD＝∠CAD，∠ADB＝∠ADC＝90°

［仮定］ AB＝AC，BD＝CD

［結論］ ∠BAD＝∠CAD，∠ADB＝∠ADC＝90°

証明 △ABD と △ACD において

仮定から　AB＝AC ……①

BD＝CD ……②

共通な辺であるから　AD＝AD ……③

①，②，③ より，3 組の辺がそれぞれ等しいから　△ABD≡△ACD

合同な図形では対応する角の大きさは等しいから

∠BAD＝∠CAD，∠ADB＝∠ADC＝90° 終

上の線分 AD のように，三角形の頂点と，その向かい合う辺の中点を結んだ線分を 中線（ちゅうせん） という。

例題 2 は，二等辺三角形の頂点から底辺に引いた中線が，底辺を垂直に 2 等分することを示している。

練習 2 AB＝AC である二等辺三角形 ABC において，頂点 A から底辺 BC に引いた垂線の足をDとする。BD＝CD であることを証明しなさい。

二等辺三角形については，一般に，次のことが成り立つ。

二等辺三角形の性質

定理 二等辺三角形において，頂角の二等分線，頂点から底辺に引いた中線・垂線，底辺の垂直二等分線は，すべて一致する。

102　第 4 章　三角形と四角形

テキストの解答

練習 2　［仮定］ AB＝AC，AD⊥BC

［結論］ BD＝CD

［証明］ △ABD と △ACD において

AB＝AC ……①

よって

∠B＝∠C ……②

AD⊥BC であるから

∠ADB＝∠ADC＝90° ……③

②，③ により，三角形の残りの角も等しいから　∠BAD＝∠CAD ……④

①，②，④ より，1 組の辺とその両端の角がそれぞれ等しいから

△ABD≡△ACD

合同な図形では対応する辺の長さは等しいから　BD＝CD　（別解を次ページに示す）

テキスト103ページ

学習のめあて

2つの角が等しい三角形の性質について理解すること。

学習のポイント

2つの角が等しい三角形

2つの角が等しい三角形は，二等辺三角形である。

テキストの解説

□例題3

○仮定と結論に注目する。

例題1において

仮定は AB＝AC，結論は ∠B＝∠C

例題3において

仮定は ∠B＝∠C，結論は AB＝AC

○例題1と同じように考え，∠A の二等分線を引き，△ABC を2つの三角形に分ける。

○2つの角が等しい三角形は，2つの辺が等しい。すなわち，2つの角が等しい三角形は，二等辺三角形である。

□練習3

○2つの角が等しいかどうかを調べる。三角形の内角の和が180°になることを利用して，残りの角の大きさを求める。

テキストの解答

練習2 （**前ページの練習2**は，あとで学習する「直角三角形の合同条件」を用いると，次のように少し簡単に証明できる）

［証明］ △ABD と △ACD において

AB＝AC ……①

AD⊥BC であるから

∠ADB＝∠ADC＝90° ……②

共通な辺であるから

AD＝AD ……③

2つの角が等しい三角形

これまでは，二等辺三角形，すなわち2つの辺が等しい三角形について考えた。ここでは，2つの角が等しい三角形について考えよう。

例題3 △ABC において，∠B＝∠C ならば AB＝AC であることを証明しなさい。

［仮定］ ∠B＝∠C ［結論］ AB＝AC

証明 ∠A の二等分線と辺 BC の交点をDとする。

△ABD と △ACD において

仮定から ∠B＝∠C

∠BAD＝∠CAD ……①

よって，三角形の残りの角も等しいから

∠ADB＝∠ADC ……②

また，共通な辺であるから AD＝AD ……③

①，②，③より，1組の辺とその両端の角がそれぞれ等しいから △ABD≡△ACD

合同な図形では対応する辺の長さは等しいから

AB＝AC 終

A B D C

上の結果から，2つの角が等しい三角形について，次のことがいえる。

2つの角が等しい三角形

定理 2つの角が等しい三角形は，二等辺三角形である。

練習3 2つの内角の大きさが次のような三角形①～④の中から，二等辺三角形をすべて選びなさい。

① 60°，70° ② 50°，80° ③ 30°，120° ④ 130°，20°

1. 二等辺三角形 103

第4章

①，②，③より，直角三角形の斜辺と他の1辺がそれぞれ等しいから

△ABD≡△ACD

合同な図形では対応する辺の長さは等しいから BD＝CD

練習3 ① 残りの角の大きさは

180°－(60°＋70°)＝50°

よって，二等辺三角形でない。

② 残りの角の大きさは

180°－(50°＋80°)＝50°

よって，二等辺三角形である。

③ 残りの角の大きさは

180°－(30°＋120°)＝30°

よって，二等辺三角形である。

④ 残りの角の大きさは

180°－(130°＋20°)＝30°

よって，二等辺三角形でない。

したがって，二等辺三角形であるのは

②，③

学習のめあて

正三角形の性質について理解すること。

学習のポイント

正三角形の性質

3 辺が等しい三角形を正三角形という。正三角形の 3 つの角は等しく，すべて 60° である。

テキストの解説

□正三角形

○正三角形は，二等辺三角形がもつ性質をすべてもつから，△ABC を正三角形とするとき

AB＝AC ⟶ ∠B＝∠C

BA＝BC ⟶ ∠A＝∠C

したがって　∠A＝∠B＝∠C

これと，∠A＋∠B＋∠C＝180° から

∠A＝60°，∠B＝60°，∠C＝60°

□練習 4

○正三角形であることの証明。3 辺が等しいことを示す。

□練習 5

○正三角形の 1 つの角の大きさは 60° である。

○(2)　平行線の同位角，錯角はそれぞれ等しい。

テキストの解答

練習 4　［仮定］　△ABC で ∠A＝∠B＝∠C

［結論］　AB＝BC＝CA

［証明］　∠B＝∠C であるから

AB＝AC　……①

また，∠A＝∠C であるから

AB＝BC　……②

①，② から　AB＝BC＝CA

よって，3 つの角が等しい三角形は正三角形である。

正三角形

正三角形は，次のように定義される三角形である。

定義　3 辺が等しい三角形を **正三角形** という。

二等辺三角形の底辺を固定して高さを変えていくと，途中で正三角形になるところがある。

よって，正三角形は二等辺三角形の特別な場合であるから，二等辺三角形の性質をすべてもっている。

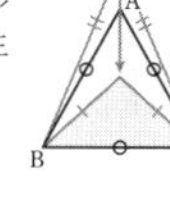

二等辺三角形

正三角形

△ABC が正三角形であるとき，

AB＝AC から　∠B＝∠C

BA＝BC から　∠A＝∠C

よって　∠A＝∠B＝∠C

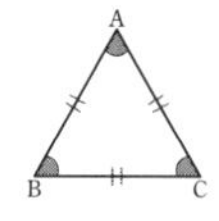

これと，三角形の内角の和が 180° であることから，次のことがいえる。

正三角形の性質

定理　正三角形の 3 つの角は等しく，すべて 60° である。

練習 4　3 つの角が等しい三角形は，正三角形であることを証明しなさい。

練習 5　下の図で，△ABC は正三角形である。∠x の大きさを求めなさい。

(1)

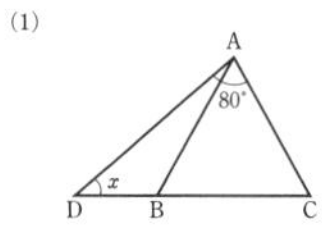

(2)

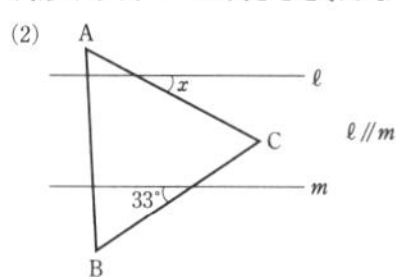

104　第 4 章　三角形と四角形

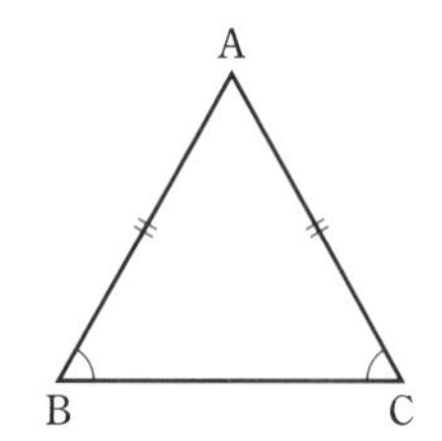

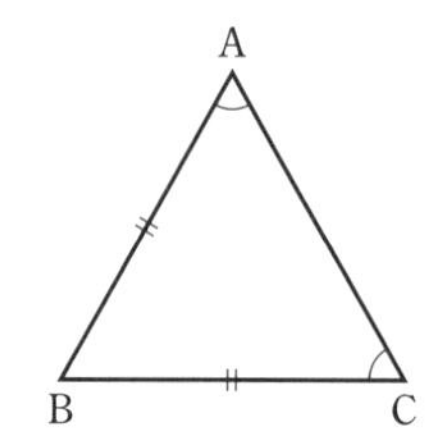

練習 5　(1)　△ABC は正三角形であるから

∠C＝60°　よって，△ADC において

∠x＝180°−(80°＋60°)＝**40°**

(2)　C を通り ℓ に平行な直線 n を引く。

図で同位角は等しいから　∠a＝33°

△ABC は正三角形であるから

∠b＝60°−33°＝27°

図で錯角は等しいから　**∠x＝27°**

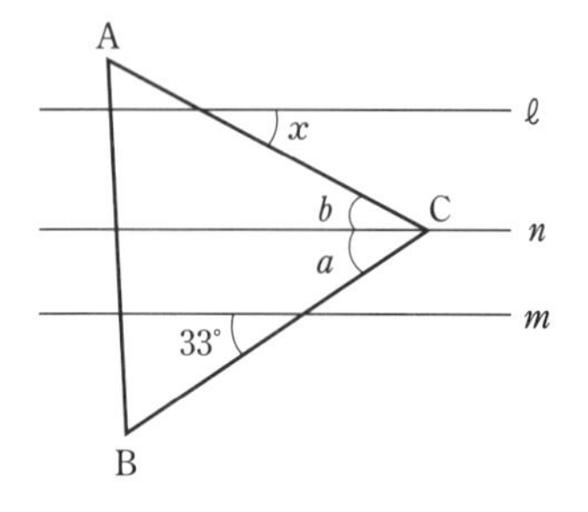

テキスト 105 ページ

学習のめあて

事柄の逆や反例について理解すること。

学習のポイント

逆

ある事柄の仮定と結論を入れ替えたものを，もとの事柄の **逆** という。

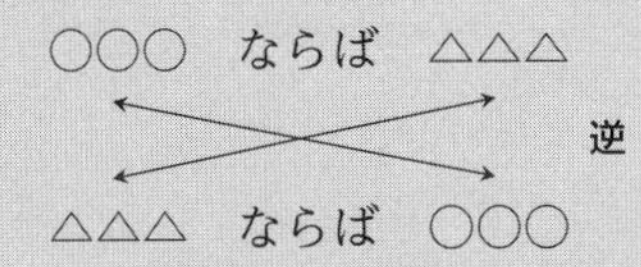

反例

ある事柄について，仮定は成り立つが結論は成り立たないという例を，**反例** という。

逆と反例

100 ページの例題 1 では

(ア)　AB＝AC　ならば　∠B＝∠C

であることを証明し，103 ページの例題 3 では

(イ)　∠B＝∠C　ならば　AB＝AC

であることを証明した。

この 2 つの事柄を比べると，仮定と結論が入れ替わっていることがわかる。

○○○ ならば △△△
逆
△△△ ならば ○○○

このように，ある事柄の仮定と結論を入れ替えたものを，もとの事柄の **逆**（ぎゃく） という。

したがって，上の(イ)は(ア)の逆であり，(ア)は(イ)の逆である。

例 1　(1)　「△ABC は正三角形　ならば　∠A＝∠B＝∠C」
の逆は「∠A＝∠B＝∠C　ならば　△ABC は正三角形」

(2)　「△ABC≡△DEF　ならば　AB＝DE」
の逆は「AB＝DE　ならば　△ABC≡△DEF」

例 1 において，(1)で述べた逆はいつも成り立つ。一方，(2)で述べた逆はいつも成り立つとは限らないから，この逆は正しくない。このように，正しい事柄であっても，その逆が正しいとは限らない。したがって，正しい事柄の逆が正しいかどうかは，あらためて証明する必要がある。

ある事柄について，仮定は成り立つが結論は成り立たないという例を，**反例**（はんれい） という。ある事柄が正しくないときは，反例を 1 つ示すとよい。

練習 6　次の事柄の逆を答えなさい。また，それが正しいかどうかを答え，正しくない場合は反例を示しなさい。

(1)　$a=b$ ならば $a+c=b+c$

(2)　△ABC≡△DEF ならば △ABC と △DEF の面積は等しい。

第4章

1. 二等辺三角形　105

テキストの解説

(練習 6 の解説は次ページ)

□逆

○「○○○　ならば　△△△」の形に述べられた数学の問題のうち，○○○と△△△が入れ替わったものもある。たとえば，テキスト 100 ページ例題 1 で

○○○は AB＝AC　　△△△は ∠B＝∠C

また，テキスト 103 ページ例題 3 で

○○○は ∠B＝∠C　　△△△は AB＝AC

○したがって，例題 3 は例題 1 の逆であり，例題 1 は例題 3 の逆である。

□例 1

○(1)　仮定は　△ABC は正三角形
　　結論は　∠A＝∠B＝∠C

○(2)　仮定は　△ABC≡△DEF
　　結論は　AB＝DE

○これら 2 つの事柄はともに正しい。一方，逆がいつでも正しいとは限らない。実際，(1)の逆「∠A＝∠B＝∠C ならば △ABC は正三角形」は正しいが，(2)の逆「AB＝DE ならば △ABC≡△DEF」は正しくない。

□反例

○ある事柄が正しくないときは，反例を 1 つ示すとよい。

テキストの解答

練習 6　(1)　**逆は「$a+c=b+c$ ならば $a=b$」**

$a+c=b+c$ の両辺から c をひくと

$$a=b$$

よって，逆は **正しい。**

(2)　**逆は「△ABC と △DEF の面積が等しいならば △ABC≡△DEF」**

△ABC の底辺の長さが 2 cm，高さが 6 cm，△DEF の底辺の長さが 3 cm，高さが 4 cm のとき，面積はともに 6 cm^2 となり等しいが，合同ではない。

よって，逆は **正しくない。**

反例は「△ABC の底辺の長さが 2 cm，高さが 6 cm，△DEF の底辺の長さが 3 cm，高さが 4 cm」

学習のめあて

二等辺三角形であることを利用して，図形のいろいろな性質を証明することができるようになること。

学習のポイント

二等辺三角形と図形の性質

二等辺三角形に関係する図形では

[1]　等しい 2 辺を利用する。

[2]　等しい 2 角を利用する。

図形のいろいろな性質

例題 4　AB=AC である二等辺三角形 ABC において，辺 AB，AC の中点をそれぞれ M，N とする。

このとき，NB=MC であることを証明しなさい。

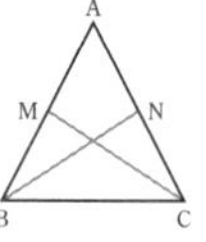

考え方　NB，MC を辺にもつ三角形を利用する。

[仮定]　AB=AC，AM=BM，AN=CN　　[結論]　NB=MC

証明　△ABN と △ACM において

仮定から　　AB=AC　　……①

$AN=\frac{1}{2}AC$，$AM=\frac{1}{2}AB$ であるから

AN=AM　　……②

共通な角であるから

∠BAN=∠CAM　　……③

①，②，③ より，2 組の辺とその間の角がそれぞれ等しいから　　△ABN≡△ACM

合同な図形では対応する辺の長さは等しいから

NB=MC　　終

練習 7　AB=AC である二等辺三角形 ABC において，底辺 BC に平行な直線と辺 AB，AC との交点を，それぞれ D，E とする。このとき，次のことを証明しなさい。

(1)　AD=AE　　(2)　△BCD≡△CBE

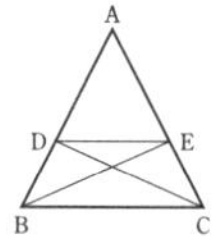

106　第 4 章　三角形と四角形

テキストの解説

□練習 6

○逆をつくり，逆が正しいかどうかを考える。正しくないときは，反例を示す。

○(1)　等式の両辺に同じ数をたしても，等式の両辺から同じ数をひいても，等式は成り立つ。

○(2)　面積が等しいいろいろな三角形を考えてみる。

(練習 6 は前ページの問題)

□例題 4

○結論から，NB，MC を辺にもつ 2 つの三角形に着目する。

○証明では，△ABN と △ACM に着目した。

△BCM と △CBN に着目すると

AB=AC から　　∠MBC=∠NCB

$MB=\frac{1}{2}AB$，$NC=\frac{1}{2}AC$ から　MB=NC

共通な辺から　BC=CB

2 組の辺とその間の角がそれぞれ等しいから

△BCM≡△CBN

□練習 7

○(1)　△ADE において，∠D=∠E が成り立つと，AD=AE が成り立つ。DE∥BC であることを利用して，等しい角を見つける。

○(2)　(1) の結果を利用する。

テキストの解答

練習 7　(1)　[仮定]　AB=AC，DE∥BC

[結論]　AD=AE

[証明]　△ABC において，仮定から

∠ABC=∠ACB

DE∥BC より，同位角は等しいから

∠ADE=∠ABC，∠AED=∠ACB

よって　　∠ADE=∠AED

よって，△ADE において　AD=AE

(2)　[仮定]　AB=AC，AD=AE

[結論]　△BCD≡△CBE

[証明]　△BCD と △CBE において，

仮定から　　DB=EC　　……①

また　　∠DBC=∠ECB　……②

共通な辺であるから

BC=CB　　……③

①～③ より，2 組の辺とその間の角がそれぞれ等しいから　△BCD≡△CBE

学習のめあて

正三角形であることを利用して，図形のいろいろな性質を証明することができるようになること。

学習のポイント

正三角形と図形の性質

正三角形に関係する図形では

[1]　等しい3辺を利用する。

[2]　等しい3角（$=60^\circ$）を利用する。

テキストの解説

□例題5

○証明では，正三角形の等しい辺と等しい角を利用する。

○$\triangle APC$ と $\triangle ABQ$ において，仮定から

$$AP=AB,\ AC=AQ$$

そこで，三角形の合同条件を利用するために，2組の辺の間の角

$\angle PAC$ と $\angle BAQ$ が等しくならないか

と考える。

○$\triangle ABP$ と $\triangle ACQ$ は正三角形であるから

$$\angle PAB=60^\circ,\ \angle CAQ=60^\circ$$

これより，$\angle PAC=\angle BAQ$ が導かれる。

□練習8

○正三角形と角の大きさ。

○$\angle PRQ$ のままでは，その大きさがわからないので，他の角に移すことを考える。

$\angle PRQ$ が $\triangle PBR$ の外角の1つであることに着目すると

$$\angle PRQ=\angle RPB+\angle RBP$$
$$=\angle RPB+\angle ABR+60^\circ$$

□練習9

○BD と CE を辺にもつ，$\triangle ABD$ と $\triangle ACE$ が合同になることを証明する。

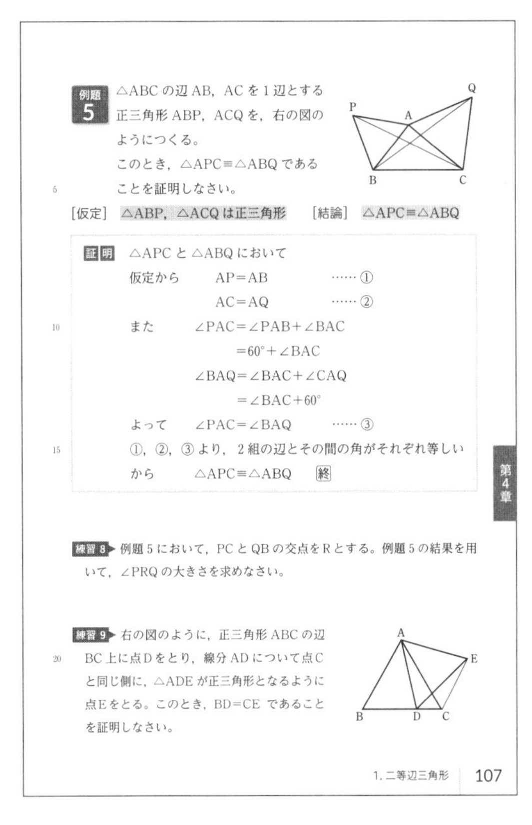

例題5　$\triangle ABC$ の辺 AB，AC を1辺とする正三角形 ABP，ACQ を，右の図のようにつくる。

このとき，$\triangle APC\equiv\triangle ABQ$ であることを証明しなさい。

[仮定]　$\triangle ABP$，$\triangle ACQ$ は正三角形　　[結論]　$\triangle APC\equiv\triangle ABQ$

証明　$\triangle APC$ と $\triangle ABQ$ において

仮定から　$AP=AB$　……①

$AC=AQ$　……②

また　$\angle PAC=\angle PAB+\angle BAC$

$=60^\circ+\angle BAC$

$\angle BAQ=\angle BAC+\angle CAQ$

$=\angle BAC+60^\circ$

よって　$\angle PAC=\angle BAQ$　……③

①，②，③より，2組の辺とその間の角がそれぞれ等しいから　$\triangle APC\equiv\triangle ABQ$　終

練習8　例題5において，PC と QB の交点を R とする。例題5の結果を用いて，$\angle PRQ$ の大きさを求めなさい。

練習9　右の図のように，正三角形 ABC の辺 BC 上に点 D をとり，線分 AD について点 C と同じ側に，$\triangle ADE$ が正三角形となるように点 E をとる。このとき，$BD=CE$ であることを証明しなさい。

第4章

1. 二等辺三角形　107

テキストの解答

（練習9の解答は次ページ）

練習8　$\triangle PBR$ において

$$\angle PRQ=\angle RPB+\angle RBP$$
$$=\angle RPB+\angle PBA+\angle ABR$$
$$=\angle RPB+\angle ABR+60^\circ$$

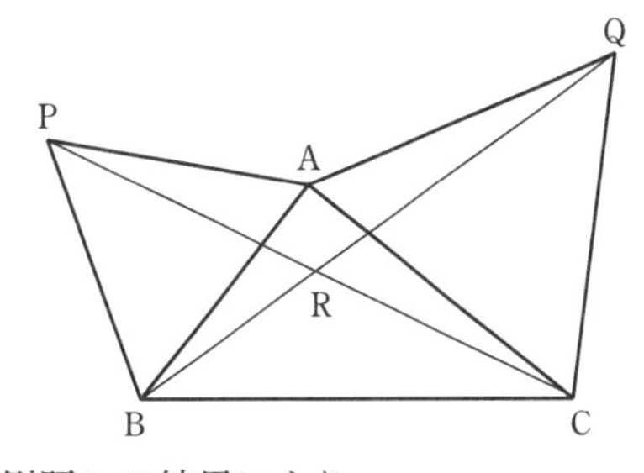

例題5の結果により，

$$\angle ABR=\angle APR$$

であるから

$$\angle RPB+\angle ABR=\angle RPB+\angle APR$$
$$=60^\circ$$

したがって　$\angle \mathbf{PRQ}=60^\circ+60^\circ=\mathbf{120^\circ}$

テキスト 108 ページ

2．直角三角形の合同

学習のめあて

2つの直角三角形が合同になる条件を調べること。

学習のポイント

直角三角形

直角三角形において，直角に対する辺を **斜辺** という。2つの直角三角形は，斜辺と他の1辺が等しいときも合同になる。

2. 直角三角形の合同

直角三角形の性質について考えよう。

直角三角形において，直角に対する辺を **斜辺**（しゃへん） という。

直角三角形の1つの内角は直角であり，他の内角は鋭角である。

2つの直角三角形は，1つの鋭角が等しいとき，残りの鋭角も等しい。

よって，斜辺と1つの鋭角がそれぞれ等しい直角三角形は，斜辺とその両端の角がそれぞれ等しいから，合同である。

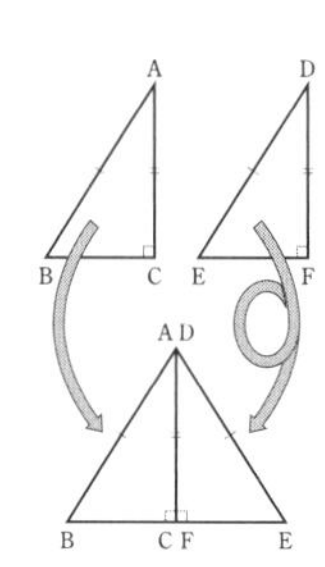

2つの直角三角形は，斜辺と他の1辺が等しいときも合同になる。

証明 △ABC と △DEF において

$\angle C=\angle F=90^\circ$

$AB=DE$

$AC=DF$

とする。

このとき，右の図のように辺 AC と辺 DF を重ねると，3点 B, C, E は一直線上に並び，二等辺三角形 ABE ができる。

よって　$\angle B=\angle E$

したがって，△ABC と △DEF は斜辺と1つの鋭角がそれぞれ等しいから，合同である。　終

テキストの解説

□直角三角形の合同

○斜辺が等しい2つの直角三角形について考える。

○2つの直角三角形は，1組の角がともに 90° であり等しい。このとき，他の角は鋭角であり，1組の角が等しければ残りの角も等しい。したがって，斜辺とその両端の角はそれぞれ等しく，2つの直角三角形は合同になる。
すなわち，2つの直角三角形は
「斜辺と1つの鋭角がそれぞれ等しい」
とき合同になる。

○普通，2組の辺と1組の角がそれぞれ等しい場合，2つの三角形が合同であるとはいえない。しかし，直角三角形の場合，斜辺と他の1辺が等しいという条件から，合同になることが証明される。

○この証明に，すでに学んだ二等辺三角形の性質が利用される。2つの直角三角形をテキストのように並べ，二等辺三角形をつくると，二等辺三角形の底角の定理から，2つの直角三角形は，1つの鋭角がそれぞれ等しいことがわかる。
したがって，2つの直角三角形は
「斜辺と他の1辺がそれぞれ等しい」
とき合同になる。

テキストの解答

練習 9　［仮定］　△ABC と △ADE は正三角形

［結論］　BD＝CE

［証明］　△ABD と △ACE において

仮定から　　$AB=AC$　……①

$AD=AE$　……②

また　$\angle BAD=\angle BAC-\angle DAC$

$=60^\circ-\angle DAC$

$\angle CAE=\angle DAE-\angle DAC$

$=60^\circ-\angle DAC$

よって　$\angle BAD=\angle CAE$　……③

①，②，③ より，2組の辺とその間の角がそれぞれ等しいから

$\triangle ABD\equiv\triangle ACE$

合同な図形では対応する辺の長さは等しいから　　$BD=CE$

（練習 9 は前ページの問題）

テキスト109ページ

学習のめあて

直角三角形の合同条件を利用して，2つの直角三角形が合同であることを調べること。

学習のポイント

直角三角形の合同条件

2つの直角三角形は，次のどちらかが成り立つとき合同である。

[1]　直角三角形の **斜辺と1つの鋭角** がそれぞれ等しい。

[2]　直角三角形の **斜辺と他の1辺** がそれぞれ等しい。

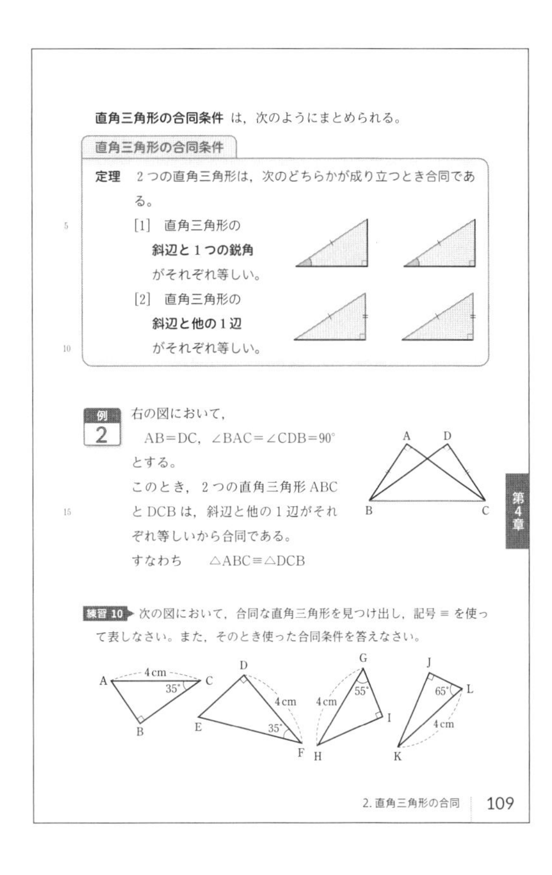

直角三角形の合同条件 は，次のようにまとめられる。

直角三角形の合同条件

定理　2つの直角三角形は，次のどちらかが成り立つとき合同である。

[1]　直角三角形の **斜辺と1つの鋭角** がそれぞれ等しい。

[2]　直角三角形の **斜辺と他の1辺** がそれぞれ等しい。

例 2　右の図において，AB＝DC，∠BAC＝∠CDB＝90° とする。このとき，2つの直角三角形ABCとDCBは，斜辺と他の1辺がそれぞれ等しいから合同である。すなわち　△ABC≡△DCB

練習 10　次の図において，合同な直角三角形を見つけ出し，記号 ≡ を使って表しなさい。また，そのとき使った合同条件を答えなさい。

2. 直角三角形の合同　109

テキストの解説

□直角三角形の合同条件

○2つの三角形が合同であるかどうかを調べるには，次のように，三角形の3つの要素を調べる必要があった。

[1]　3組の辺

[2]　2組の辺とその間の角

[3]　1組の辺とその両端の角

○一方，2つの直角三角形では，次のように，斜辺を含む2つの要素を調べるだけでもよい。

[1]　斜辺と1つの鋭角

[2]　斜辺と他の1辺

□例2

○2つの直角三角形が合同であることの証明。直角三角形の合同条件を利用すると，ただちに合同であることがわかる。

○直角三角形の合同条件を用いないと，証明は少しめんどうである。

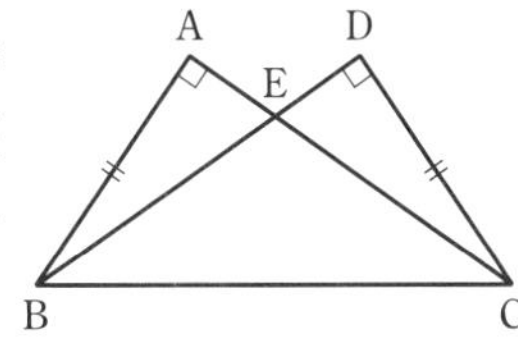

○ACとDBの交点をEとすると，△ABEと△DCEは，1組の辺とその両端の角がそれぞれ等しく，合同になるから　EB＝EC

EB＝EC より，∠EBC＝∠ECB であるから

∠ABC＝∠DCB

したがって，△ABC と △DCB は1組の辺とその両端の角がそれぞれ等しいから，合同である。

□練習10

○合同な直角三角形。

○まず，3つの内角の大きさを比べると

△ABC，△EDF，△GIH → 90°，35°，55°

△LJK → 90°，25°，65°

次に，等しい辺の長さ4cmに着目する。

テキストの解答

練習10　△ABC，△EDF，△GIH は，いずれも3つの内角の大きさが 90°，35°，55° で，このうち，△ABC と △GIH は斜辺の長さも等しい。

したがって，**斜辺と1つの鋭角がそれぞれ等しい** から　**△ABC≡△GIH**

学習のめあて

直角三角形の合同条件を利用して，図形のいろいろな性質を証明することができるようになること。

学習のポイント

直角三角形の合同条件の利用

2 つの直角三角形 → まず斜辺に注目

テキストの解説

□例題 6

○仮定と結論から，まず，直角三角形の合同条件を利用して △POQ≡△POR を証明する。

□練習 11

○例題 6 の逆の証明。

○例題 6 と同じようにして，△POQ≡△POR であることを証明する。

□練習 12

○∠EAB＝∠EDB＝90°，AB＝BD であることに着目する。

○補助線 BE を引いて，2 つの直角三角形をつくる。

例題 6 右の図のように，∠XOY の内部に点 P をとり，P から 2 辺 OX，OY に引いた垂線の足を，それぞれ Q，R とする。このとき，OP が ∠XOY の二等分線ならば，PQ＝PR であることを証明しなさい。

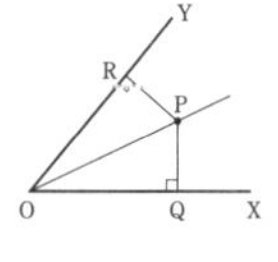

［仮定］ ∠POQ＝∠POR，∠OQP＝∠ORP＝90°

［結論］ PQ＝PR

証明 △POQ と △POR において

仮定から ∠POQ＝∠POR ……①

∠OQP＝∠ORP＝90° ……②

共通な辺であるから

OP＝OP ……③

①，②，③ より，直角三角形の斜辺と 1 つの鋭角がそれぞれ等しいから △POQ≡△POR

合同な図形では対応する辺の長さは等しいから

PQ＝PR 終

練習 11 例題 6 において，PQ＝PR ならば，OP は ∠XOY の二等分線であることを証明しなさい。

練習 12 右の図の △ABC は，∠A＝90° の直角三角形である。辺 BC 上に AB＝BD となる点 D をとり，この点を通る辺 BC の垂線と辺 AC との交点を E とする。

このとき，AE＝DE であることを証明しなさい。

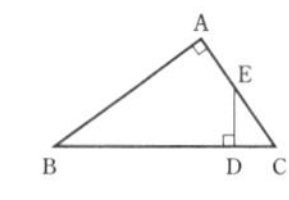

110 第 4 章 三角形と四角形

テキストの解答

練習 11 ［仮定］ PQ＝PR，

∠OQP＝∠ORP＝90°

［結論］ ∠POQ＝∠POR

［証明］ △POQ と △POR において

仮定から PQ＝PR ……①

∠OQP＝∠ORP＝90° ……②

共通な辺であるから OP＝OP ……③

①，②，③ より，直角三角形の斜辺と他の 1 辺がそれぞれ等しいから

△POQ≡△POR

合同な図形では対応する角の大きさは等しいから ∠POQ＝∠POR

よって，OP は ∠XOY の二等分線である。

練習 12 ［仮定］ AB＝BD，

∠EAB＝∠EDB＝90°

［結論］ AE＝DE

［証明］ B と E を結ぶ。

△ABE と △DBE において

仮定から

∠EAB＝∠EDB＝90° ……①

AB＝DB ……②

共通な辺であるから

BE＝BE ……③

①，②，③ より，直角三角形の斜辺と他の 1 辺がそれぞれ等しいから

△ABE≡△DBE

合同な図形では対応する辺の長さは等しいから AE＝DE

テキスト 111 ページ

学習のめあて

合同な直角三角形を利用して，長さに関する性質を証明することができるようになること。

学習のポイント

長さの関係式

離れた位置にある線分は，1つの図形に集めて比較する。

テキストの解説

□例題 7

○直角二等辺三角形の直角の頂点を通る直線に，他の 2 頂点から引いた垂線の長さの関係式。
例題 7 は，直線が三角形の内部を通る場合。

○3 つの線分 BD，CE，DE は離れていて，このままでは，これらの長さの関係はわからない。そこで，これらの線分を，長さの等しい線分に移すことを考える。

○図から　BD−CE=?
AE−AD=DE
したがって，BD=AE，CE=AD が成り立てば，BD−CE=DE は成り立つ。

○BD と AE，CE と AD をそれぞれ比べて，2 つの直角三角形 △ABD と △CAE に着目する。

□練習 13

○例題 7 において，直線 ℓ が三角形の外部を通る場合の関係式。

○例題 7 と同じように，△ABD と △CAE に着目して，まず，それらが合同になることを証明する。

例題と練習は似ているんですね。

似ているけれど，成り立つ式は違うね。このように，条件を変えて調べてみると，新しい発見があるよ。

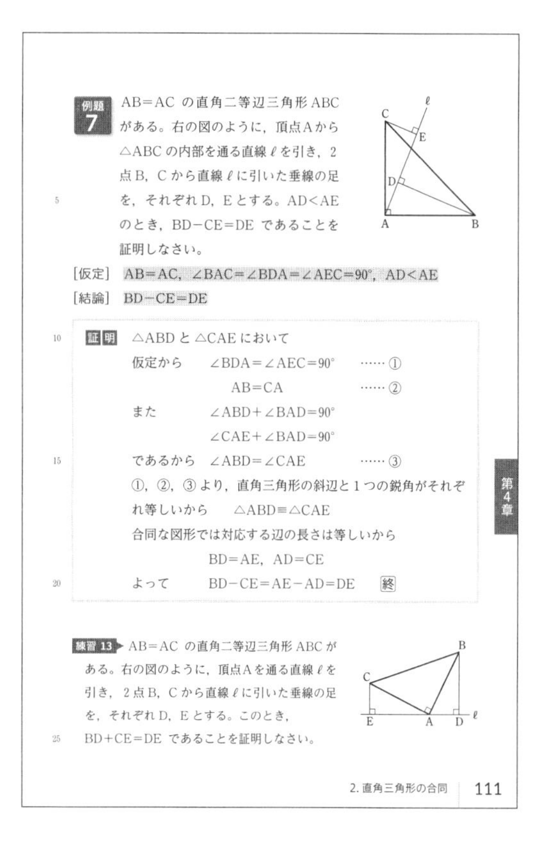

例題 7　AB=AC の直角二等辺三角形 ABC がある。右の図のように，頂点Aから △ABC の内部を通る直線 ℓ を引き，2 点 B，C から直線 ℓ に引いた垂線の足を，それぞれ D，E とする。$AD<AE$ のとき，BD−CE=DE であることを証明しなさい。

[仮定]　AB=AC，∠BAC=∠BDA=∠AEC=90°，$AD<AE$
[結論]　BD−CE=DE

証明　△ABD と △CAE において
仮定から　∠BDA=∠AEC=90°　……①
AB=CA　……②
また　∠ABD+∠BAD=90°
∠CAE+∠BAD=90°
であるから　∠ABD=∠CAE　……③
①，②，③ より，直角三角形の斜辺と 1 つの鋭角がそれぞれ等しいから　△ABD≡△CAE
合同な図形では対応する辺の長さは等しいから
BD=AE，AD=CE
よって　BD−CE=AE−AD=DE　終

練習 13　AB=AC の直角二等辺三角形 ABC がある。右の図のように，頂点Aを通る直線 ℓ を引き，2 点 B，C から直線 ℓ に引いた垂線の足を，それぞれ D，E とする。このとき，BD+CE=DE であることを証明しなさい。

2. 直角三角形の合同　111

テキストの解答

練習 13　[仮定]　AB=AC，
∠BAC=∠BDA=∠CEA=90°
[結論]　BD+CE=DE
[証明]　△ABD と △CAE において
仮定から　AB=CA　……①
∠BDA=∠AEC=90°　……②
また　∠ABD=180°−∠BDA−∠BAD
=90°−∠BAD
∠CAE=180°−∠BAC−∠BAD
=90°−∠BAD
よって　∠ABD=∠CAE　……③
①，②，③ より，直角三角形の斜辺と 1 つの鋭角がそれぞれ等しいから
△ABD≡△CAE
合同な図形では対応する辺の長さは等しいから　BD=AE，AD=CE
よって　BD+CE=AE+AD=DE

3．平行四辺形

学習のめあて

平行四辺形の基本的な性質について理解すること。

学習のポイント

四角形の対辺と対角

四角形の向かい合う辺を **対辺** といい，向かい合う角を **対角** という。

平行四辺形

2 組の対辺が，それぞれ平行な四角形を **平行四辺形** という。

テキストの解説

□平行四辺形

○四角形の中で，特徴のある図形の 1 つに平行四辺形がある。二等辺三角形の場合と同じように，合同な三角形を利用して，平行四辺形の性質を明らかにする。

○テキストに示したように，89 ページの例題 6 では，次のことを証明した。

四角形 ABCD において

　　仮定　AB∥DC，AD∥BC

　　　　　ならば

　　結論　AB＝DC，AD＝BC

○この仮定は「四角形 ABCD が平行四辺形である」ことを表し，結論は「2 組の対辺はそれぞれ等しい」ことを表している。すなわち，89 ページの例題 6 により，次の事柄が証明されたことになる。

　平行四辺形の 2 組の対辺はそれぞれ等しい。

これは，平行四辺形について成り立つ，定理の 1 つである。

□練習 14

○平行四辺形の性質「平行四辺形の 2 組の対角はそれぞれ等しい」の証明。

○△ABC と △CDA が合同になることを証明する。

○∠ABC＝∠CDA が成り立つことと同じように，∠BAD＝∠DCB が成り立つ。

3. 平行四辺形

平行四辺形の性質

四角形の向かい合う辺を **対辺**（たいへん） といい，向かい合う角を **対角**（たいかく） という。

平行四辺形は，次のように定義される四角形である。

定義　2 組の対辺がそれぞれ平行な四角形を **平行四辺形** という。

平行四辺形 ABCD を，▱ABCD と表すことがある。

平行四辺形の性質について考えよう。

89 ページの例題 6 で次のことを証明した。

四角形 ABCD において

　AB∥DC，AD∥BC

ならば　AB＝DC，AD＝BC

このことから，次のことがいえる。

平行四辺形の 2 組の対辺はそれぞれ等しい。

これは，平行四辺形のもつ重要な性質の 1 つである。

練習 14　上で述べた平行四辺形の性質を利用して，右の図のような ▱ABCD について，∠ABC＝∠CDA であることを証明しなさい。

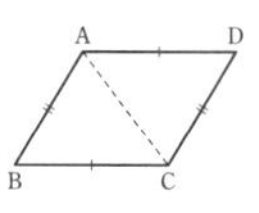

112　第 4 章　三角形と四角形

テキストの解答

練習 14　［仮定］ AB＝CD，BC＝DA

［結論］ ∠ABC＝∠CDA

［証明］ △ABC と △CDA において

仮定から　AB＝CD　……①

　　　　　BC＝DA　……②

共通な辺であるから

　　　　　AC＝CA　……③

①，②，③ より，3 組の辺がそれぞれ等しいから　△ABC≡△CDA

合同な図形では対応する角の大きさは等しいから　∠ABC＝∠CDA

テキスト 113 ページ

学習のめあて

平行四辺形の基本的な性質を利用して，線分の長さや角の大きさを求めることができるようになること。

学習のポイント

平行四辺形の性質

平行四辺形について

[1]　2 組の対辺はそれぞれ等しい。

[2]　2 組の対角はそれぞれ等しい。

[3]　対角線はそれぞれの中点で交わる。

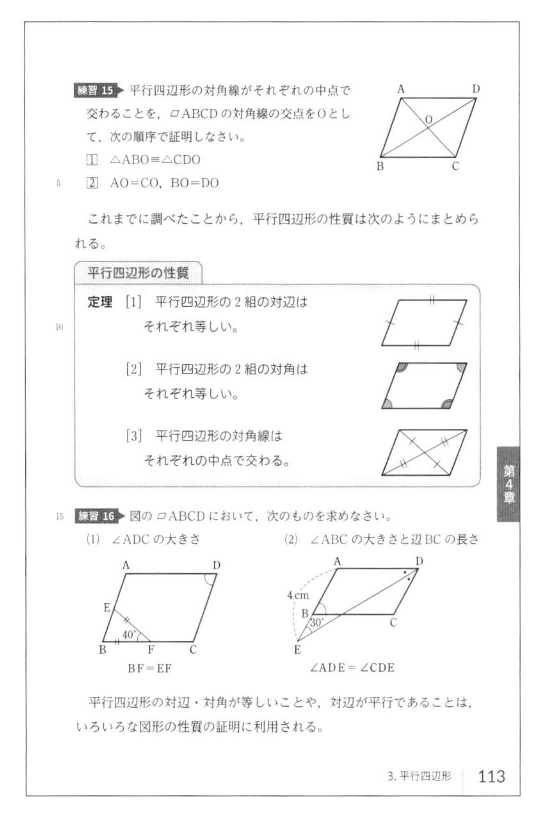

練習 15 平行四辺形の対角線がそれぞれの中点で交わることを，▱ABCD の対角線の交点を O として，次の順序で証明しなさい。

1　△ABO≡△CDO

2　AO=CO，BO=DO

これまでに調べたことから，平行四辺形の性質は次のようにまとめられる。

平行四辺形の性質

定理　[1]　平行四辺形の 2 組の対辺はそれぞれ等しい。

[2]　平行四辺形の 2 組の対角はそれぞれ等しい。

[3]　平行四辺形の対角線はそれぞれの中点で交わる。

練習 16 図の ▱ABCD において，次のものを求めなさい。

(1)　∠ADC の大きさ　　(2)　∠ABC の大きさと辺 BC の長さ

BF＝EF

∠ADE＝∠CDE

平行四辺形の対辺・対角が等しいことや，対辺が平行であることは，いろいろな図形の性質の証明に利用される。

第4章

3. 平行四辺形　113

テキストの解説

□練習 15

○1　△ABO≡△CDO であることの証明。

○2　平行四辺形の対角線はそれぞれの中点で交わること（AO=CO，BO=DO）の証明。

○テキスト前ページで学んだことと練習 15 2 の結果は，平行四辺形の性質として定理の形にまとめることができる。

□練習 16

○これまでに学んだ平行四辺形の性質と二等辺三角形の性質を利用する。

テキストの解答

練習 15　1　[仮定]　四角形 ABCD は平行四辺形

[結論]　△ABO≡△CDO

[証明]　△ABO と △CDO において

AB=CD　　……①

平行線の錯角は等しいから

∠OAB=∠OCD　……②

∠OBA=∠ODC　……③

①，②，③ より，1 組の辺とその両端の角がそれぞれ等しいから

△ABO≡△CDO

2　1 より，合同な図形では対応する辺の長さは等しいから

AO=CO，BO=DO

練習 16　(1)　△BFE において，BF=FE であるから　∠EBF=∠BEF

よって　∠EBF=(180°−40°)÷2=70°

平行四辺形の対角は等しいから

∠ADC=∠ABC=**70°**

(2)　AE∥DC より，錯角は等しいから

∠CDE=∠BED=30°

DE は ∠ADC の二等分線であるから

∠ADC=30°×2=60°

平行四辺形の対角は等しいから

∠ABC=∠ADC=**60°**

また，△AED において，

∠AED=∠ADE であるから

AD=AE=4

平行四辺形の対辺は等しいから

BC=AD=**4 (cm)**

テキスト 114 ページ

例題 8 右の図のように，▱ABCD の対角線 AC に，頂点 B, D から引いた垂線の足を，それぞれ E, F とする。このとき，BE=DF であることを証明しなさい。

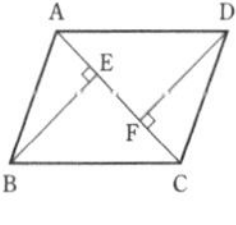

［仮定］ 四角形 ABCD は平行四辺形，∠BEA=∠DFC=90°
［結論］ BE=DF

証明 △ABE と △CDF において
仮定から ∠BEA=∠DFC=90° ……①
平行四辺形の対辺は等しいから
AB=CD ……②
平行四辺形の対辺は平行であるから AB∥DC
平行線の錯角は等しいから
∠BAE=∠DCF ……③
①, ②, ③ より，直角三角形の斜辺と 1 つの鋭角がそれぞれ等しいから △ABE≡△CDF
よって BE=DF 終

例題 8 において，△ABC≡△CDA であるから，これら 2 つの三角形の面積は等しい。したがって，辺 AC を共通の底辺とみるとそれぞれの高さは等しく，BE=DF が成り立つ。
例題 8 はこのような方針で証明することもできる。

練習 17 右の図のように，▱ABCD の対角線 BD 上に BE=DF となるような，2 点 E, F をとる。このとき，AE=CF であることを証明しなさい。

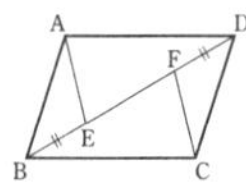

114 第 4 章 三角形と四角形

学習のめあて

平行四辺形の性質を利用して，いろいろな図形の性質を調べることができるようになること。

学習のポイント

平行四辺形の性質の利用

次の定義や定理を利用する。

（定義） 平行四辺形の 2 組の対辺は平行。

（定理） 平行四辺形の 2 組の対辺，対角はそれぞれ等しく，対角線はそれぞれの中点で交わる。

テキストの解説

□例題 8

○垂線によって 2 つ直角三角形ができるから，これらが合同になることを示す。

○合同の証明の根拠として，どのような事柄が用いられているかを明確にする。

仮定 四角形 ABCD は平行四辺形，
∠BEA=∠DFC=90°
定理 (平行四辺形) AB=CD
定義 (平行四辺形) AB∥CD
定理 (平行線と錯角) ∠BAE=∠DCF

○△BCE≡△DAF を証明してもよい。証明の手順は，例題の証明と同じである。

○合同な三角形は面積が等しい。
△ABC≡△CDA であり，
△ABC の面積は $\frac{1}{2}\times AC\times BE$
△CDA の面積は $\frac{1}{2}\times AC\times DF$
であるから，BE=DF が成り立つ。

□練習 17

○平行四辺形の対角線上の点と頂点を結んだ 2 つの線分の長さ。

○△ABE と △CDF に着目すればよいことはすぐにわかるから，例題 8 の証明にならって考える。

テキストの解答

練習 17 ［仮定］ 四角形 ABCD は平行四辺形，
BE=DF
［結論］ AE=CF
［証明］ △ABE と △CDF において
仮定から BE=DF ……①
平行四辺形の対辺は等しいから
AB=CD ……②
平行四辺形の対辺は平行であるから
AB∥DC
平行線の錯角は等しいから
∠ABE=∠CDF ……③
①, ②, ③ より，2 組の辺とその間の角がそれぞれ等しいから △ABE≡△CDF
合同な図形では対応する辺の長さは等しいから AE=CF

学習のめあて

二等辺三角形や平行四辺形の性質を利用して，いろいろな図形の性質を調べることができるようになること。

学習のポイント

二等辺三角形，平行四辺形の性質の利用

等しい辺，等しい角を利用する。

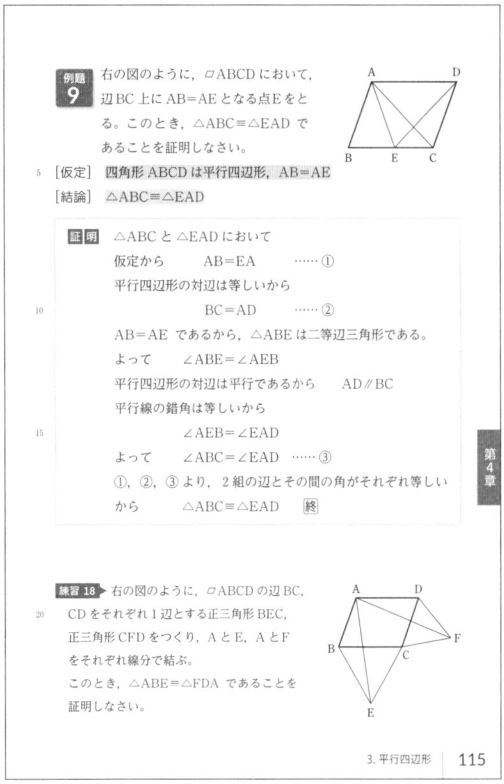

テキストの解説

□例題 9

○△ABC と △EAD において

AB=EA （仮定）

BC=AD （平行四辺形の性質）

であるから，それぞれの辺の間の角について，∠ABC と ∠EAD が等しくなることを示す。

○AB=AE → △ABE は二等辺三角形

よって，二等辺三角形の性質を利用する。

□練習 18

○三角形の合同の証明。平行四辺形，正三角形の性質を利用する。

○平行四辺形の対辺は等しい，正三角形の 3 辺は等しい → AB=FD，BE=DA

平行四辺形の対角は等しい，正三角形の 3 つの角は等しい → ∠ABE=∠FDA

テキストの解答

練習 18 ［仮定］ 四角形 ABCD は平行四辺形，△BEC と △CFD は正三角形

［結論］ △ABE≡△FDA

［証明］ △ABE と △FDA において

平行四辺形の対辺は等しいから　AB=CD

仮定から　CD=FD

よって　AB=FD　…… ①

仮定から　BE=BC

平行四辺形の対辺は等しいから　BC=AD

例題 9 右の図のように，▱ABCD において，辺 BC 上に AB=AE となる点 E をとる。このとき，△ABC≡△EAD であることを証明しなさい。

5 ［仮定］ 四角形 ABCD は平行四辺形，AB=AE

［結論］ △ABC≡△EAD

証明 △ABC と △EAD において

仮定から　AB=EA　…… ①

平行四辺形の対辺は等しいから

10 BC=AD　…… ②

AB=AE であるから，△ABE は二等辺三角形である。

よって　∠ABE=∠AEB

平行四辺形の対辺は平行であるから　AD∥BC

平行線の錯角は等しいから

15 ∠AEB=∠EAD

よって　∠ABC=∠EAD　…… ③

①，②，③ より，2 組の辺とその間の角がそれぞれ等しいから　△ABC≡△EAD 終

第4章

練習 18 右の図のように，▱ABCD の辺 BC，

20 CD をそれぞれ 1 辺とする正三角形 BEC，正三角形 CFD をつくり，A と E，A と F をそれぞれ線分で結ぶ。

このとき，△ABE≡△FDA であることを証明しなさい。

3. 平行四辺形　115

よって　BE=DA　…… ②

平行四辺形の対角は等しいから

∠ABC=∠ADC

また，∠CBE=∠CDF=60° であるから

∠ABC+∠CBE=∠ADC+∠CDF

すなわち　∠ABE=∠FDA　…… ③

①，②，③ より，2 組の辺とその間の角がそれぞれ等しいから　△ABE≡△FDA

確かめの問題　解答は本書 155 ページ

1 平行四辺形 ABCD において，頂点 A から辺 BC に引いた垂線の足を E とする。また，∠BCD の二等分線と辺 AD の交点を F とし，F から辺 CD に引いた垂線の足を G とする。

このとき，次のことを証明しなさい。

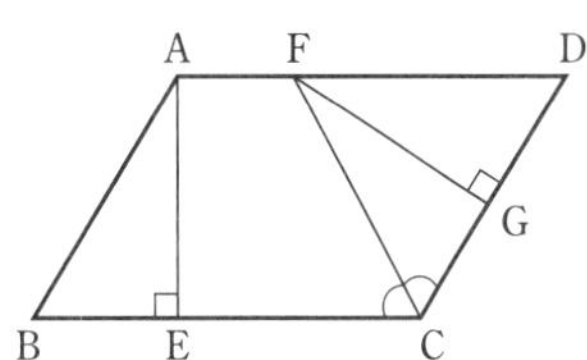

(1) CD=FD

(2) AE=FG

テキスト 116 ページ

学習のめあて

平行四辺形になるための条件を理解すること。

学習のポイント

平行四辺形になるための条件

四角形は，次のどれかが成り立つとき平行四辺形である。

[1]　2 組の対辺がそれぞれ等しい。

[2]　2 組の対角がそれぞれ等しい。

[3]　対角線がそれぞれの中点で交わる。

[4]　1 組の対辺が平行でその長さが等しい。

テキストの解説

□平行四辺形になるための条件

○平行四辺形の定義により，2 組の対辺が平行な四角形は平行四辺形である。

○平行四辺形について，平行四辺形の性質の逆を考える。

○これまでに学んだ平行四辺形の性質は

[1]　2 組の対辺はそれぞれ等しい。

[2]　2 組の対角はそれぞれ等しい。

[3]　対角線はそれぞれの中点で交わる。

これらはどれも，平行四辺形になるための条件となる。

○また，1 組の対辺について

[4]　1 組の対辺が平行でその長さが等しい。

この場合も，四角形は平行四辺形になる。

○テキストに示したように，四角形 ABCD において，

$AB=CD$，$AD=CB$（2 組の対辺が等しい）

と仮定すると，次のことが導かれる。

$AB /\!/ DC$，$AD /\!/ BC$　（2 組の対辺が平行）

○この結論は平行四辺形の定義であるから，2 組の対辺がそれぞれ等しい四角形は平行四辺形になる。

平行四辺形になるための条件

四角形が平行四辺形になるための条件について考えてみよう。

四角形 ABCD において，$AB=CD$，$AD=CB$ が成り立つとする。

このとき，$\triangle ABC$ と $\triangle CDA$ において

$AB=CD$

$CB=AD$

$AC=CA$

より，3 組の辺がそれぞれ等しいから

$\triangle ABC \equiv \triangle CDA$

よって，$\angle BAC=\angle DCA$ から　$AB /\!/ DC$

$\angle BCA=\angle DAC$ から　$AD /\!/ BC$

したがって，四角形 ABCD は 2 組の対辺がそれぞれ平行であるから，平行四辺形である。

上で示したことは，次の [1] が成り立つことにほかならない。

平行四辺形になるための条件

定理　四角形は，次のどれかが成り立つとき平行四辺形である。

[1]　2 組の対辺がそれぞれ等しい。

[2]　2 組の対角がそれぞれ等しい。

[3]　対角線がそれぞれの中点で交わる。

[4]　1 組の対辺が平行でその長さが等しい。

上の [1]～[4] と平行四辺形の定義「2 組の対辺がそれぞれ平行である」のどれかが成り立てば，四角形は平行四辺形となる。

[2]～[4] について，その証明を考えよう。

116　第 4 章　三角形と四角形

テキストの解答

練習 19　(1)　[仮定]　$OA=OC$，$OB=OD$

[結論]　$\triangle ABO \equiv \triangle CDO$

[証明]　$\triangle ABO$ と $\triangle CDO$ において

仮定から　$OA=OC$　……①

$OB=OD$　……②

対頂角は等しいから

$\angle AOB=\angle COD$　……③

①～③ より，2 組の辺とその間の角がそれぞれ等しいから　$\triangle ABO \equiv \triangle CDO$

(2)　[仮定]　$OA=OC$，$OB=OD$

[結論]　四角形 ABCD は平行四辺形

[証明]　(1) より $\triangle ABO \equiv \triangle CDO$ であるから　$AB=CD$

(1) と同様にして，$\triangle BCO \equiv \triangle DAO$ であるから　$BC=DA$

よって，四角形 ABCD は，2 組の対辺がそれぞれ等しいから平行四辺形である。

(練習 19 は次ページの問題)

学習のめあて

四角形が平行四辺形になるための条件を証明すること。

学習のポイント

平行四辺形になるための条件の証明

平行線の性質や合同な図形の性質など，すでに正しいことがわかっている事柄を利用する。

四角形 ABCD において，次のことが成り立つ。

$\angle A=\angle C$，$\angle B=\angle D$ ならば $AD /\!/ BC$，$AB /\!/ DC$

証明 右の図のように，辺 BA の延長上に点 E をとると

$\angle BAD+\angle EAD=180°$ ……①

仮定より，$\angle BAD=\angle C$，$\angle B=\angle D$ で

$\angle BAD+\angle B+\angle C+\angle D=360°$

であるから

$2\angle BAD+2\angle B=360°$

$\angle BAD+\angle B=180°$ ……②

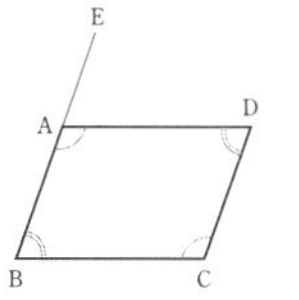

①，② より $\angle EAD=\angle B$

したがって，同位角が等しいから $AD /\!/ BC$

また $\angle EAD=\angle D$

したがって，錯角が等しいから $AB /\!/ DC$ 終

2 組の対辺がそれぞれ平行である四角形は平行四辺形である。

したがって，上の証明により，前ページの定理の [2] が成り立つことがわかる。

練習 19 四角形 ABCD において，対角線 AC，BD の交点を O とする。OA=OC，OB=OD であるとき，次のことを証明しなさい。

(1) $\triangle ABO\equiv\triangle CDO$

(2) 四角形 ABCD は平行四辺形である。

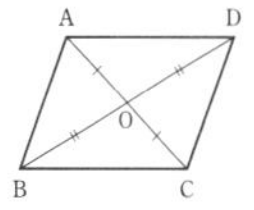

練習 20 四角形 ABCD において，AD=BC，$AD /\!/ BC$ ならば，四角形 ABCD は平行四辺形であることを証明しなさい。

練習 19 と練習 20 までで，前ページの定理の証明が完了する。

3. 平行四辺形 117

テキストの解説

□ 2 組の対角がそれぞれ等しい四角形

○ 2 組の対角がそれぞれ等しい四角形は，平行四辺形になることの証明。

○隣り合う角の和が 180° になることから，等しい同位角，等しい錯角を利用して，2 組の対辺が平行になることを導く。

□練習 19

○対角線がそれぞれの中点で交わる四角形は，平行四辺形になることの証明。

○(2) (1)と同じように考えると，$\triangle BCO$ と $\triangle DAO$ は合同になることがわかるから，四角形 ABCD の 2 組の対辺はそれぞれ等しい。

□練習 20

○ 1 組の対辺が平行でその長さが等しい四角形は，平行四辺形になることの証明。

○$\triangle ABC$ と $\triangle CDA$ が合同になることを示す。

○ 1 組の対辺が平行で，他の 1 組の対辺が等しい四角形は，平行四辺形になるとは限らない。

テキストの解答

(練習 19 の解答は前ページ)

練習 20 ［仮定］ AD=BC，$AD /\!/ BC$

［結論］ 四角形 ABCD は平行四辺形

［証明］ $\triangle ABC$ と $\triangle CDA$ において

仮定から BC=DA ……①

$AD /\!/ BC$ より，錯角は等しいから

$\angle ACB=\angle CAD$ ……②

共通な辺であるから

AC=CA ……③

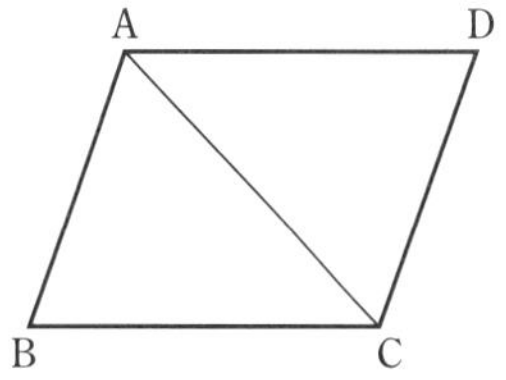

①，②，③ より，

2 組の辺とその間の角がそれぞれ等しいから $\triangle ABC\equiv\triangle CDA$

合同な図形では対応する辺の長さは等しいから AB=CD ……④

①，④ より，四角形 ABCD は，2 組の対辺がそれぞれ等しいから平行四辺形である。

確かめの問題 解答は本書 156 ページ

1 ▱ABCD において，辺 AD，BC の中点をそれぞれ M，N とするとき，四角形 ANCM は平行四辺形になることを証明しなさい。

テキスト 118 ページ

学習のめあて

図形の性質を利用して，2 つの線分の和が一定になることを証明すること。

学習のポイント

線分の和

いくつかの線分を 1 つの線分で表す。図形の性質を利用して長さの等しい線分に移す。

> **例題 10** 二等辺三角形 ABC の底辺 BC 上に点 P をとり，P から辺 AB，AC に平行な直線を引き，AC，AB との交点を，それぞれ Q，R とする。このとき，RP＋QP＝AB であることを証明しなさい。
>
> ［仮定］ AB＝AC，AB∥QP，AC∥RP　［結論］ RP＋QP＝AB
>
> **証明** 仮定より AR∥QP，AQ∥RP であるから，四角形 ARPQ は平行四辺形である。
> 平行四辺形の対辺は等しいから
> QP＝AR　……①
> また，RP∥AC より，同位角が等しいから
> ∠RPB＝∠ACB
> △ABC は AB＝AC の二等辺三角形であるから
> ∠RBP＝∠ACB
> よって　∠RPB＝∠RBP
> したがって，△RBP は二等辺三角形で
> RP＝RB　……②
> ①，② により　RP＋QP＝RB＋AR＝AB　終
>
> 例題 10 の結果は，辺 BC 上のどこに点 P をとっても，RP＋QP の値が一定であることを示している。
>
> **練習 21** 正三角形 ABC の内部の点 P を通り，3 辺に平行に引いた直線と 3 辺との交点を，右の図のように D，E，F，G，H，I とする。このとき，DE＋FG＋HI＝2BC であることを証明しなさい。
>
> 118 | 第 4 章　三角形と四角形

テキストの解説

□例題 10

○点 P を点 B の位置にとると，R は B と一致し

RP＋QP＝PQ＝AB

点 P を点 C の位置にとると，Q は C と一致し

RP＋QP＝PR＝AC

したがって，いずれの場合も RP＋QP＝AB が成り立つ。

○四角形 ARPQ は平行四辺形になるから，QP＝AR　が成り立つことがわかる。

そこで，RP＝RB が成り立つことを示す。

○右の図のように，点 P が辺 BC の延長上にあるとき，

PQ－PR＝AB

または

PR－PQ＝AB

が成り立つ。

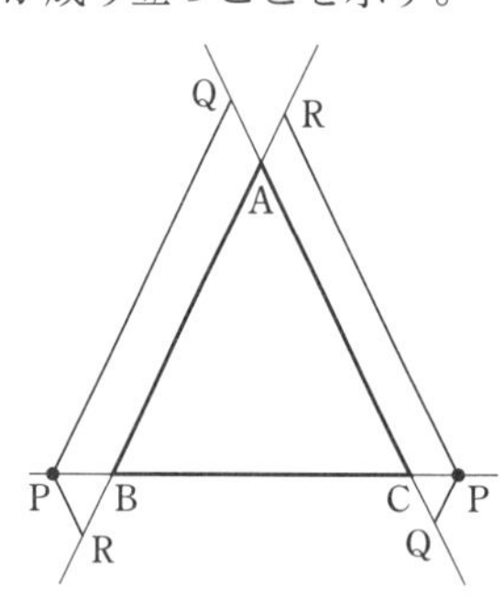

□練習 21

○△ABC の内部に点 P をとると，いくつかの平行四辺形と正三角形ができる。

○平行四辺形　→　対辺は等しい

正三角形　→　3 辺は等しい

これらのことを利用して，DE，FG，HI を長さの等しい線分に移す。

○ 2BC に等しいことを示すから，DE，FG，HI を辺 BC 上の線分に移すことを考える。

テキストの解答

練習 21　［仮定］　△ABC は正三角形，AB∥FG，BC∥DE，AC∥HI

［結論］　DE＋FG＋HI＝2BC

［証明］　四角形 DBGP は，2 組の対辺がそれぞれ平行であるから，平行四辺形である。

よって　DP＝BG　　四角形 PICE も平行四辺形であるから　PE＝IC

AC∥HI より，同位角は等しいから

∠BHI＝∠BIH＝60°

よって，△HBI は正三角形であるから

HI＝BI

AB∥FG より，同位角は等しいから

∠CFG＝∠CGF＝60°

よって，△FGC は正三角形であるから

FG＝GC　　したがって

DE＋FG＋HI＝(DP＋PE)＋FG＋HI

＝BG＋IC＋GC＋BI

＝(BG＋GC)＋(BI＋IC)＝2BC

テキスト 119 ページ

学習のめあて

長方形，ひし形，正方形の性質を理解すること。

学習のポイント

長方形，ひし形，正方形

4 つの角が等しい四角形を **長方形** という。

4 つの辺が等しい四角形を **ひし形** という。

4 つの角が等しく，4 つの辺が等しい四角形を **正方形** という。

いろいろな四角形

長方形，ひし形，正方形は，それぞれ次のように定義される。

定義 4 つの角が等しい四角形を **長方形** という。
4 つの辺が等しい四角形を **ひし形** という。
4 つの角が等しく，4 つの辺が等しい四角形を **正方形** という。

長方形，ひし形，正方形は，その定義から，平行四辺形の特別な場合であることがわかる。
これらの四角形の対角線については，次の性質がある。

[1] 長方形の対角線の長さは等しい。
[2] ひし形の対角線は垂直に交わる。
[3] 正方形の対角線は長さが等しく垂直に交わる。

練習 22 四角形 ABCD について，次のことを証明しなさい。
(1) 四角形 ABCD が長方形ならば AC=DB
(2) 四角形 ABCD がひし形ならば AC⊥BD

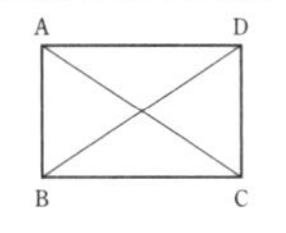

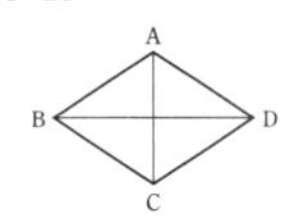

正方形は，長方形でもありひし形でもあるから，上の [1]，[2] より，[3] が成り立つ。
平行四辺形，長方形，ひし形，正方形の間には，右の図のような関係がある。

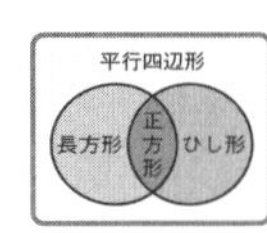

第4章

3. 平行四辺形 119

テキストの解説

□長方形，ひし形，正方形

○長方形 → 4 つの角が等しい
　　　　 → 2 組の対角がそれぞれ等しい
　ひし形 → 4 つの辺が等しい
　　　　 → 2 組の対辺がそれぞれ等しい
　したがって，長方形とひし形は，ともに平行四辺形である。

○また，正方形は長方形でもひし形でもあるから，やはり平行四辺形である。

□練習 22

○長方形とひし形の性質。次のことを証明する。
(1) 長方形の対角線は等しい。
(2) ひし形の対角線は垂直に交わる。

○正方形は，長方形とひし形の性質をともにもつから，対角線は長さが等しく垂直に交わる。

○それぞれの証明では，長方形，ひし形が平行四辺形であることを利用する。
(1) AB=DC
(2) 対角線の交点を O とすると BO=DO

テキストの解答

練習 22 (1) [仮定] 四角形 ABCD は長方形
[結論] AC=DB
[証明] △ABC と △DCB において
仮定から
AB=DC，∠ABC=∠DCB=90°
共通な辺であるから BC=CB
よって，2 組の辺とその間の角がそれぞれ等しいから △ABC≡△DCB
合同な図形では対応する辺の長さは等しいから AC=DB

(2) [仮定] 四角形 ABCD はひし形
[結論] AC⊥BD
[証明] AC と BD の交点を O とする。
△ABO と △ADO において
仮定から AB=AD，BO=DO
共通な辺であるから AO=AO
よって，3 組の辺がそれぞれ等しいから
△ABO≡△ADO
合同な図形では対応する角の大きさは等しいから ∠AOB=∠AOD
3 点 B，O，D は一直線上にあるから
∠AOB=∠AOD=90°
よって AC⊥BD

学習のめあて

長方形などの性質を利用して，図形の性質を証明することができるようになること。

学習のポイント

長方形などの利用

等しい辺，等しい角を利用する。

120

例題 11 右の図は，AB<AD である長方形 ABCD を，対角線 AC を折り目として折り返したものである。
頂点 D が移った点を E とし，AE と BC の交点を F とするとき，
△ABF≡△CEF であることを証明しなさい。

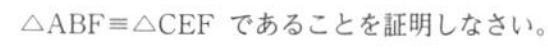

［仮定］ 四角形 ABCD は長方形，△ADC≡△AEC

［結論］ △ABF≡△CEF

証明 △ABF と △CEF において

四角形 ABCD は長方形で，折り返した辺や角は等しいから

AB=CE ……①

∠ABF=∠CEF（=90°） ……②

対頂角は等しいから

∠AFB=∠CFE ……③

②，③により，三角形の残りの角も等しいから

∠BAF=∠ECF ……④

①，②，④より，1 組の辺とその両端の角がそれぞれ等しいから

△ABF≡△CEF 終

練習 23 右の図は，AB>AD である長方形 ABCD を，頂点 A が頂点 C に重なるように折り返したものである。
頂点 D が移った点を R とし，折り目を PQ とするとき，△PBC≡△QRC であることを証明しなさい。

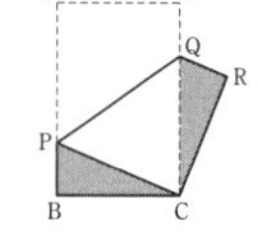

テキストの解説

□例題 11

○長方形の折り返しと，図形の性質の証明。

○与えられた条件を整理すると

四角形 ABCD は長方形

→ 4 つの角は 90° で等しい，
2 組の対辺はそれぞれ等しい

→ ∠ABC=∠CDA=90°，AB=DC

図形を折り返す

→ 折り返した辺や角は等しい

→ CD=CE，∠CDA=∠CEA

○△ABF と △CEF は 2 組の角が等しいから，残りの角も等しい。

→ 1 組の辺とその両端の角がそれぞれ等しい

□練習 23

○BC=RC，∠PBC=∠QRC=90° であることは，与えられた条件からすぐにわかる。

○そこで，残りの角が等しいことを示すか，直角三角形の斜辺が等しいことを示す。

テキストの解答

練習 23 ［仮定］ 四角形 ABCD は長方形

［結論］ △PBC≡△QRC

［証明］ △PBC と △QRC において

四角形 ABCD は長方形で，折り返した辺や角は等しいから

BC=RC ……①

∠PBC=∠QRC（=90°） ……②

また，∠BCP=90°−∠PCD，

∠RCQ=90°−∠PCD であるから

∠BCP=∠RCQ ……③

①，②，③より，1 組の辺とその両端の角がそれぞれ等しいから △PBC≡△QRC

別解 △PBC と △QRC において

四角形 ABCD は長方形で，折り返した辺や角は等しいから

BC=RC ……①

∠PBC=∠QRC（=90°） ……②

また ∠APQ=∠CPQ

AB∥DC より，錯角が等しいから

∠APQ=∠CQP

よって，∠CPQ=∠CQP より △CPQ は二等辺三角形であるから

CP=CQ ……③

①，②，③より，直角三角形の斜辺と他の 1 辺がそれぞれ等しいから

△PBC≡△QRC

テキスト 121 ページ

学習のめあて

等脚台形の定義とその性質を理解すること。

学習のポイント

等脚台形

1組の対辺が平行である四角形を台形という。このうち，平行でない1組の対辺が等しいものを **等脚台形** という。

テキストの解説

□等脚台形

○四角形について

1組の対辺が平行	→	台形
1組の対辺が平行で等しい	→	平行四辺形
1組の対辺が平行で，平行でない1組の対辺が等しい	→	等脚台形

○よって，単に1組の対辺が平行で，1組の対辺が等しい四角形が平行四辺形とは限らない。

□例題 12

○等脚台形の性質の証明。

○仮定は　AD∥BC，AB=DC

結論は　∠B=∠C

これらを結びつけるために，Aを通り辺DCに平行な直線を引き，等脚台形ABCDを，四角形AECDと三角形ABEに分ける。

○次のように考えて証明することもできる。

A，Dから辺BCに引いた垂線の足を，それぞれP，Qとすると，四角形APQDは長方形になる。

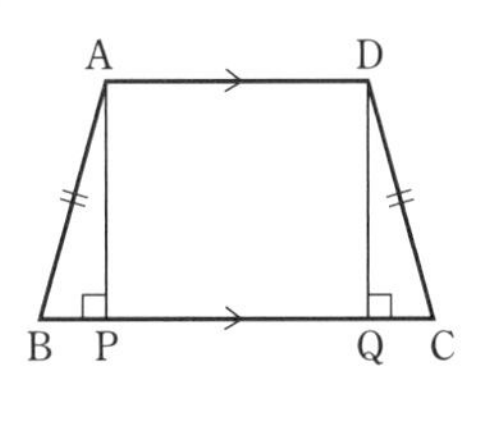

このとき，△ABPと△DCQにおいて

∠APB=∠DQC=90°

AB=DC，AP=DQ

よって，直角三角形の斜辺と他の1辺がそれぞれ等しいから　△ABP≡△DCQ

1組の対辺が平行である四角形を台形という。

このうち，平行でない1組の対辺が等しいものを **等脚台形**（とうきゃくだいけい） という。

例題 12　右の図のような，AD∥BC，AB=DC である等脚台形ABCDにおいて，∠B=∠C であることを証明しなさい。

［仮定］ AD∥BC，AB=DC

［結論］ ∠B=∠C

証明　Aを通り辺DCに平行に引いた直線と辺BCとの交点をEとする。

平行線の同位角は等しいから

∠AEB=∠DCB　……①

AD∥BC，AE∥DC であるから，

四角形AECDは平行四辺形になる。

よって　AE=DC

また，仮定より AB=DC であるから　AB=AE

よって，△ABEは二等辺三角形で

∠ABE=∠AEB　……②

①，②から　∠ABE=∠DCB

すなわち　∠B=∠C　終

練習 24　右の図のような，AD∥BC，AB=DC である等脚台形ABCDにおいて，頂点A，Dから辺BCに引いた垂線の足を，それぞれP，Qとする。このとき，BP=CQ であることを証明しなさい。

3. 平行四辺形　121

第4章

□練習 24

○結論は BP=CQ であるから，これらの線分を辺にもつ△ABPと△DCQに着目する。

テキストの解答

練習 24　［仮定］　AD∥BC，AB=DC，

∠APB=∠DQC=90°

［結論］　BP=CQ

［証明］　△ABPと△DCQにおいて，仮定から　∠APB=∠DQC=90°　……①

AD∥BC であるから

AP=DQ　……②

四角形ABCDは等脚台形であるから

AB=DC　……③

①，②，③より，直角三角形の斜辺と他の1辺がそれぞれ等しいから

△ABP≡△DCQ

合同な図形では対応する辺の長さは等しいから　BP=CQ

学習のめあて

三角形の中線の性質を理解すること。

学習のポイント

三角形の中線の問題

中線を 2 倍に延ばし，平行四辺形をつくって考えるとよい場合がある。

三角形の中線の性質について考えよう。

例題 13　$\angle A=90°$ の直角三角形 ABC において，辺 BC の中点を M とする。このとき，AM=BM であることを証明しなさい。

考え方　中線 AM を 2 倍に延ばして考える。

[仮定]　$\angle A=90°$，BM=CM　[結論]　AM=BM

証明　中線 AM の M を越える延長上に，AM=DM となる点 D をとる。
このとき，四角形 ABDC は，対角線がそれぞれの中点で交わるから，平行四辺形である。
また，$\angle A=90°$ であるから，四角形 ABDC の 4 つの角はすべて 90° で等しい。
したがって，四角形 ABDC は長方形になる。
長方形の対角線の長さは等しいから
AD=BC
よって　AM=BM　終

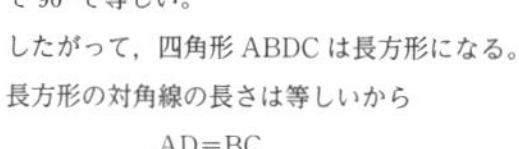

例題 13 の結果から，直角三角形 ABC の 3 つの頂点 A，B，C は，斜辺 BC の中点 M から等しい距離にあることがわかる。
一般に，直角三角形の斜辺を直径とする円は，直角三角形の直角の頂点を通る。

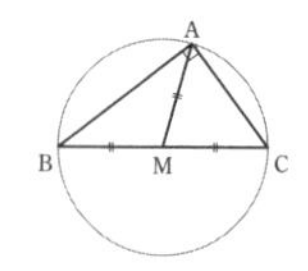

練習 25　△ABC において，辺 BC の中点を M とする。このとき，AM=BM ならば，$\angle A=90°$ であることを証明しなさい。

122　第 4 章　三角形と四角形

テキストの解説

□例題 13

○直角三角形の直角の頂点から対辺に引いた中線の性質。

○仮定は　$\angle A=90°$，BM=CM
結論は　AM=BM
このままでは，合同な三角形などの手がかりが見つからないため，証明にはくふうが必要となる。

○中線の問題は，中線を 2 倍に延ばして考えるとよい場合がある。
AM を 2 倍に延ばし，四角形 ABDC をつくると　AM=DM，BM=CM
対角線がそれぞれの中点で交わるから，四角形 ABDC は平行四辺形になる。

○残りの仮定 $\angle A=90°$ に着目すると，さらに，四角形 ABDC は長方形であることがわかる。
長方形の対角線 AD，BC の長さは等しいから，それぞれの半分 AM，BM の長さも等しくなり，結論が導かれる。

○三角形の 3 つの頂点を通る円を，その三角形の外接円という。直角三角形の外接円の中心は，斜辺の中点である。

□練習 25

○例題 13 の逆の証明。例題 13 と同じように，線分 AM の M を越える延長上に，AM=DM となる点Dをとる。四角形 ABDC ができるから，その形状について考える。

テキストの解答

練習 25　[仮定]　AM=BM=CM
[結論]　$\angle A=90°$
[証明]　中線 AM の M を越える延長上に，AM=DM となる点 D をとる。このとき，四角形 ABDC は，対角線がそれぞれの中点で交わるから，平行四辺形である。△ABD と △BAC において　BD=AC，BA=AB
また，AM=BM であるから　AD=BC
よって，3 組の辺がそれぞれ等しいから
△ABD≡△BAC
合同な図形では対応する角の大きさは等しいから　$\angle ABD=\angle BAC$
よって，四角形 ABDC は 4 つの角がすべて等しく，長方形であるから　$\angle A=90°$

4．平行線と面積

学習のめあて

平行線と三角形の面積の関係を理解すること。

学習のポイント

平行線と面積

△PAB，△QAB の頂点 P，Q が，直線 AB に関して同じ側にあるとき，次のことが成り立つ。

[1]　PQ∥AB　ならば　△PAB＝△QAB

[2]　△PAB＝△QAB　ならば　PQ∥AB

テキストの解説

□平行線と面積

○底辺が等しく，高さが等しい 2 つの三角形は，面積も等しい。

○2 点 P，Q は，直線 AB に関して同じ側にあるとする。

このとき，辺 AB を共有する 2 つの三角形 PAB，QAB に対し，P，Q から引いた垂線の足を，それぞれ H，K とする。

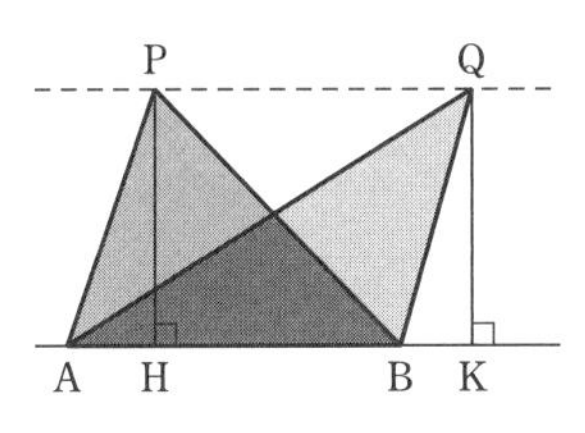

[1]　PQ∥AB とすると，四角形 PHKQ の 4 つの角はすべて 90° となり等しい。
よって，四角形 PHKQ は長方形である。
長方形の対辺は等しいから　PH＝QK
したがって，△PAB＝△QAB が成り立つ。

[2]　△PAB＝△QAB とすると　PH＝QK
∠PHK＝∠QKH より，PH∥QK であるから，四角形 PHKQ は平行四辺形である。
したがって，PQ∥AB が成り立つ。

○[2] は [1] の逆である。

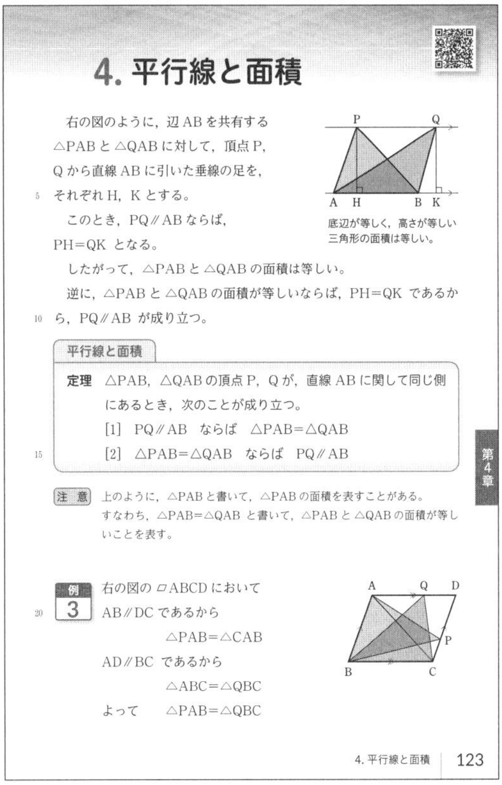

4. 平行線と面積

右の図のように，辺 AB を共有する △PAB と △QAB に対して，頂点 P，Q から直線 AB に引いた垂線の足を，それぞれ H，K とする。

このとき，PQ∥AB ならば，PH＝QK となる。

底辺が等しく，高さが等しい三角形の面積は等しい。

したがって，△PAB と △QAB の面積は等しい。

逆に，△PAB と △QAB の面積が等しいならば，PH＝QK であるから，PQ∥AB が成り立つ。

平行線と面積

定理　△PAB，△QAB の頂点 P，Q が，直線 AB に関して同じ側にあるとき，次のことが成り立つ。
[1]　PQ∥AB　ならば　△PAB＝△QAB
[2]　△PAB＝△QAB　ならば　PQ∥AB

注意　上のように，△PAB と書いて，△PAB の面積を表すことがある。すなわち，△PAB＝△QAB と書いて，△PAB と △QAB の面積が等しいことを表す。

例 3　右の図の ▱ABCD において
AB∥DC であるから
△PAB＝△CAB
AD∥BC であるから
△ABC＝△QBC
よって　△PAB＝△QBC

4. 平行線と面積　123

第4章

○単に，図形の面積が等しいことを，記号「＝」で表す。合同の記号「≡」との違いに注意する。

○平行線と面積の関係は，三角形の頂点 P，Q が直線 AB に関して同じ側にあるとき成り立つことにも注意する。P，Q が直線 AB に関して反対側にあるとき，△PAB＝△QAB であっても，PQ∥AB は成り立たない。

□例 3

○面積の等しい三角形。共有する底辺と平行線に着目する。

○四角形 ABCD は平行四辺形であるから
AB∥DC
→　辺 AB を共有する三角形 PAB，CAB について　△PAB＝△CAB
AD∥BC
→　辺 BC を共有する三角形 ABC，QBC について　△ABC＝△QBC

学習のめあて

平行線と三角形の面積の関係を利用して，図形の面積を求めたり，図形の性質を証明したりすることができるようになること。

学習のポイント

平行線と面積

底辺を共有する三角形と平行線に着目する。

テキストの解説

□練習 26

○ 2 つの三角形の面積の和。1 つ 1 つの三角形の面積を求めることはできないが，それらの面積の和は求めることができる。

○平行線を利用して，面積の等しい三角形に移すことを考える。

AD∥BC であるから　△FGC＝△EGC

□例題 14

○テキスト前ページで学んだ平行線と面積の性質 [1] の利用。

○平行線を利用して，△ABE，△CEF を面積が等しい三角形に移すことを考えると

AD∥BE　→　△ABE＝△DBE

また，△CEF を移すことはできないが

BF∥DC　→　△DBF＝△CBF

→　△DBE＝△CEF

○したがって，△DBE を経由して，△ABE と △CEF は面積が等しくなることがわかる。

□練習 27

○テキスト前ページで学んだ平行線と面積の性質 [2] の利用。

○EM∥BF を示すために，△BEM＝△FEM が成り立つことを示す。

○仮定により，△ABM＝△AEF が成り立つことがわかるから，例題 14 と同じように，共通に含まれる三角形を除いて考える。

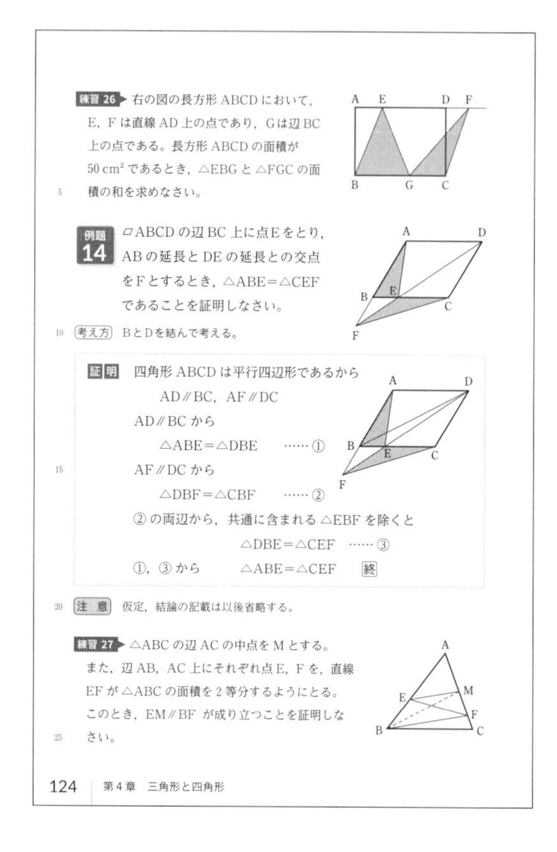
練習 26 右の図の長方形 ABCD において，E，F は直線 AD 上の点であり，G は辺 BC 上の点である。長方形 ABCD の面積が 50 cm² であるとき，△EBG と △FGC の面積の和を求めなさい。

例題 14 ▱ABCD の辺 BC 上に点 E をとり，AB の延長と DE の延長との交点を F とするとき，△ABE＝△CEF であることを証明しなさい。

考え方　B と D を結んで考える。

証明　四角形 ABCD は平行四辺形であるから
AD∥BC，AF∥DC
AD∥BC から
△ABE＝△DBE　……①
AF∥DC から
△DBF＝△CBF　……②
② の両辺から，共通に含まれる △EBF を除くと
△DBE＝△CEF　……③
①，③ から　△ABE＝△CEF　終

注意　仮定，結論の記載は以後省略する。

練習 27 △ABC の辺 AC の中点を M とする。また，辺 AB，AC 上にそれぞれ点 E，F を，直線 EF が △ABC の面積を 2 等分するようにとる。このとき，EM∥BF が成り立つことを証明しなさい。

124　第 4 章　三角形と四角形

テキストの解答

練習 26　AD∥BC で，E，F は AD 上の点であるから

△EBG＝△DBG，△FGC＝△DGC

よって　△EBG＋△FGC＝△DBC

△DBC の面積は，長方形 ABCD の面積の半分であるから，求める面積は

$50 \div 2 = \mathbf{25\ (cm^2)}$

練習 27　AM＝MC であるから

△ABC＝2△ABM

また，直線 EF は △ABC の面積を 2 等分するから

△ABC＝2△AEF

よって　△ABM＝△AEF

2 つの三角形に共通な △AEM を除くと

△BEM＝△FEM

△BEM と △FEM は辺 EM を共有し，2 点 B，F は直線 EM に関して同じ側にあるから　EM∥BF

学習のめあて

平行線と面積の関係を利用して，図形の面積を変えずに，その形だけを変えることができるようになること。

学習のポイント

等積変形

図形の面積を変えないで，その形だけを変えることを **等積変形** という。多角形は，三角形に等積変形することができる。

図形の面積を変えないで，その形だけを変えることを考えよう。

例題 15 右の図において，折れ線 PQR は，四角形 ABCD の面積を 2 等分している。このとき，点 P を通る直線で，この四角形の面積を 2 等分するものを求めなさい。

解答 点 Q を通り PR に平行な直線と辺 BC との交点を S とすると

△QRP＝△SRP

よって，五角形 PQRCD と四角形 PSCD の面積は等しいから，直線 PS は四角形 ABCD の面積を 2 等分する。

したがって，直線 PS が求めるものである。 答

練習 28 右の図の五角形 ABCDE に対して，直線 CD 上に点 P，Q をとり，△APQ の面積と五角形 ABCDE の面積を等しくしたい。

P，Q はどのような位置にとればよいか説明しなさい。

多角形は，それと面積の等しい三角形に変形することができる。

このように，図形の面積を変えないで，その形だけを変えることを **等積変形** という。

4. 平行線と面積 125

テキストの解説

□**例題 15**

○平行線と面積の関係を利用すると，図形の面積を変えずに，その形だけを変えることができる。

○折れ線によって四角形 ABCD の面積は 2 等分されているから，2 つの五角形 ABRQP と PQRCD の面積は等しい。

○点 P を通る直線によって，五角形 PQRCD を，それと面積が等しい四角形に変形する。そのために，五角形 PQRCD を △QRP と四角形 PRCD に分けて考え，平行線を利用して，△QRP を変形する。

□**練習 28**

○例題 15 では，五角形を，それと面積の等しい四角形に変形した。練習 28 は，さらに面積の等しい三角形に変形する方法を考えるものである。

○右の図の四角形 ABCD は，D を通り AC に平行に引いた直線によって，面積が等しい三角形 ABE に変形することができる。このことを利用すると，五角形はそれと面積が等しい三角形に変形することができる。

テキストの解答

練習 28 点 B を通り AC に平行な直線と直線 CD との交点を P とし，点 E を通り AD に平行な直線と直線 CD との交点を Q とする。

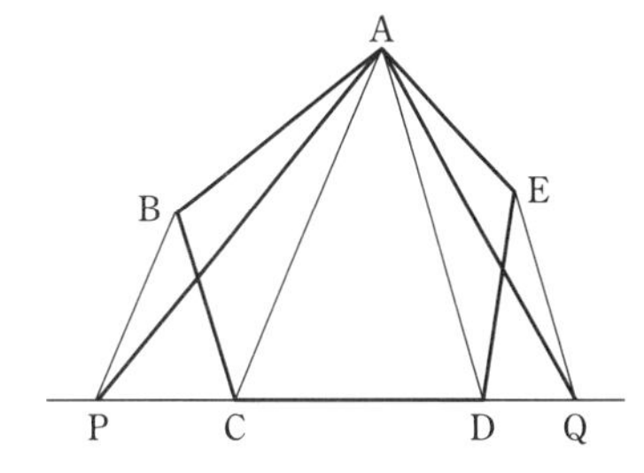

このとき　△ABC＝△APC

△AED＝△AQD

であるから，五角形 ABCDE の面積は，△APQ の面積に等しい。

したがって，上の点 P，Q が求めるものである。

テキスト126ページ

5．三角形の辺と角

学習のめあて

三角形の辺と角の大小関係を調べること。

学習のポイント

二等辺三角形の辺と角の大小関係

$\triangle ABC$ において，

$AB=AC$　ならば　$\angle B=\angle C$

テキストの解説

□三角形の辺と角の大小関係

○$\triangle ABC$ の 2 辺 AB，AC について

$$AB>AC,\ AB=AC,\ AB<AC$$

のいずれかが成り立つ。また，2つの角 $\angle B$，$\angle C$ についても

$$\angle B>\angle C,\ \angle B=\angle C,\ \angle B<\angle C$$

のいずれかが成り立つ。

○このうち，二等辺三角形の性質として，次のことが成り立つことを学んだ。

$AB=AC$　ならば　$\angle B=\angle C$

$\angle B=\angle C$　ならば　$AB=AC$

○$\triangle ABC$ において，$AB>AC$ とする。

このとき，$\angle B=\angle C$ が成り立つとすると，$AB=AC$ が成り立つ。しかし，このことは，$AB>AC$ であることと合わない。

したがって，$\angle B=\angle C$ は成り立たない。

すなわち，$\angle B$ と $\angle C$ について，次のどちらかが成り立つ。

$$\angle B>\angle C \qquad \angle B<\angle C$$

○テキストの図などからも

$AB>AC$　ならば　$\angle B<\angle C$

となることが予想される。そこで，このことを，これまでに学んだいろいろな事柄を利用して証明する。

○$\triangle ABC$ において，$AB>AC$ とすると，辺 AB 上に，$AD=AC$ となる点Dをとることができる。

○このとき，$\triangle DBC$ において，三角形の内角と外角の性質から

$$\angle ADC=\angle B+\angle DCB$$

したがって，$\angle ADC>\angle B$ であることがわかる。

○また，図から明らかなように

$$\angle C>\angle ACD$$

である。

○$\triangle ADC$ は二等辺三角形であるから，

$$\angle ADC=\angle ACD$$

である。したがって

$$\angle C>\angle ACD=\angle ADC>\angle B$$

が成り立つ。

○このことから，$\triangle ABC$ において

$AB>AC$　ならば　$\angle C>\angle B$

が成り立つことがわかる。同じように

$AB<AC$　ならば　$\angle C<\angle B$

も成り立つ。

---

5. 三角形の辺と角

三角形の辺と角の大小関係

$\triangle ABC$ において，$AB=AC$ の二等辺三角形ならば $\angle B=\angle C$ となることは学んだ。

下のような $AB>AC$ であるいろいろな三角形において，$\angle B$ と $\angle C$ の大小関係はどのようになるか調べてみよう。

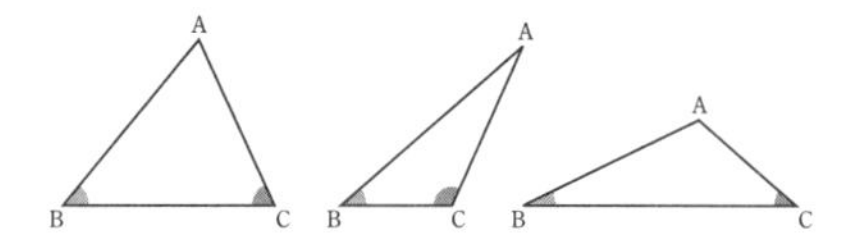

上の三角形を参考にすると，

(長い辺に対する角)>(短い辺に対する角)

となることがいえそうである。

このことを証明しよう。

$\triangle ABC$ において，$AB>AC$ とする。

このとき，辺 AB 上に，$AD=AC$ となる点Dをとることができ，$\triangle ADC$ は二等辺三角形になる。

$\triangle DBC$ において，内角と外角の性質から

$\angle ADC=\angle B+\angle DCB$

よって　$\angle ADC>\angle B$　……①

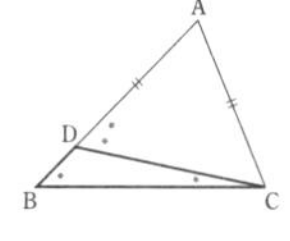

126　第4章　三角形と四角形

テキスト 127 ページ

学習のめあて

三角形の辺と角の大小関係を理解して，その関係を利用することができるようになること。

学習のポイント

三角形の辺と角の大小関係

三角形において，次のことが成り立つ。

[1]　大きい辺に向かい合う角は，小さい辺に向かい合う角より大きい。

[2]　大きい角に向かい合う辺は，小さい角に向かい合う辺より大きい。

$\triangle ADC$ は二等辺三角形であるから

$\angle ADC=\angle ACD$

よって，① は　$\angle ACD>\angle B$

また　$\angle C>\angle ACD$

したがって　$\angle C>\angle B$

これより，$\triangle ABC$ において，次のことが成り立つ。

$AB>AC$　ならば　$\angle C>\angle B$

また，上の逆である次のことも成り立つことが知られている。

$\angle C>\angle B$　ならば　$AB>AC$

三角形の辺と角の大小関係についてまとめると，次のようになる。

三角形の辺と角の大小関係

定理　三角形において，次のことが成り立つ。

[1]　大きい辺に向かい合う角は，小さい辺に向かい合う角より大きい。

[2]　大きい角に向かい合う辺は，小さい角に向かい合う辺より大きい。

例 4　$AB=7$ cm，$BC=5$ cm，$CA=3$ cm である $\triangle ABC$ において

最も大きい角は　$\angle C$

最も小さい角は　$\angle B$

練習 29　$\triangle ABC$ において，次の条件を満たす角や辺を答えなさい。

(1)　$AB=5$ cm，$BC=6$ cm，$CA=7$ cm であるとき，最も大きい角

(2)　$\angle A=70°$，$\angle B=60°$ であるとき，最も小さい辺

5. 三角形の辺と角　127

テキストの解説

□三角形の辺と角の大小関係

○$\triangle ABC$ において，次のことが成り立つ。

$AB>AC$　ならば　$\angle C>\angle B$

$AB<AC$　ならば　$\angle C<\angle B$

したがって，三角形において，大きい辺に向かい合う角は，小さい辺に向かい合う角より大きい。

○また，次のように考えると，この逆が成り立つこともわかる。

$\triangle ABC$ において　$\angle B<\angle C$　とする。

このとき，$AB>AC$，$AB=AC$，$AB<AC$ のいずれかが成り立つが，

$AB=AC$ とすると　　$\angle B=\angle C$

$AB<AC$ とすると　　$\angle B>\angle C$

となって，どちらも $\angle B<\angle C$ であることと合わない。

したがって，$AB>AC$ でなければならない。

すなわち，$\triangle ABC$ において

$\angle B<\angle C$　ならば　$AB>AC$

が成り立つ。

辺と角の大小関係の証明は少しむずかしいね。でも，三角形について成り立つ基本的な性質だから，結果はしっかり覚えておこう。

□例 4

○三角形の辺と角の大小関係。辺の長さの大小関係から，角の大きさの大小関係が決まる。

$AB>BC>CA$　であるから

$\angle C>\angle A>\angle B$

□練習 29

○三角形の辺と角の大小関係の利用。

○(1)　最も大きい角　→　最も大きい辺

(2)　最も小さい辺　→　最も小さい角

をそれぞれ考える。

テキストの解答

練習 29　(1)　辺 CA が最も大きい辺であるから，最も大きい角は　**$\angle B$**

(2)　$\angle C=180°-(70°+60°)=50°$

よって，$\angle C$ が最も小さい角であるから，最も小さい辺は　**辺 AB**

テキスト 128 ページ

学習のめあて

三角形の 2 辺の和，差と残りの辺の大小関係について理解すること。

学習のポイント

三角形の 2 辺の和と差

三角形において，次のことが成り立つ。

[1]　2 辺の和は，残りの辺より大きい。

[2]　2 辺の差は，残りの辺より小さい。

テキストの解説

□三角形の 2 辺の和

○△ABC において，2 辺の和 $AB+AC$ と残りの辺 BC の大小を調べる。折れ線のままでは比較ができないため，$AB+AC$ を 1 つの線分になおすことを考え，線分 BD をつくって比較する。

○△BCD において

$$\angle BCD=\angle BCA+\angle ACD$$
$$=\angle BCA+\angle BDC$$
$$>\angle BDC$$

よって，三角形の辺と角の大小関係により

$$BD>BC$$

となるから，2 辺の和と残りの辺について，

$$AB+AC>BC$$

が成り立つ。

○テキスト 8 ページで学んだように，2 点 A，B を結ぶ線のうち，線分 AB の長さが最も短い。線分 AB の長さが，2 点 A，B 間の距離である。

○△ABC の 3 つの頂点 A，B，C に対して，たとえば，2 点 B，C 間の距離を考えると

$$AB+AC>BC$$

同じように，2 点 A，C 間，2 点 A，B 間の距離をそれぞれ考えると

$$AB+BC>AC,\quad AC+BC>AB$$

三角形の 2 辺の和と差

三角形の 2 辺の和，差と残りの辺の大小関係については，次のことが成り立つ。

三角形の 2 辺の和と差

定理　三角形において，次のことが成り立つ。
[1]　2 辺の和は，残りの辺より大きい。
[2]　2 辺の差は，残りの辺より小さい。

[1] の証明　△ABC において，$AB+AC>BC$ が成り立つことを示す。
右の図のように，辺 BA の延長上に $AD=AC$ となる点 D をとると

$AB+AC=BD$ ……①

また　$\angle ACD=\angle ADC$
$\angle BCD>\angle ACD$

であるから　$\angle BCD>\angle ADC$

よって，△BCD において，辺と角の大小関係から

$BD>BC$

したがって，① により

$AB+AC>BC$　終

[2] の証明　△ABC において，$AB\geqq AC$ のとき，$AB-AC<BC$ が成り立つことを示す。
[1] より，2 辺の和は，残りの辺より大きいから

$AC+BC>AB$

したがって　$BC>AB-AC$

すなわち　$AB-AC<BC$　終

128 | 第 4 章　三角形と四角形

○したがって，三角形の 2 辺の和は，残りの辺より大きいといえる。

□三角形の 2 辺の差

○三角形の 2 辺の差と残りの辺の関係は，2 辺の和と残りの辺の関係と，不等式の性質を利用して証明することができる。

○ 2 辺の和と残りの辺の関係から

$AB+AC>BC$　…①
$AB+BC>AC$　…②
$AC+BC>AB$　…③

不等式の両辺から同じ数をひいても，不等号の向きは変わらないね。

①，② により

$BC-AC<AB$,
$AC-BC<AB$

②，③ により

$AC-AB<BC,\quad AB-AC<BC$

①，③ により

$BC-AB<AC,\quad AB-BC<AC$

したがって，三角形の 2 辺の差は，残りの辺より小さい。

テキスト 129 ページ

学習のめあて

折れ線の長さが最も小さくなるような点の位置を調べる方法を理解すること。

学習のポイント

折れ線の問題

折れ線の一方を対称移動する。折れ線を，それと長さの等しい１つの線分に移す。

テキストの解説

□例題 16

○折れ線の長さが最も小さくなるような点の位置を求める。

○点Ｐが求める点であるとすると，XY 上のＰ以外のどんな点Ｑに対しても

$$AP+BP<AQ+BQ$$

が成り立つ。

○折れ線は，それと長さの等しい１つの線分に移して考えるとよい。直線 XY に関してＡと対称な点を A′ とし，A′B と XY の交点をＰとすると　$AP+BP=A'P+BP=A'B$

○このとき，XY 上にＰ以外の点Ｑをとると，△QA′B ができて，次のことが成り立つ。

$$A'Q+BQ>A'B$$

よって　　$AQ+BQ>AP+BP$

○AP＋BP が最も小さくなる点Ｐに対して，

$$\angle APX=\angle BPY$$

が成り立つ。

○光は鏡などに当たると，入射角と反射角が等しくなるように反射する。よって，Ａから出た光は直線 XY 上の点Ｐで反射してＢに達する。このことからわかるように，光は反射する際，最短経路を通って進む。

□練習 30

○例題 16 にならって考え，辺 OX に関してＡと対称な点 A′ をとる。

例題 16　２点Ａ，Ｂが直線 XY に関して同じ側にあるとき，XY 上の点Ｐで，AP＋BP の長さが最も小さくなる点を求めなさい。

解答　直線 XY に関して，Ａと対称な点を A′ とし，線分 A′B と XY の交点をＰとする。
XY は線分 AA′ の垂直二等分線であるから，XY 上にＰと異なる点Ｑをとると

$AP=A'P$，$AQ=A'Q$

よって　$AP+BP=A'P+BP$

　　　　$AP+BP=A'B$

また　　$AQ+BQ=A'Q+BQ$

△QA′B において，$A'Q+BQ>A'B$ が成り立つから

　　　　$AQ+BQ>AP+BP$

したがって，上のＰが求める点である。 答

例題 16 の解答において，次のことが成り立つ。

$\angle APX=\angle A'PX$，$\angle A'PX=\angle BPY$　から　$\angle APX=\angle BPY$

よって，AP＋BP の長さが最も小さくなる点Ｐに対し，AP と直線 XY がつくる角と，BP と直線 XY がつくる角は等しい。

練習 30　右の図のように，$\angle XOY=90°$ である ∠XOY の内部に点Ａ，辺 OY 上に点Ｂがある。辺 OX 上に点Ｐをとって，AP＋PB の長さが最も小さくなるようにしたい。Ｐの位置を求めなさい。

○点Ｂを移動して考えても同じである。

テキストの解答

練習 30　辺 OX に関してＡと対称な点を A′ とし，線分 A′B と辺 OX の交点をＰとする。

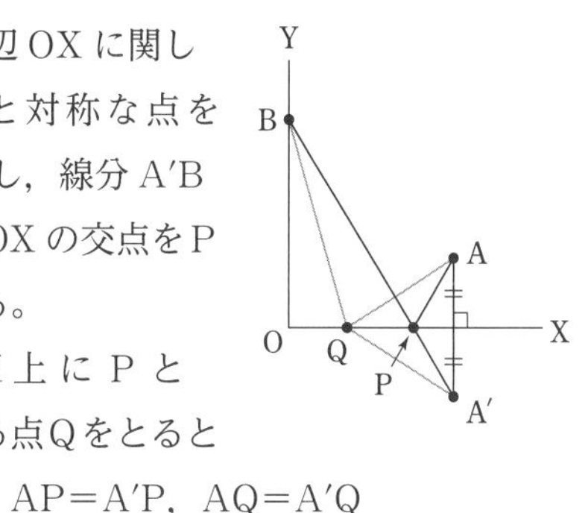

辺 OX 上にＰと異なる点Ｑをとると

$AP=A'P$，$AQ=A'Q$

よって　　$AP+BP=A'P+BP$

　　　　　$AP+BP=A'B$

また　　　$AQ+BQ=A'Q+BQ$

△QA′B において，$A'Q+BQ>A'B$ が成り立つから

$$AQ+BQ>AP+BP$$

したがって，上のＰが求める点である。

テキスト 130 ページ

確認問題

テキストの解説

□問題 1

○三角形と角の大きさ。与えられた三角形の特徴を利用する。

○$\triangle OAB$ と $\triangle OA'B'$ は合同な直角三角形であるから　$\angle A'=\angle A=90^\circ$

$\angle B'=\angle B=60^\circ$

$\angle BOA=\angle B'OA'=30^\circ$

○$\triangle OA'P$ を考えて，まず，$\angle POA'$ の大きさを求める。

○次のように考えることもできる。

$\triangle OA'B'$ はOを回転の中心として，$\triangle OAB$ を時計の針の回転と反対の向きに $\angle x$ だけ回転移動したものである。

$\triangle OPB'$ において，三角形の内角と外角の性質から

$\angle B'OB=\angle B'OP=83^\circ-60^\circ=23^\circ$

$\angle B'OB=\angle A'OA=\angle x$ であるから

$\angle x=23^\circ$

□問題 2

○平行四辺形と角の大きさ。

○(1)　四角形 ABCD は平行四辺形であるから

$\angle BAD+\angle ABC=180^\circ$

○(2)　$EC=DC$ であるから

$\triangle CDE$ は二等辺三角形

□問題 3

○平行四辺形になるための条件。

対角線がそれぞれの中点で交わる四角形は，平行四辺形であることを利用する。

○線分 AC は平行四辺形 ABCD の対角線であり，四角形 AECF の対角線でもある。

→　Oは対角線 AC の中点

○線分 EF は四角形 AECF の対角線であるから，Oがその中点になることを示す。

確認問題

1　右の図で，$\angle x$ の大きさを求めなさい。
ただし，$\triangle OAB \equiv \triangle OA'B'$ であり，点Pは OB と A'B' との交点である。

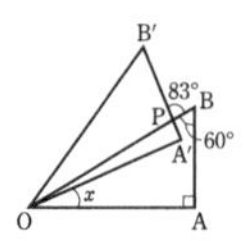

5　**2**　右の図において，四角形 ABCD は平行四辺形で，Eは辺 AD 上の点である。
$\angle EAB=100^\circ$，$\angle ABE=\angle EBC$，$EC=DC$ であるとき，次の角の大きさを求めなさい。
(1)　$\angle ABE$　(2)　$\angle CED$　(3)　$\angle BEC$

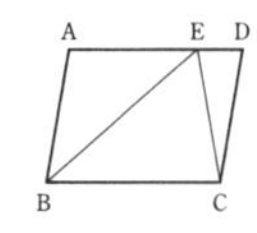

10　**3**　▱ABCD の対角線の交点をOとする。右の図のように，対角線 BD 上に，$BE=DF$ となる点E，F をとるとき，四角形 AECF は平行四辺形であることを証明しなさい。

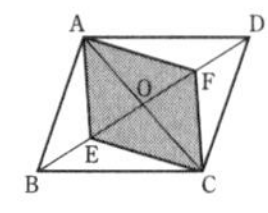

4　右の図において，四角形 ABCD は平行四辺形で，$EF /\!/ AC$ である。このとき，図の中
15　で，$\triangle ACF$ と面積の等しい三角形をすべて答えなさい。

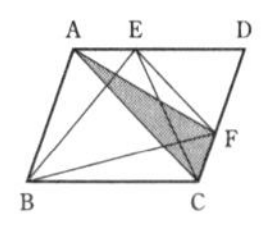

130　第4章　三角形と四角形

□問題 4

○平行線と三角形の面積。

○3組の平行線 AD と BC，AB と DC，EF と AC に着目する。

確かめの問題　解答は本書 156 ページ

1　右の図のように，
$AD /\!/ BC$，
$AD=CD$
の台形 ABCD がある。対角線 AC と BD の交点をEとするとき，次の問いに答えなさい。

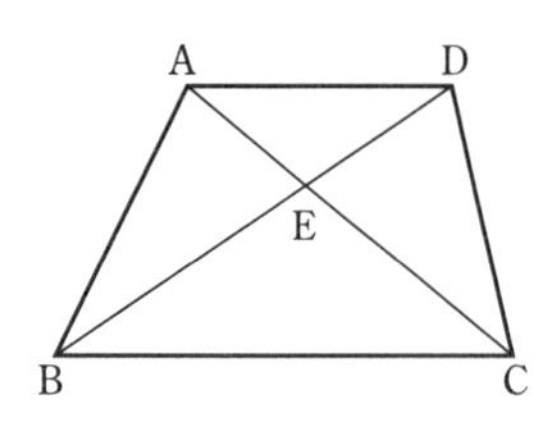

(1)　CA は $\angle BCD$ を 2 等分することを証明しなさい。

(2)　$\angle EBC=31^\circ$，$\angle EDC=77^\circ$ であるとき，$\angle AEB$ の大きさを求めなさい。

テキスト 131 ページ

演習問題A

テキストの解説

□問題 1

○三角形と角の大きさ。二等辺三角形，正三角形の性質を利用する。

二等辺三角形　→　2 つの底角は等しい

正三角形　→　3 つの角は等しく，すべて 60°

○$\angle x$　→　△ACD に着目する

$\angle y$　→　∠ACB，∠ECA を利用

□問題 2

○ 2 つの線分の長さの和が一定であることの証明。テキスト 118 ページ例題 10 にならって考えればよい。

○面積を利用すると，次のようにして証明することができる。

$$\triangle ABP=\frac{1}{2}\times AB\times PQ$$

$$\triangle ACP=\frac{1}{2}\times AC\times PR$$

$$\triangle ABC=\frac{1}{2}\times AB\times CH$$

△ABP＋△ACP＝△ABC　であるから

$$\frac{1}{2}\times AB\times PQ+\frac{1}{2}\times AC\times PR$$
$$=\frac{1}{2}\times AB\times CH$$

よって　　AB×PQ＋AC×PR＝AB×CH

AB＝AC　であるから

$$PQ+PR=CH$$

○右の図のように，点Pが辺 BC の延長上にあるとき，

PQ－PR＝CH

または

PR－PQ＝CH

が成り立つ。

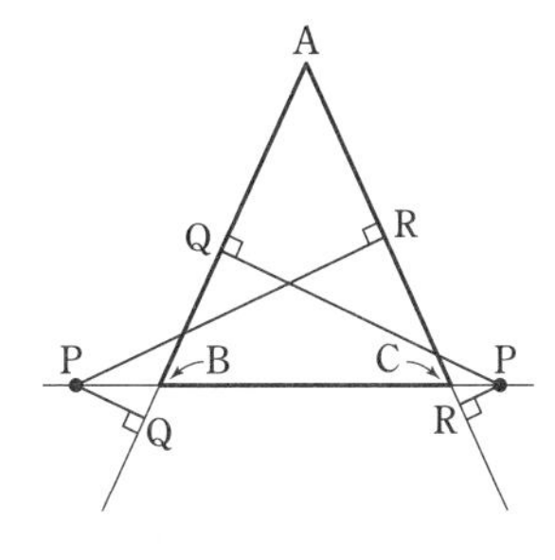

演習問題 A

1 右の図において，△ABC は AB＝AC の二等辺三角形であり，△CDE は正三角形である。点 A は辺 DE 上にあり，∠BAC＝50°，∠DCA＝36° であるとき，$\angle x$，$\angle y$ の大きさをそれぞれ求めなさい。

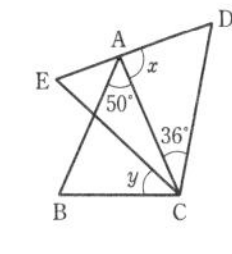

2 右の図は，二等辺三角形 ABC の底辺 BC 上に点Pをとり，Pから 2 辺 AB，AC にそれぞれ垂線 PQ，PR を引いたものである。
図のように，点Cから辺 AB に引いた垂線の足をHとするとき，PQ＋PR＝CH が成り立つことを証明しなさい。

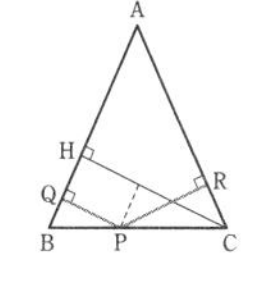

3 右の図のように，正方形 ABCD の辺 BC 上に点Eをとり，2 点 A，E を通る直線と辺 DC の延長との交点をFとする。AE と BD の交点をGとするとき，∠BCG＝∠CFG であることを証明しなさい。

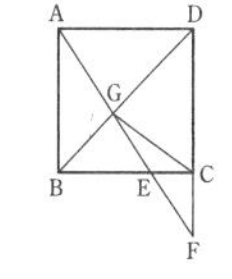

4 右の図は，AB＞AD である ▱ABCD を，対角線 AC を折り目として折り返したものである。頂点Dが移った点をEとし，AB と EC の交点をFとするとき，△AEF≡△CBF であることを証明しなさい。

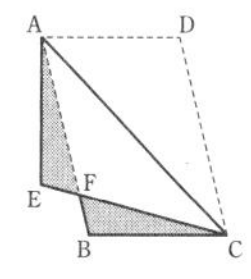

第 4 章　三角形と四角形　131

□問題 3

○正方形と図形の性質の証明。

○∠BCG を角にもつ三角形と ∠CFG を角にもつ三角形を探しても，合同であるものは見つからない。

→　∠BCG，∠CFG と等しい角を探す

○AB∥DF であるから　∠CFG＝∠BAG

そこで，△ABG と △CBG が合同にならないかと考える。

□問題 4

○平行四辺形の折り返しと三角形の合同。

○折り返した図形の性質と平行四辺形の性質を利用する。

○折り返した辺や角は等しい。

→　AE＝AD，∠AEF＝∠ADC

平行四辺形の対辺や対角は等しい。

→　AD＝CB，∠ADC＝∠CBF

演習問題B

テキストの解説

□問題5

○二等辺三角形，正三角形の性質と角の大きさ，線分の長さ。

○(2)　(1)の結果を利用することを考える。
△ABCは AB=AC の二等辺三角形
→　∠ABC=∠ACB
(1)の結果から　∠ABE=∠ACD
→　∠FBC=∠FCB

○頂角が60°である二等辺三角形の底角は
$(180°-60°)÷2=60°$
よって，正三角形である。

○(3)　(2)の結果を利用することを考える。
△ABFと△ACFに着目する。

□問題6

○三角形の周の長さを求める。
わかっているもの → △ABCの3辺の長さ
△ADEの周を，この3辺に結びつける。

○次の条件の利用を考える。
BFは∠Bの二等分線，DE∥BC
→　∠DBF=∠DFB
→　△DBFは二等辺三角形
→　AD+DF=AD+DB
CFは∠Cの二等分線，DE∥BC
→　∠ECF=∠EFC
→　△EFCは二等辺三角形
→　AE+EF=AE+EC

□問題7

○平行線と面積の関係。四角形の面積を2等分する。

○△ABCにおいて，辺BCの中点をMとすると，直線AMは△ABCの面積を2等分する。

○四角形ABCDを三角形に等積変形することを考える。

演習問題B

5　右の図のように，∠A=30°，AB=AC，BC=2cmの二等辺三角形ABCがある。2辺AB，AC上にAD=AEとなるように2点D，Eをとり，BEとCDの交点をFとする。∠BFC=60°であるとき，次の問いに答えなさい。
(1)　△ABE≡△ACDであることを証明しなさい。
(2)　∠ABEの大きさを求めなさい。
(3)　線分AFの長さを求めなさい。

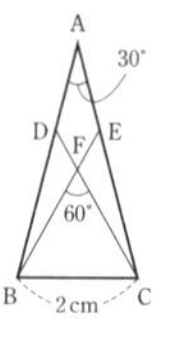

6　右の図のような△ABCにおいて，∠Bの二等分線と∠Cの二等分線の交点をFとする。Fを通り，辺BCに平行な直線と辺AB，ACとの交点を，それぞれD，Eとするとき，△ADEの周の長さを求めなさい。

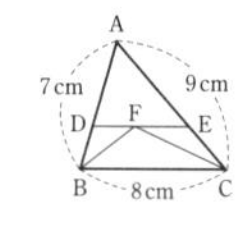

7　右の図の四角形ABCDにおいて，頂点Aと直線BC上の点Eを通る直線で，この四角形の面積を2等分したい。
点Eは，BC上のどのような位置にとればよいか説明しなさい。

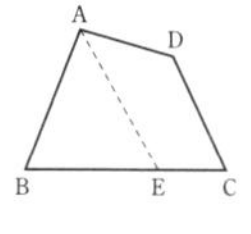

132　第4章　三角形と四角形

実力を試す問題　解答は本書158ページ

1　△ABCと△DEFにおいて，
AB=DE，BC=EF，∠ACB=∠DFE
のとき，△ABC≡△DEFであることを証明しなさい。ただし，∠ACB，∠DFEは鈍角とする。

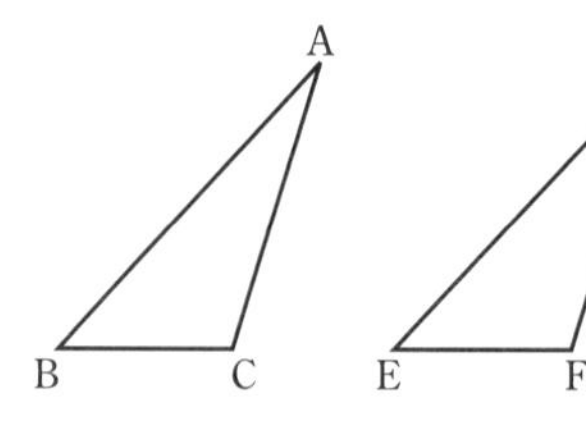

2　右の図で四角形ABCDは，∠ABC=70°のひし形である。
対角線BD上にあり，∠DAE=15°となる点をEとし，線分AEをEの方向に延ばした直線と辺CDとの交点をFとする。∠CEFの大きさを求めなさい。

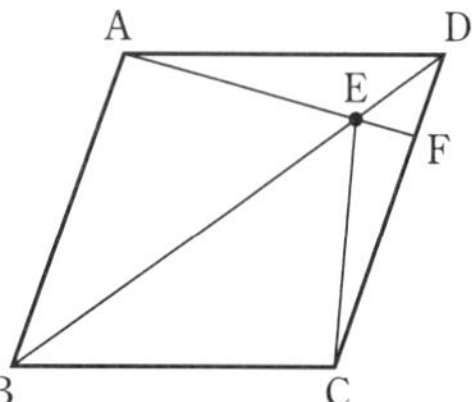

テキスト 133 ページ

学習のめあて

平面をしきつめることができる合同な図形について考えること。

学習のポイント

平面のしきつめ

1つの頂点の周りにすきまができない
→　1つの頂点の周りの角の和は 360°

テキストの解説

□合同な図形によるしきつめ

○平面を，合同な図形によって，すきまなくしきつめることを考える。

○まず，特徴のある基本的な図形を考えると，たとえば，正方形や長方形によって，明らかに平面はしきつめられる。

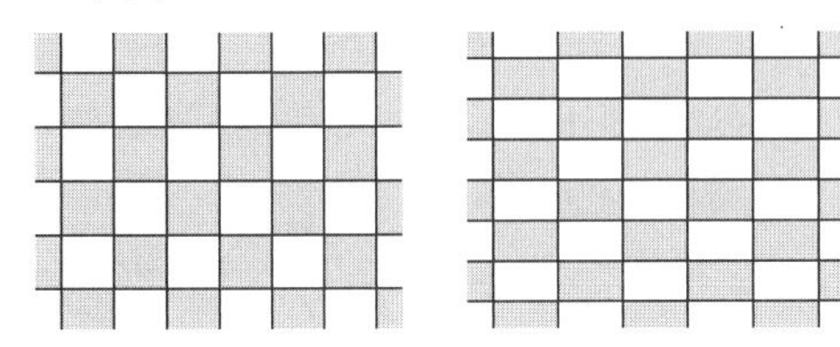

○ひし形や平行四辺形によっても，平面はしきつめられる。また，合同な 2 つの台形で平行四辺形ができるから，台形によっても，平面はしきつめられる。

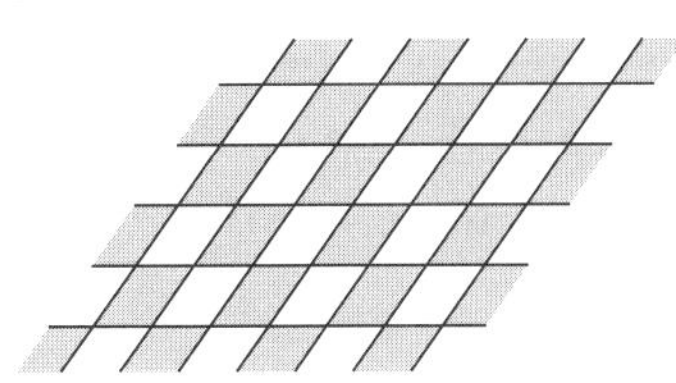

○平行四辺形は合同な 2 つの三角形に分けることができる。

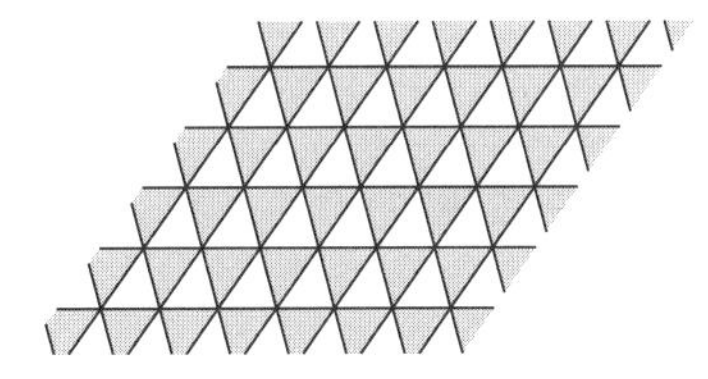

したがって，どんな三角形によっても，平面はしきつめられる。

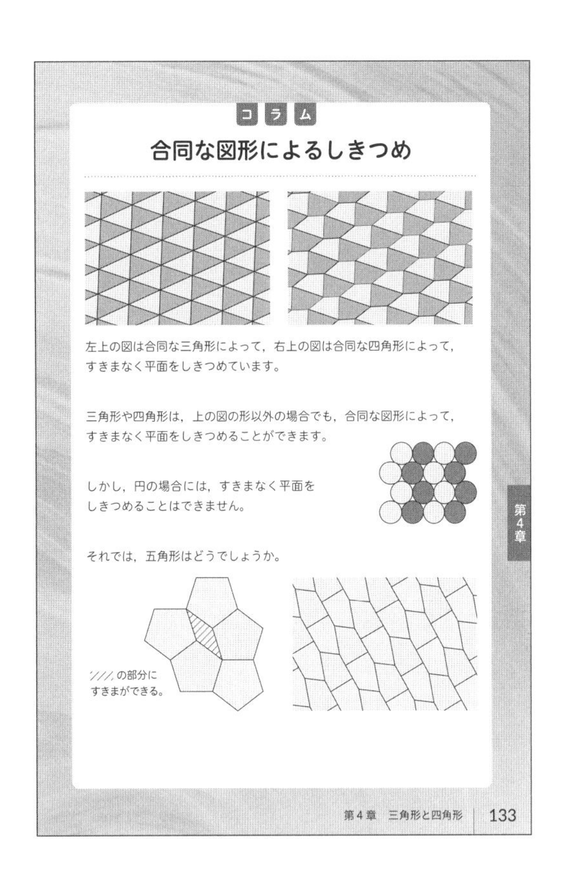
コラム

合同な図形によるしきつめ

左上の図は合同な三角形によって，右上の図は合同な四角形によって，すきまなく平面をしきつめています。

三角形や四角形は，上の図の形以外の場合でも，合同な図形によって，すきまなく平面をしきつめることができます。

しかし，円の場合には，すきまなく平面をしきつめることはできません。

それでは，五角形はどうでしょうか。

第4章

第4章　三角形と四角形　133

□合同な四角形によるしきつめ

○多角形によって，平面がすきまなくしきつめられるとき，1つの頂点の周りにはすきまができない。すなわち，1つの頂点の周りに集まる角の和は 360° である。

○四角形の内角の和は 360° であるから，どんな四角形も，1つの頂点の周りにすきまなく並べることができる。

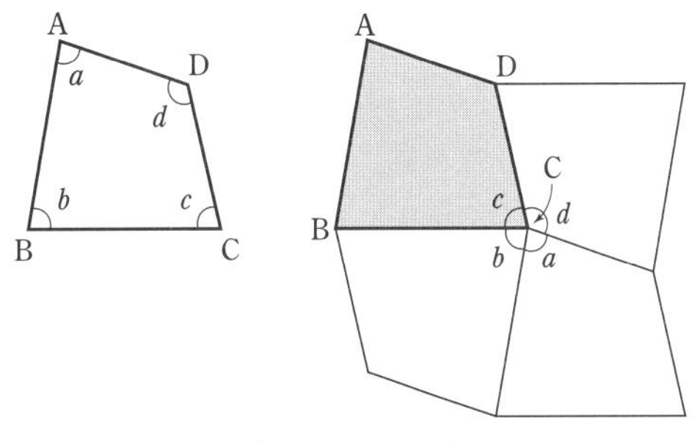

頂点Cの周りに頂点
A，B，D を集める。

○したがって，どんな四角形によっても，平面はしきつめられる。

テキスト 134 ページ

学習のめあて

合同であるいろいろな図形によって，平面をしきつめることを考えること。

学習のポイント

平面のしきつめ

1つの頂点の周りにすきまができない

→　1つの頂点の周りの角の和は 360°

テキストの解説

□多角形によるしきつめ

○合同な正多角形によって，すきまなく平面をしきつめることができるとき，正多角形の1つの内角の大きさは 360 の約数でなければならない。

○このような正多角形は，

　　正三角形　→　内角は 60°

　　正四角形　→　内角は 90°

　　正六角形　→　内角は 120°

の3種類だけである。合同な正五角形や，正七角形，正八角形，…… で，平面をすきまなくしきつめることはできない。

○本書前ページで述べたように，どんな三角形，四角形によっても，平面をしきつめることができる。

○五角形の場合，平面をしきつめることができるものもあれば，平面をしきつめることができないものもある。

○たとえば，五角形 ABCDE において，

$\angle A=90^\circ$，$\angle B=90^\circ$ であるとする。

五角形の内角の和は　　$180^\circ\times(5-2)=540^\circ$

であるから

$$\angle C+\angle D+\angle E=540^\circ-(90^\circ+90^\circ)$$
$$=360^\circ$$

よって，頂点 C, D, E を集めると，その周りにすきまができることはなく，この五角形によって，平面はしきつめられる。

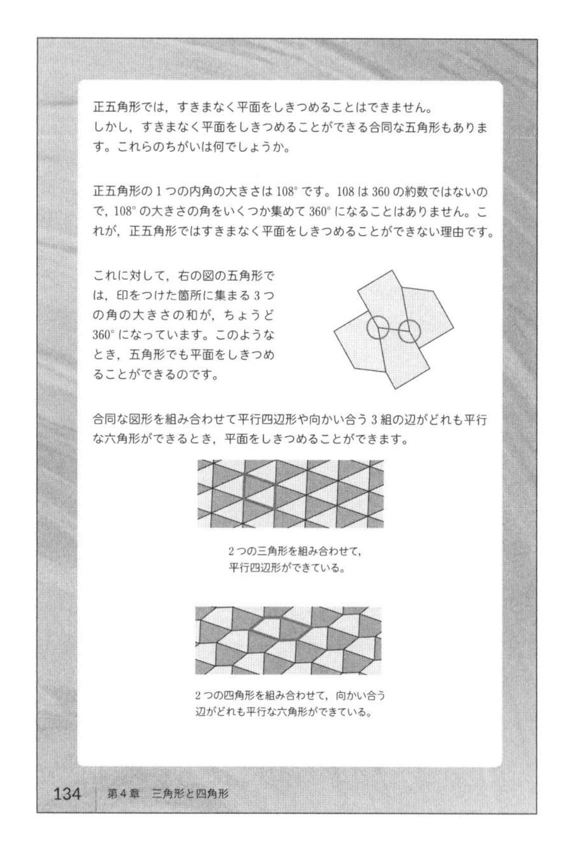

正五角形では，すきまなく平面をしきつめることはできません。
しかし，すきまなく平面をしきつめることができる合同な五角形もあります。これらのちがいは何でしょうか。

正五角形の1つの内角の大きさは 108° です。108 は 360 の約数ではないので，108° の大きさの角をいくつか集めて 360° になることはありません。これが，正五角形ではすきまなく平面をしきつめることができない理由です。

これに対して，右の図の五角形では，印をつけた箇所に集まる3つの角の大きさの和が，ちょうど 360° になっています。このようなとき，五角形でも平面をしきつめることができるのです。

合同な図形を組み合わせて平行四辺形や向かい合う3組の辺がどれも平行な六角形ができるとき，平面をしきつめることができます。

2つの三角形を組み合わせて，
平行四辺形ができている。

2つの四角形を組み合わせて，向かい合う
辺がどれも平行な六角形ができている。

134　第4章　三角形と四角形

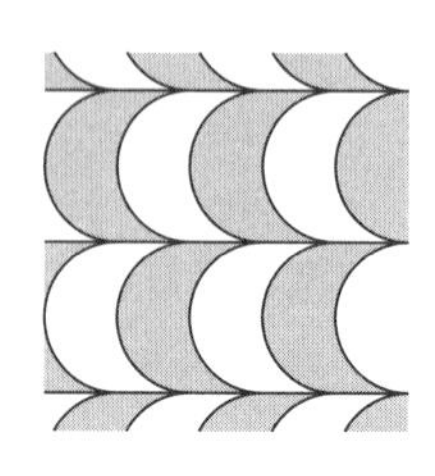

○一般の多角形についても，同じことがいえる。また，曲線を含む図形の中にも，平面をしきつめることができるものがある。

実力を試す問題　　解答は本書 158 ページ

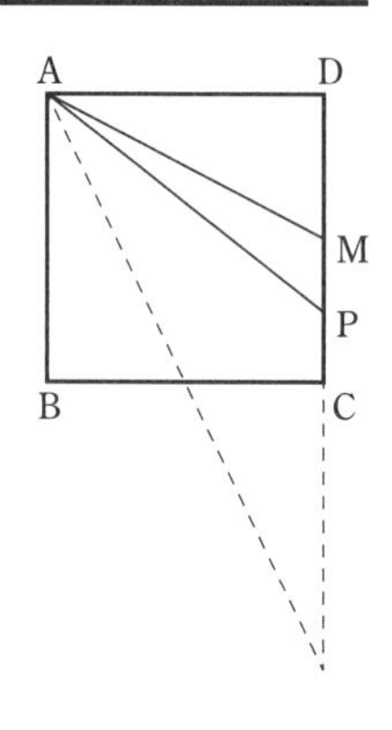

1　正方形 ABCD において，辺 CD の中点を M とする。また，辺 CD 上に，BC＋CP＝AP となる点 P をとる。
このとき，
$\angle BAP=2\angle DAM$ が成り立つことを証明しなさい。

ヒント　**1**　辺 CD の C を越える延長上に，CE=CD となる点 E をとって考える。

テキスト135ページ

総合問題

テキストの解説

□問題1

○作図方法の間違いを指摘し，正しい手順を示す問題。

○作図とは，定規とコンパスだけを用いて図形をかくことである。

○また，作図において，定規は直線を引くために用い，コンパスは円をかいたり，線分の長さを移すために用いる。

○したがって，作図において，三角定規の角を用いて垂直な直線を引いたり，定規の目もりで長さを測ったりしてはいけない。

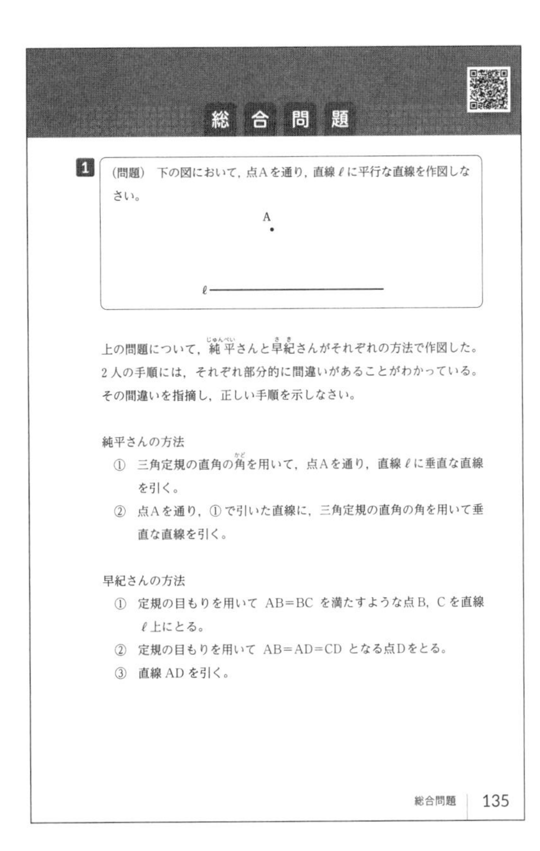

総合問題

1 （問題）　下の図において，点Aを通り，直線 ℓ に平行な直線を作図しなさい。

上の問題について，純平（じゅんぺい）さんと早紀（さき）さんがそれぞれの方法で作図した。
2人の手順には，それぞれ部分的に間違いがあることがわかっている。
その間違いを指摘し，正しい手順を示しなさい。

純平さんの方法

① 三角定規の直角の角（かど）を用いて，点Aを通り，直線 ℓ に垂直な直線を引く。

② 点Aを通り，①で引いた直線に，三角定規の直角の角を用いて垂直な直線を引く。

早紀さんの方法

① 定規の目もりを用いて AB=BC を満たすような点B，Cを直線 ℓ 上にとる。

② 定規の目もりを用いて AB=AD=CD となる点Dをとる。

③ 直線ADを引く。

総合問題　135

テキストの解答

問題1　純平さんの方法：**三角定規の直角の角を用いて垂直な直線を引いているのが誤り。**

正しい手順は次のようになる。

① 点Aを中心とする円をかき，直線 ℓ との交点をそれぞれB，Cとする。

② 2点B，Cをそれぞれ中心として，等しい半径の円をかく。

③ その交点の1つをDとし，直線ADを引く。

④ 点Aを中心とする円をかき，直線ADとの交点をそれぞれE，Fとする。

⑤ 2点E，Fをそれぞれ中心として，等しい半径の円をかく。

⑥ その交点の1つをGとし，直線AGを引く。

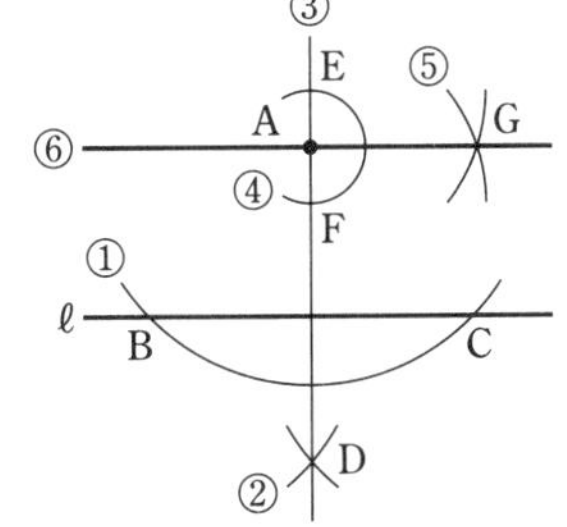

このとき，⑥で作図した直線は，点Aを通り直線 ℓ に平行である。

早紀さんの方法：**長さを定規の目もりで測っているのが誤り。**

正しい手順は次のようになる。

① 直線 ℓ 上に点Bをとる。Bを中心として半径ABの円をかき，ℓ との交点をCとする。

② A，Cを中心として，それぞれ半径ABの円をかき，2円の交点のうちBでない方をDとする。

③ 直線ADを引く。

このとき，四角形ABCDは，4つの辺の長さがすべて等しいから，ひし形である。

ひし形の向かい合う辺は平行である。

よって，直線ADと直線 ℓ は平行である。

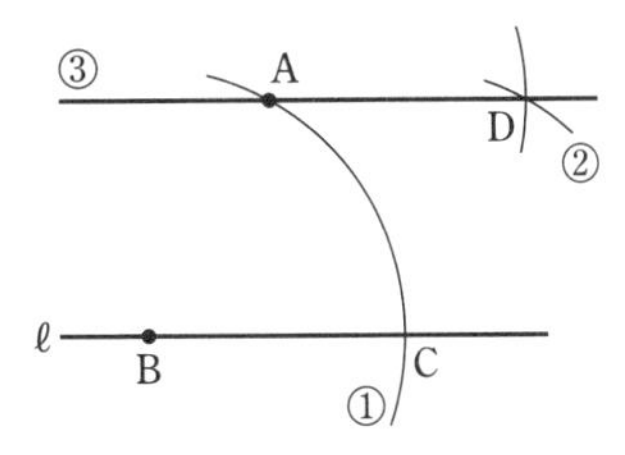

総合問題

テキストの解説

□問題2

○地震を観測したA～Hの各地点を示した図と，A～Hの各地点で地震が観測された時刻の表から，震源地と地震発生時刻を推定する問題。

○地震が観測された地点と時刻に注目すると，地点Dと地点Hがともに9時17分41秒，地点Aと地点Eがともに9時17分45秒であることがわかる。

○また，地震発生からの時間と到着距離は比例するから，地震が観測された時刻が等しい地点は，震源との距離が等しい。

○したがって，震源地は線分DHと線分AEの垂直二等分線上にあるから，作図を利用して震源地を推定できる。また，震源地と地震が観測された時刻の異なる2つの地点の長さと到達時間を調べれば，地震発生時刻を推定できる。

テキストの解答

問題2　表から，地点A，Eは観測時刻が等しく，地震発生からの時間と到達距離は比例するため，地点Oとの距離も等しい。

よって，地点Oは線分AEの垂直二等分線上にあると考えられる。

地点D，Hの観測時刻も等しいから，同様に線分DHの垂直二等分線を引く。

2本の垂直二等分線の交点が，震源地と考えられるから，震源地は次の図の点Oであると推定される。

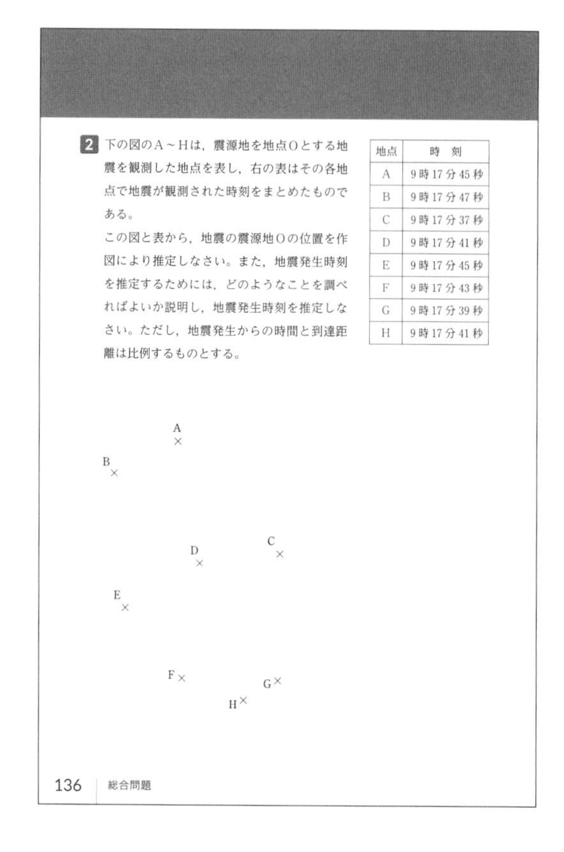

2 下の図のA～Hは，震源地を地点Oとする地震を観測した地点を表し，右の表はその各地点で地震が観測された時刻をまとめたものである。

この図と表から，地震の震源地Oの位置を作図により推定しなさい。また，地震発生時刻を推定するためには，どのようなことを調べればよいか説明し，地震発生時刻を推定しなさい。ただし，地震発生からの時間と到達距離は比例するものとする。

地点	時刻
A	9時17分45秒
B	9時17分47秒
C	9時17分37秒
D	9時17分41秒
E	9時17分45秒
F	9時17分43秒
G	9時17分39秒
H	9時17分41秒

136　総合問題

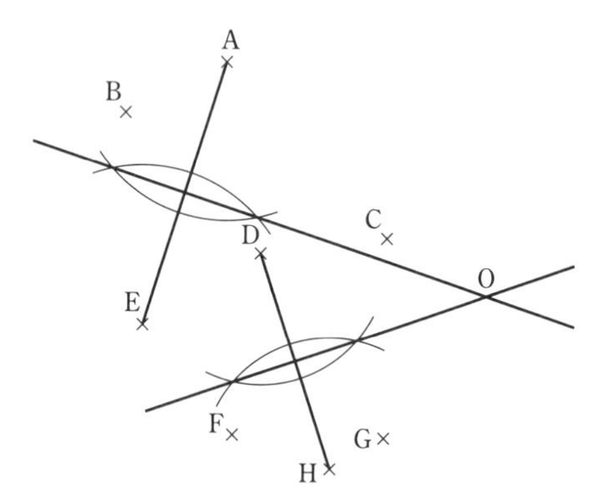

また，地震発生時刻を推定するためには，震源地Oからの距離，たとえば，線分OC，OGの長さを調べればよい。

実際，線分OC，OGを定規で測ると，長さの比はおよそ2：3であるため，到達時間の比も2：3となるはずである。

到達時間の差は2秒のため，地震発生から到達までの時間はそれぞれ4秒，6秒となる。

したがって，地震発生時刻は地点Cで地震が観測される4秒前の，**9時17分33秒**と推定される。

総合問題

テキストの解説

□問題 3

○仕切りに囲まれた立体について，直接その立体を見ることのできない人が，直接見ることのできる人から，どのような形をしている立体であるかを聞いて，立体名を当てるゲームの問題。

○(1)　ア～オで示された立体から，当てはまるものを選ぶ問題。

ア　三角柱　　　　　イ　直方体

ウ　正四面体　　　　エ　円柱

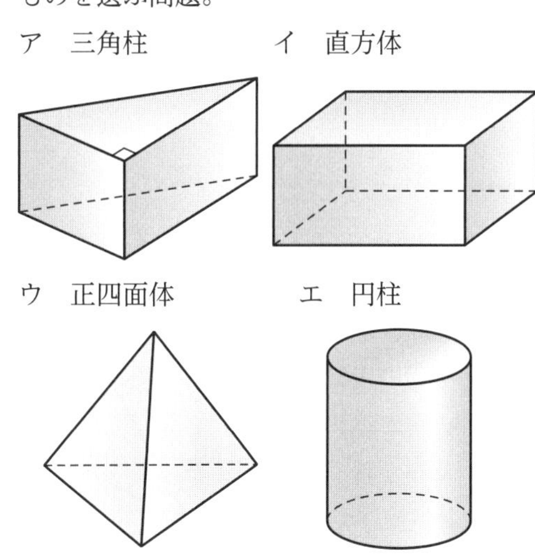

オ　円錐

これらの立体に光を当ててできる影について考える。正四面体や円錐は，影が長方形にはならないから，まゆみさんのヒントに当てはまらない。

○(2)　(1)と同じように考えると，たかしさんの答えにあてはまるためには，影に円が現れなくてはならない。

3 仕切りに囲まれたある立体がどのような形をしているかを，直接立体を見ることのできない人に伝えるゲームをしています。下の会話文を読み，問いに答えなさい。

まゆみさん：この立体に正面から光を当てると影は長方形になります。
　　　　　　真上から光を当てても影は長方形になります。
たかしさん：ヒントはこれだけ？
まゆみさん：ええ，そうよ。
たかしさん：これでは候補がたくさんあるよ。
まゆみさん：たとえば，どんなものがあるの？
たかしさん：［①］があるよ。

(1)　［①］に当てはまるものを下のア～オからすべて選び，記号で答えなさい。
　ア：三角柱　　イ：直方体　　ウ：正四面体
　エ：円柱　　オ：円錐

まゆみさん：確かにそうね。では，その中のどれであるかわかるように
　　　　　　［②］もヒントに追加します。
たかしさん：ありがとう。それなら答えは円柱だね。

(2)　［②］に当てはまるヒントを答えなさい。

総合問題　137

テキストの解答

問題 3　(1)　影の形の図は，右のようになる。
よって，この立体は角柱または円柱であると考えられる。
したがって　**ア，イ，エ**

(2)　例：**真横から光を当てると影は円**
真横から光を当ててできる影の形を加えると，図は次のようになる。

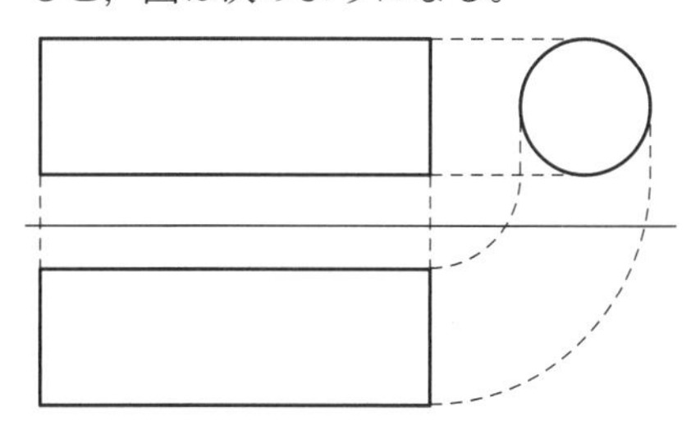

総合問題

4 次の会話文を読み，問いに答えなさい。

先生：折り紙を折ると，いろいろな図形をつくることができます。正方形の折り紙を使って正三角形をつくってみましょう。

しゅんさん：次の図のように折ると，△ABP は 3 辺が等しいので正三角形になります。

AがBに重なるように折る　→　もとにもどす　→　CとDが，それぞれMN上にあるように折る

先生：そうですね。ほかにはありませんか。

ゆうさん：次の図のように折ると，△SBC は正三角形になると思います。

AがBに重なるように折る　→　もとにもどす　→　AがMN上にあるように折る　→

138　総合問題

テキストの解説

□問題 4

○正方形の折り紙を使って正三角形をつくる問題。

○テキスト 138 ページの図の △ABP が正三角形であることは，次のようにして示すことができる。

(証明)

四角形 ABCD は正方形で，折り返した辺は等しいから

AP＝AD　…… ①

BP＝BC　…… ②

四角形 ABCD は正方形であるから

AB＝AD＝BC　…… ③

①，②，③ から

AB＝AP＝BP

よって，△ABP は 3 辺が等しいから正三角形である。

○次ページの問題 4 (1)

折り紙は正方形であるから，4 つの角はすべて 90° である。このことも利用できる。

テキストの解答

(問題 4 (1) は次ページの問題)

問題 4　(1)　四角形 ABCD は正方形で，折り返した辺や角は等しいから

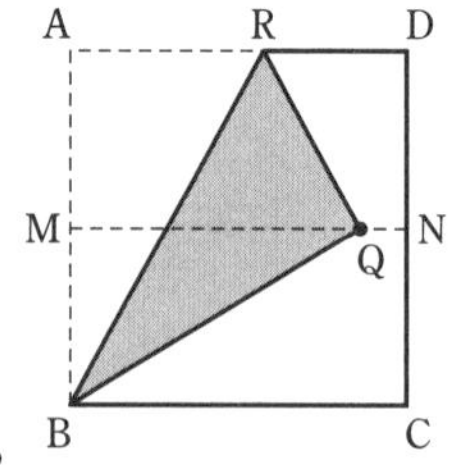

AB＝QB　… ①

∠ABR＝∠QBR

△AMQ と △BMQ において

MQ＝MQ　…… ②

AM＝BM　…… ③

∠AMQ＝∠BMQ＝90°　…… ④

②，③，④ より，2 組の辺とその間の角がそれぞれ等しいから

△AMQ≡△BMQ

よって　AQ＝BQ　…… ⑤

①，⑤ から

AB＝AQ＝BQ

ゆえに，△ABQ は 3 辺が等しいから正三角形である。

このとき，∠ABQ＝60° であるから

∠ABR＝∠QBR＝30°

よって　∠RBC＝90°−∠ABR＝60°

ゆえに　∠SBC＝60°

同様に　∠SCB＝60°

三角形の内角の和は 180° であるから

∠BSC＝180°−∠SBC−∠SCB

＝180°−60°−60°＝60°

したがって，△SBC は正三角形である。

テキスト 139 ページ

総合問題

テキストの解説

□問題 4

(問題 4 (1) の解説は前ページ)

○(1) から，△SBC は正三角形。また，
　∠QBC＝∠QBS
　図 1 は，このことを利用する。

○(1) から　∠SBQ＝30°　また，正方形の折り紙を折り返した辺や角は等しい。図 2 は，このことを利用する。

テキストの解答

(問題 4 (1) の解答は前ページ)

問題 4　(2)　(手順)

図 1：頂点 C が S に重なるように折ると，BQ に折り目ができる。

図 2：頂点 C が Q に重なるように折ると，BT が折り目となり，頂点 A が S に重なるように折ると，BU が折り目となる。

このとき，△BTU は正三角形となる。

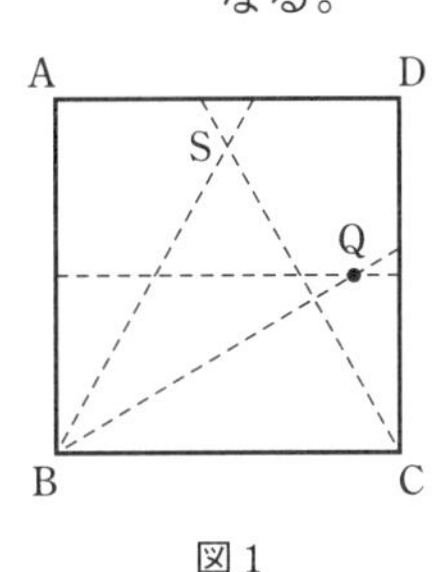

図 1

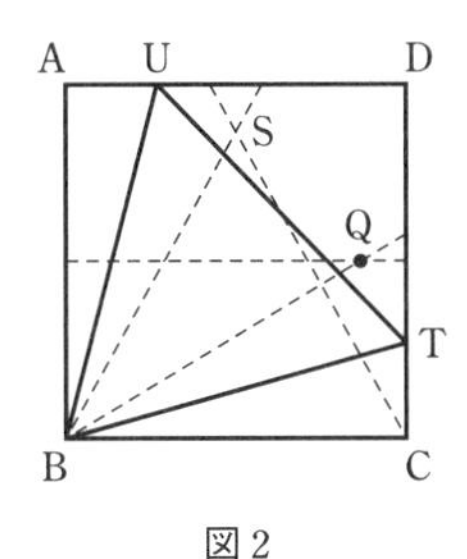

図 2

(証明)　(1) から

　∠ABS＝∠SBQ＝∠QBC＝30°

BU, BT はそれぞれ ∠ABS, ∠CBQ の二等分線であるから

$$\angle \mathrm{UBS}=\frac{1}{2}\angle \mathrm{ABS}=15^\circ$$

$$\angle \mathrm{TBQ}=\frac{1}{2}\angle \mathrm{QBC}=15^\circ$$

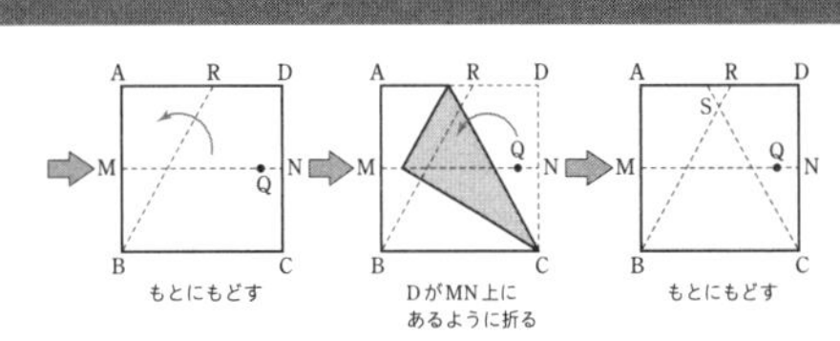

先生：では，この三角形が本当に正三角形になっているかどうか，確かめてみましょう。
　たとえば，正三角形の性質「3 つの角は等しく，すべて 60° である」ことを使って示すのもよさそうですね。……(ア)

先生：さて，今度はゆうさんの最後の図をヒントにして，もっと大きな正三角形をつくれないか考えてみましょう。

さちさん：次の図のようにしてはどうでしょうか。……(イ)

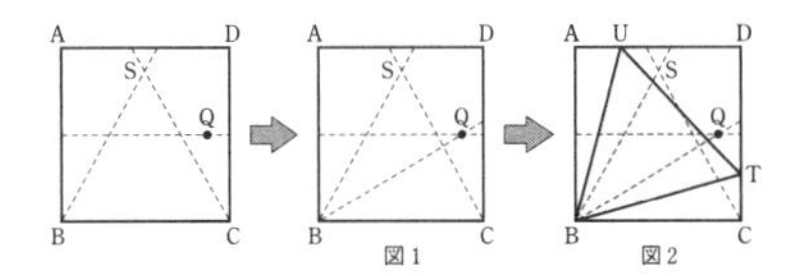

図 1　図 2

(1) (ア) について，∠SBC＝60° を示し，△SBC が正三角形になることを証明しなさい。

(2) (イ) について，図 1，図 2 の手順を説明し，△BTU が △SBC より大きな正三角形であることを証明しなさい。

総合問題　139

よって

　∠TBU＝∠UBS＋∠SBQ＋∠TBQ
　　　＝15°＋30°＋15°＝60°

△UAB と △TCB において

　AB＝CB　　　　　　　　……①
　∠UBA＝∠TBC＝15°　　……②
　∠UAB＝∠TCB＝90°　　……③

①，②，③ より，1 組の辺とその両端の角がそれぞれ等しいから

　△UAB≡△TCB

よって，△BTU は BU＝BT の二等辺三角形である。

頂角 (∠TBU) は 60° であるから，底角も 60° となる。

したがって，△BTU は正三角形である。

また，C，T はどちらも辺 CD 上にある。

よって，C を，B から直線 CD に引いた垂線の足と考えると　BT>BC

したがって，△BTU は，△SBC より大きな正三角形である。

テキスト 140 ページ

総合問題

テキストの解説

□問題 5

○長方形，ひし形，正方形の定義と平行四辺形になるための条件を選ぶ問題。これらの定義や条件，性質は重要なので，以下にまとめる。

○**平行四辺形になるための条件**（[1] は定義）

[1]　2 組の対辺がそれぞれ平行である。

[2]　2 組の対辺がそれぞれ等しい。

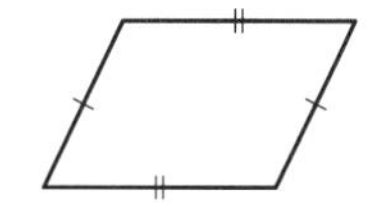

[3]　2 組の対角がそれぞれ等しい。

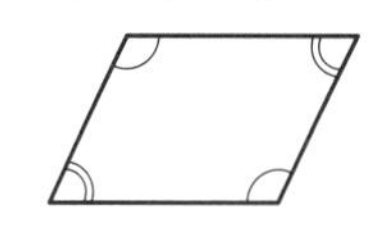

[4]　対角線がそれぞれの中点で交わる。

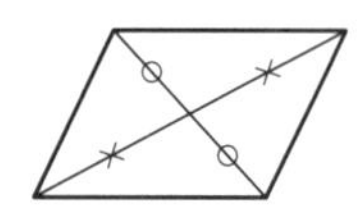

[5]　1 組の対辺が平行でその長さが等しい。

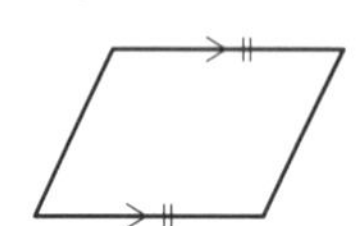

○**長方形**　（定義）　4 つの角が等しい四角形

（性質）　[1]　長方形は平行四辺形である。

[2]　長方形の対角線の長さは等しい。

[1]

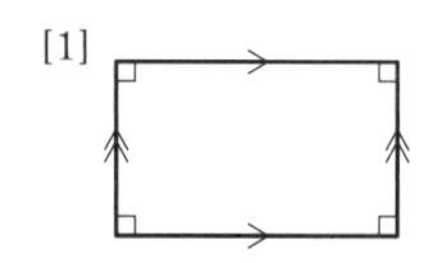

[2]

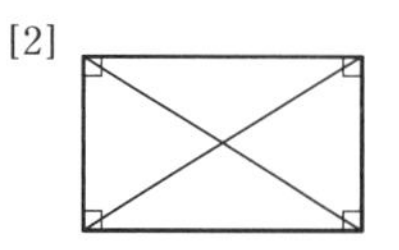

○**ひし形**　（定義）　4 つの辺が等しい四角形

（性質）　[1]　ひし形は平行四辺形である。

[2]　ひし形の対角線は垂直に交わる。

[1]

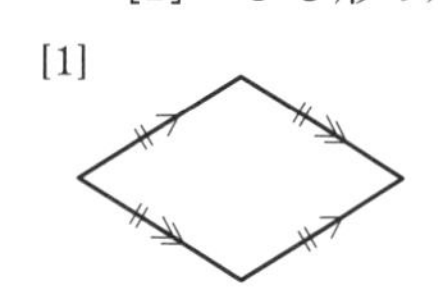

[2]

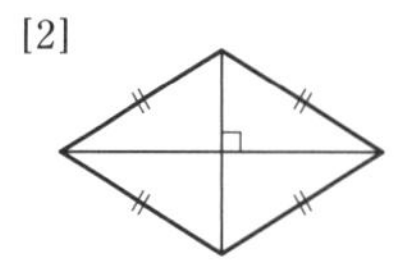

○**正方形**　（定義）　4 つの角が等しく，4 つの辺が等しい四角形

（性質）　[1]　正方形は長方形であり，ひし形である。

[1]

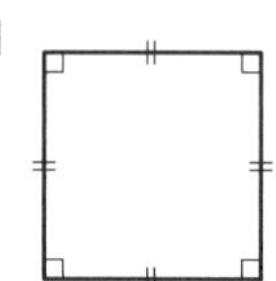

5 次の先生と生徒の会話について，空らん (1) ~ (5) にあてはまる語句を，下の ① ~ ⑧ から 1 つずつ選び，記号で答えなさい。

先生：黒板にかいてある，あの四角形は何ですか？
生徒：辺の長さはかいてありませんが，角度はかいてあります。
それが「(1)」という定義にあてはまるので，長方形です。
先生：そうですね。では，同じ四角形について「あれは平行四辺形ですか？」という問いには何と答えますか？
生徒：長方形ですよね…。「違います」と答えるのではないですか？
先生：そう思いますよね。でも，数学的には「そうです」と答えます。
生徒：え？　どうしてですか？
先生：「平行四辺形になるための条件」を学習しましたね。
長方形の定義から直接，平行四辺形になるための条件「(2)」が成り立つことがわかりますよ。
生徒：なるほど！　だから「そうです」という答えになるのですね。
そうすると，ひし形の定義は「(3)」であり，この定義から直接，平行四辺形になるための条件「(4)」が成り立つことがわかるので，ひし形も平行四辺形になる，ということですか？
先生：その通り！　ちなみに正方形の定義は「(5)」なので，正方形に対し「これは長方形ですか？」と聞かれたら「そうです」と答えます。

① 4 つの角が等しい四角形　② 4 つの辺が等しい四角形
③ 4 つの角が等しく，4 つの辺が等しい四角形
④ 2 組の対辺がそれぞれ平行である　⑤ 2 組の対辺がそれぞれ等しい
⑥ 2 組の対角がそれぞれ等しい　⑦対角線がそれぞれの中点で交わる
⑧ 1 組の対辺が平行でその長さが等しい

140　総合問題

[2]　正方形の対角線は長さが等しく垂直に交わる。

[2]

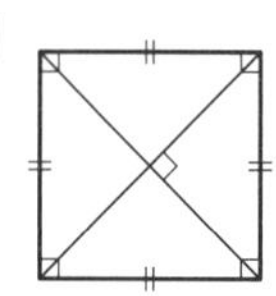

テキストの解答

問題 5　(1)　長方形の定義は「4 つの角が等しい四角形」であるから　①

(2)　黒板の，4 つの角が等しいという情報から直接わかるのは，2 組の対角がそれぞれ等しいということであるから　⑥

(3)　ひし形の定義は「4 つの辺が等しい四角形」であるから　②

(4)　4 つの辺が等しいという情報から直接わかるのは，2 組の対辺がそれぞれ等しいということであるから　⑤

(5)　正方形の定義は「4 つの角が等しく，4 つの辺が等しい四角形」であるから　③

確認問題，演習問題の解答

第1章　平面図形

確認問題 (テキスト 33 ページ)

問題1　(1)　$\angle a$ は $\angle$**BAC**（または $\angle$CAB）
$\angle b$ は $\angle$**ACD**（または $\angle$DCA）

(2)　**AD⊥CD，AD∥BC**

(3)　辺DCの長さに等しいから　**4 cm**

問題2　(1)　**△COF**

(2)　時計の針の回転と同じ向きに 90°，180°，270° 回転移動すると，それぞれ
△ODH，△OCG，△OBF
に重なる。

問題3　[1]，[2] より，P は，線分 AB の垂直二等分線と，C からこの垂直二等分線に引いた垂線との交点である。

① A，B をそれぞれ中心として等しい半径の円をかき，その交点を通る直線 ℓ を引く。

② C を中心として円をかき，ℓ との交点を D，E とする。D，E をそれぞれ中心として等しい半径の円をかき，その交点とCを通る直線 m を引く。

③ ℓ と m の交点をPとする。

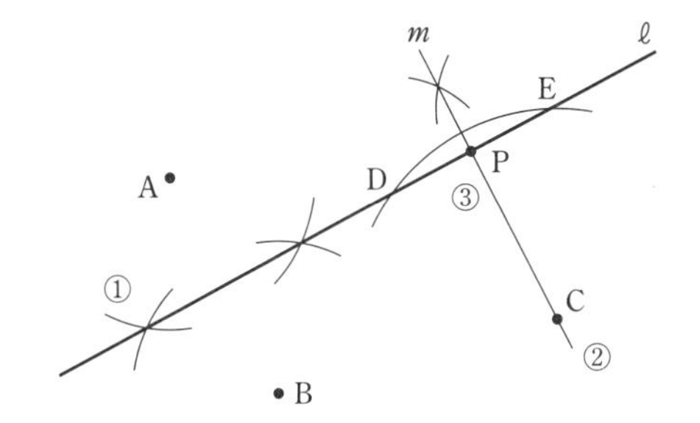

問題4　弧の長さ

$$2\pi\times5\times\frac{288}{360}=\mathbf{8\pi\ (cm)}$$

面積

$$\pi\times5^2\times\frac{288}{360}=\mathbf{20\pi\ (cm^2)}$$

演習問題 A (テキスト 34 ページ)

問題1　(1)　円の接線は，接点を通る半径に垂直であるから　**AP⊥OP**

(2)　点P，Qは円Oの接点であるから
$$\angle\mathrm{OPA}=\angle\mathrm{OQA}=90^\circ$$
四角形の4つの角の大きさの和は 360° であるから，四角形 APOQ において
$$\angle x=360^\circ-(90^\circ+90^\circ+40^\circ)$$
$$=\mathbf{140^\circ}$$

問題2　求める円の中心をOとする。
Oは，P を通り ℓ に垂直な直線と，線分 PQ の垂直二等分線との交点である。
したがって，次の図のようになる。

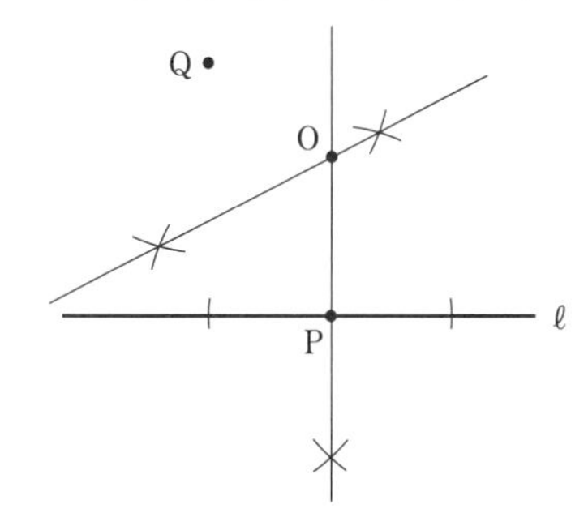

問題3　(1)　$\frac{1}{2}\times6\pi\times5=\mathbf{15\pi\ (cm^2)}$

(2)　半径 5 cm の円の周の長さは
$$2\pi\times5=10\pi\ (\mathrm{cm})$$
よって，求める中心角の大きさは
$$360^\circ\times\frac{6\pi}{10\pi}=\mathbf{216^\circ}$$

問題4　糸が辺 AB に巻きつくまでに動いてできる部分は，半径 9 cm，中心角 120° の扇形である。
よって，その面積は
$$\pi\times9^2\times\frac{120}{360}=27\pi\ (\mathrm{cm^2})$$
同じように，糸が辺 BC，CA に巻きつくまでに動いてできる部分は，それぞれ半径 6 cm，中心角 120°，半径 3 cm，中心角 120°

の扇形になるから，求める面積は

$$27\pi+\pi\times6^2\times\frac{120}{360}+\pi\times3^2\times\frac{120}{360}$$

$$=\mathbf{42\pi\,(cm^2)}$$

演習問題 B（テキスト 35 ページ）

問題 5　①　60° の角を作図するため，OC を 1 辺とする正三角形 OCP の頂点 P を作図する。

②　直線 CP と辺 OY との交点を A とし，C を中心とする半径 CA の円をかく。
この円と，辺 OX との交点のうち，O に近い方を B とする。

③　A と B，B と C，C と A をそれぞれ結ぶ。

［考察］　このとき，CA＝CB，∠BCA＝60° であるから，△ABC は正三角形である。

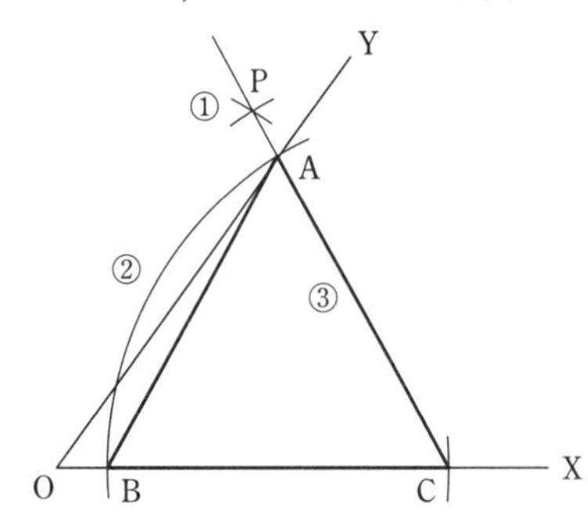

問題 6　①　∠ABC の二等分線と ∠ACB の二等分線を作図して，その交点を I とする。

②　I から辺 BC に垂線を引き，辺 BC との交点を H とする。

③　点 I を中心として，線分 IH を半径とする円をかく。

［考察］　このとき，この円は 3 辺 AB，BC，CA に接する。

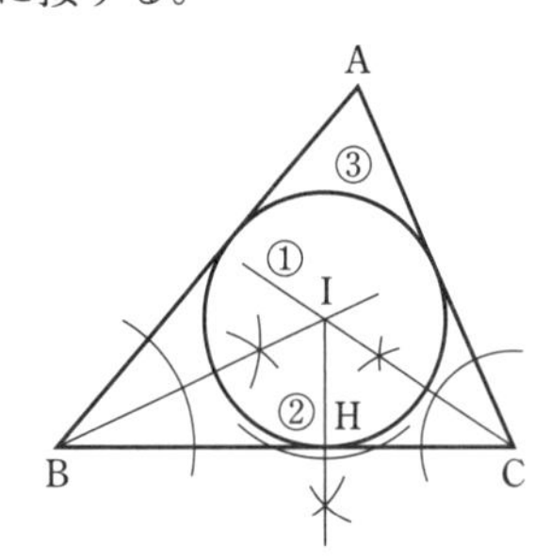

問題 7　△OAM と △OMD は底辺と高さが等しいから面積も等しい。
△OAM と △OMD の面積の和は正三角形 OCD と等しく，正六角形の面積の $\frac{1}{6}$ となる。

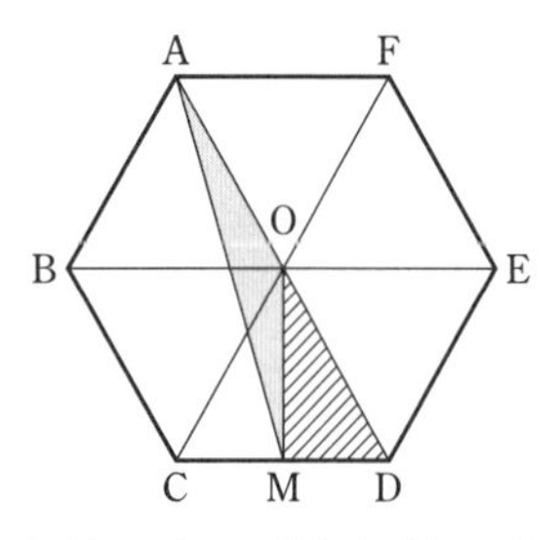

五角形 AMDEF の面積は，正六角形の半分と △AMD の面積の和であるから

$$\frac{1}{2}+\frac{1}{6}=\frac{4}{6}=\frac{2}{3}$$

四角形 ABCM の面積は，正六角形の半分から △AMD をひいた面積であるから

$$\frac{1}{2}-\frac{1}{6}=\frac{2}{6}=\frac{1}{3}$$

よって，五角形 AMDEF の面積は，四角形 ABCM の面積の **2 倍** である。

問題 8　扇形 PQR は，次の図のように動く。

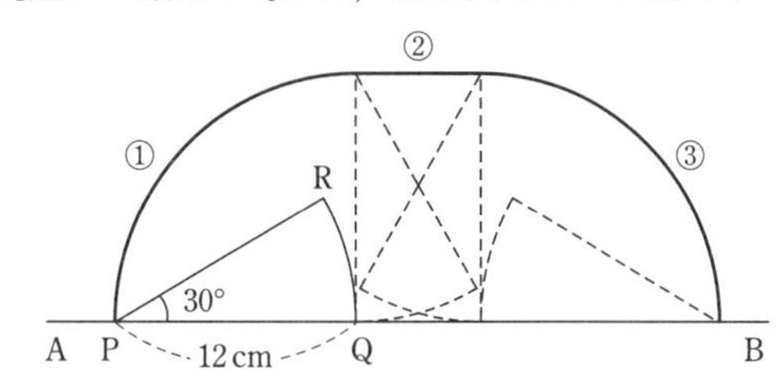

(1)　① と ③ の部分は，半径 12 cm，中心角 90° の扇形の弧で，その長さはそれぞれ

$$2\pi\times12\times\frac{90}{360}=6\pi\,(\mathrm{cm})$$

また，扇形の弧が直線 AB に接しながら動くとき，P と直線 AB の距離は一定であるから，② の部分は AB に平行な線分である。
その長さは，扇形の弧 $\overset{\frown}{\mathrm{QR}}$ の長さに等しいから

$$2\pi\times12\times\frac{30}{360}=2\pi\,(\mathrm{cm})$$

したがって，求める長さは

$$6\pi\times2+2\pi=\mathbf{14\pi\,(cm)}$$

(2)　① と ③ の部分は，半径 12 cm，中心角

90° の扇形で，その面積はそれぞれ

$$\pi \times 12^2 \times \frac{90}{360} = 36\pi \ (\mathrm{cm}^2)$$

また，② の部分は長方形で，その面積は

$$2\pi \times 12 = 24\pi \ (\mathrm{cm}^2)$$

したがって，求める面積は

$$36\pi \times 2 + 24\pi = \mathbf{96\pi \ (cm^2)}$$

第２章　空間図形

確認問題（テキスト 66 ページ）

問題１　(1)　求める直線は，直線 AE と同じ平面上にあって，かつ交わらない。

よって，求める直線は

直線 BF，CG，DH

(2)　直線 AD とねじれの位置にある直線は，直線 AD と同じ平面上にない直線であるから

直線 BF，CG，EF，HG

(3)　BC⊥AB，BC⊥BF

BC⊥CD，BC⊥CG

よって，直線 BC と垂直な平面は

平面 AEFB，DHGC

問題２　投影図で表される立体の見取図は，右のようになる。

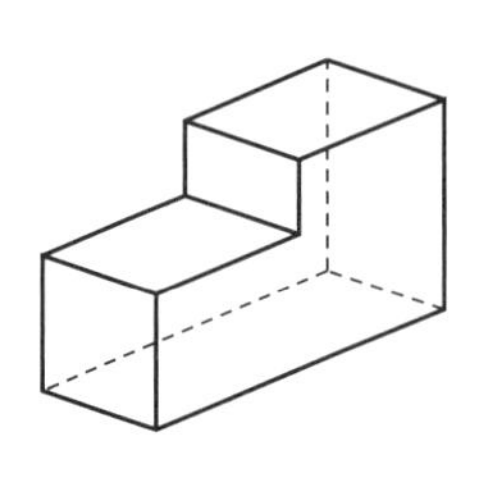

よって，面の数は

8

問題３　(1)　底面積は

$4\times5=20$

側面積は

$(4\times2+5\times2)\times6=108$

したがって，表面積は

$20\times2+108=\mathbf{148}\ (\mathbf{cm}^2)$

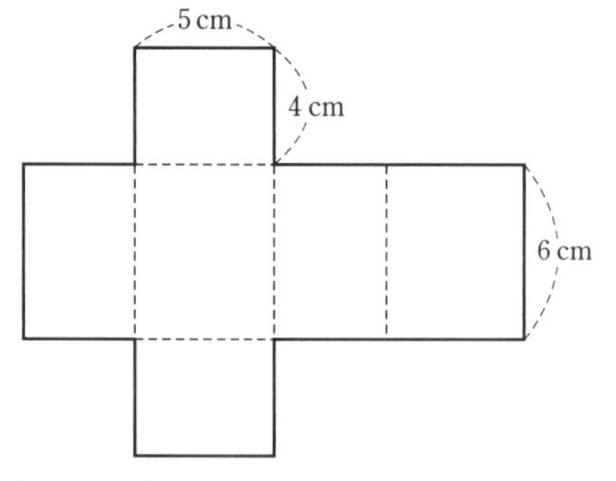

(2)　底面積は　$\pi\times7^2=49\pi$

側面の扇形の弧の長さは

$2\pi\times7=14\pi$

よって，側面積は

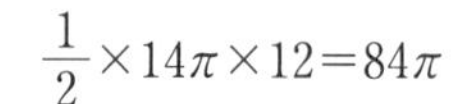

$\frac{1}{2}\times14\pi\times12=84\pi$

したがって，表面積は

$49\pi+84\pi=\mathbf{133\pi}\ (\mathbf{cm}^2)$

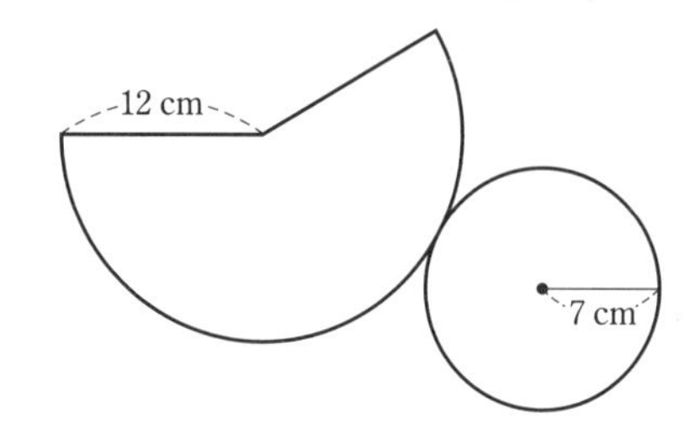

問題４　できる立体を，底面が △AEN，高さが MA の三角錐として考えると，その体積は　$\frac{1}{3}\times\left(\frac{1}{2}\times8\times3\right)\times5=\mathbf{20}\ (\mathbf{cm}^3)$

問題５　球の半径は 3 cm であるから

表面積　$4\pi\times3^2=\mathbf{36\pi}\ (\mathbf{cm}^2)$

体積　$\frac{4}{3}\pi\times3^3=\mathbf{36\pi}\ (\mathbf{cm}^3)$

演習問題 A（テキスト 67 ページ）

問題１　①　下の左の図において，$\ell /\!/ P$，$\ell /\!/ Q$ であるが，P と Q は交わっている。

よって，正しくない。

②　正しい

③　下の右の図において，P は ℓ とも m とも交わらないが，$\ell /\!/ m$ である。

よって，正しくない。

したがって，正しい記述は　②

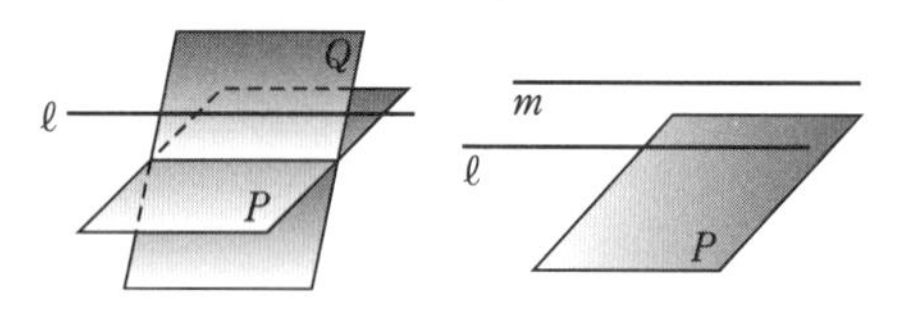

問題２　(1)　見取図は右の図のようになる。

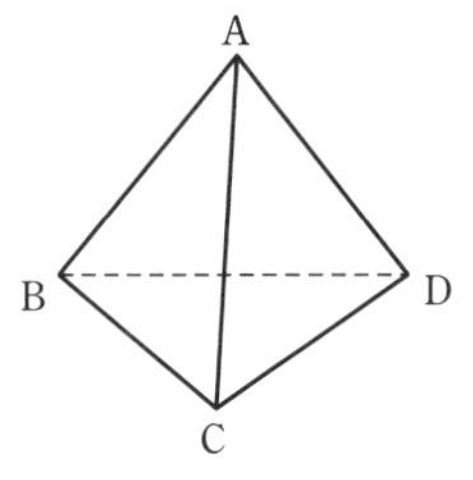

(2)　**正四面体**

(3)　**辺 AB**

問題 3　展開図を組み立てると，AM と BM，AN と DN がそれぞれ重なり，右の見取図のような三角錐ができる。

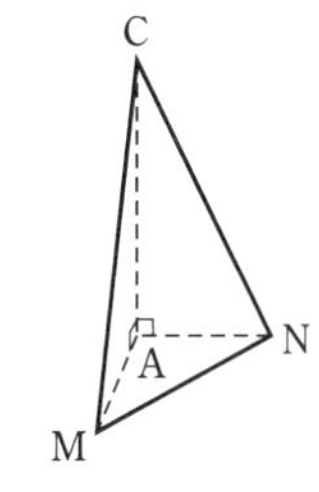

このとき，展開図において，

CB⊥BM，CD⊥DN であるから，この三角錐の体積は，△AMN を底面，CA を高さとして求めることができる。

AM＝AN＝3 cm で，三角錐の高さは 6 cm であるから，求める体積は

$$\frac{1}{3}\times\left(\frac{1}{2}\times3\times3\right)\times6=\mathbf{9}\ (\mathbf{cm^3})$$

問題 4　右の図のように，各点を定め，D から ℓ に引いた垂線の足を H とする。

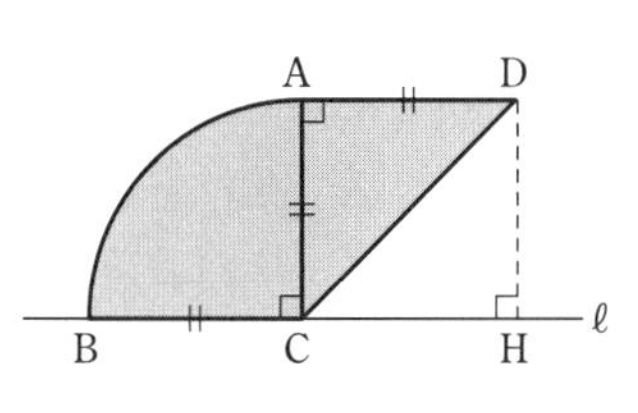

このとき，扇形の部分を回転してできる立体の体積は，半径 6 cm の球の体積の半分で

$$\frac{4}{3}\pi\times6^3\times\frac{1}{2}=144\pi$$

また，△ACD を回転してできる立体は，正方形 ACHD を回転してできる円柱から △CHD を回転してできる円錐を除いたものであるから，その体積は

$$\pi\times6^2\times6-\frac{1}{3}\times\pi\times6^2\times6=144\pi$$

よって，求める体積は

$$144\pi+144\pi=\mathbf{288\pi}\ (\mathbf{cm^3})$$

演習問題 B（テキスト 68 ページ）

問題 5　正五角形 12 個と正六角形 20 個の辺の数の合計は

$$5\times12+6\times20=180$$

多面体の各辺は，すべて 2 つの多角形の辺を共有しているから，この多面体の辺の数は

$$180\div2=\mathbf{90}$$

問題 6　円錐の底面の周は，平面 Q 上で O を中心とする半径 8 cm の円の周上を動く。

この円の周の長さは

$$2\pi\times8=16\pi$$

また，円錐の底面の円周の長さは

$$2\pi\times2=4\pi$$

よって　　$16\pi\div4\pi=4$

したがって，円錐は **4 回転**すると，初めてもとの位置に戻る。

問題 7　点 R を通り，底面に平行な平面と，辺 AD，BE との交点を，それぞれ S，T とする。

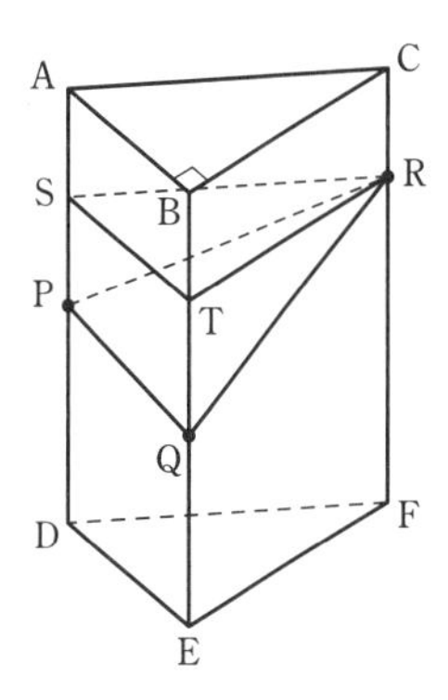

このとき，三角柱 STRDEF の体積は

$$\frac{1}{2}\times4\times6\times(12-3)$$

$$=108$$

また，立体 RSPQT は台形 SPQT を底面，RT を高さとする四角錐である。

よって，四角錐 RSPQT の体積は

$$\frac{1}{3}\times\left\{\frac{1}{2}\times(3+4)\times4\right\}\times6=28$$

したがって，求める立体の体積は

$$108-28=\mathbf{80}\ (\mathbf{cm^3})$$

問題 8　半径 3 cm の球の体積は

$$\frac{4}{3}\pi\times3^3=36\pi$$

円柱形の容器の底面積は

$$\pi\times6^2=36\pi$$

水面の位置が上がった部分の体積は，球の体積に等しい。ここで

$$36\pi\div36\pi=1$$

よって，水面の位置は **1 cm** 上がる。

第3章　図形の性質と合同

確認問題 (テキスト 93 ページ)

問題1　(1)　下の図において，同位角は等しいから

$\angle a=40^\circ$

よって　　$\angle \boldsymbol{x}=180^\circ-(40^\circ+60^\circ)$

$=\mathbf{80^\circ}$

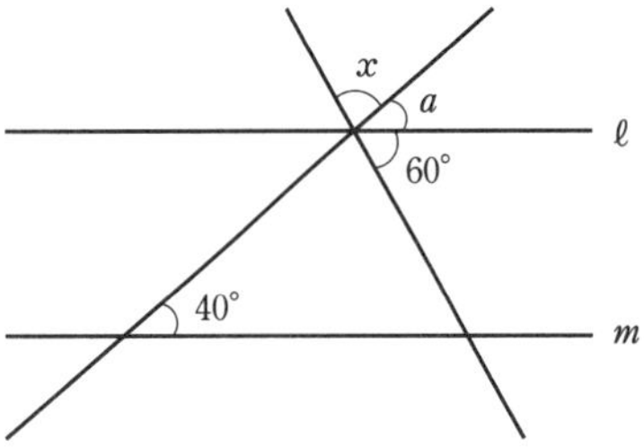

(2)　$\angle x$ の頂点を通り ℓ に平行な直線 n を引く。

下の図において，平行線の錯角は等しいから

$\angle a=22^\circ$

また，$\angle b=180^\circ-46^\circ=134^\circ$ で，平行線の錯角は等しいから

$\angle c=\angle b=134^\circ$

よって　　$\angle \boldsymbol{x}=22^\circ+134^\circ=\mathbf{156^\circ}$

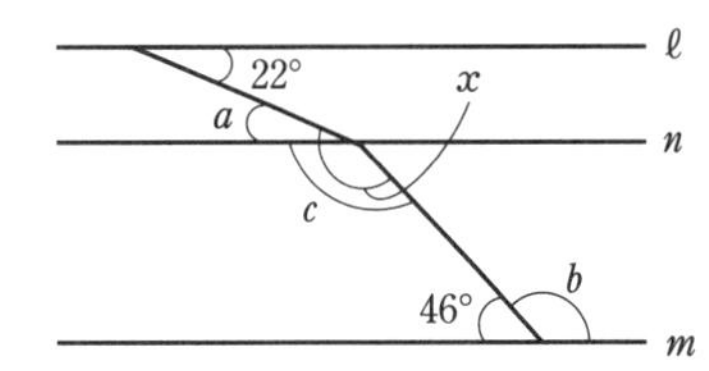

問題2　(1)　△AEC において，内角と外角の性質から　$\angle \mathrm{AED}=30^\circ+40^\circ=70^\circ$

よって，△DBE において，内角と外角の性質から

$\angle \boldsymbol{x}=70^\circ-50^\circ=\mathbf{20^\circ}$

(2)　△ABD において，内角と外角の性質から　　$\angle \mathrm{BDC}=70^\circ+20^\circ=90^\circ$

よって，△DFC において，内角と外角の性質から

$\angle \boldsymbol{x}=30^\circ+90^\circ=\mathbf{120^\circ}$

問題3　(1)　九角形の内角の和は

$180^\circ\times(9-2)=1260^\circ$

正九角形の内角の大きさはすべて等しいから，1つの内角の大きさは

$1260^\circ\div 9=\mathbf{140^\circ}$

(2)　正 n 角形の外角の和は 360° で，n 個の外角の大きさはすべて等しい。

よって，1つの外角の大きさが 30° であるとき　　$30^\circ\times n=360^\circ$

$n=12$

したがって　**正十二角形**

問題4　［仮定］　AM＝BM，MD∥BC，ME∥AC

［結論］　△AMD≡△MBE

［証明］　△AMD と △MBE において

仮定から　　AM＝MB　　……①

MD∥BC より，同位角は等しいから

∠AMD＝∠MBE　……②

ME∥AC より，同位角は等しいから

∠DAM＝∠EMB　……③

①，②，③ より，1組の辺とその両端の角がそれぞれ等しいから

△AMD≡△MBE

演習問題 A (テキスト 94 ページ)

問題1　(1)　次の図のように ℓ に平行な直線 n を引く。

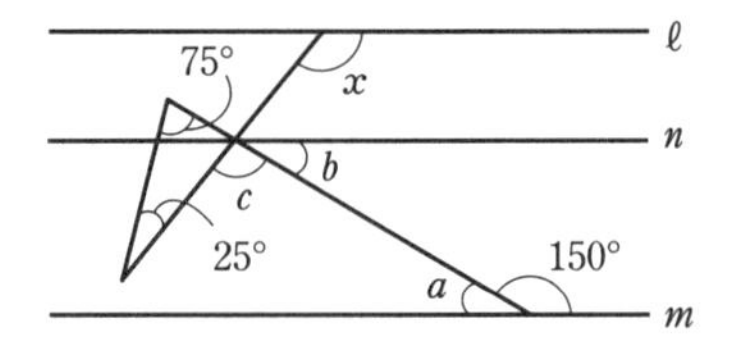

図において

$\angle a=180^\circ-150^\circ=30^\circ$

平行線の錯角は等しいから

$\angle b=\angle a=30^\circ$

内角と外角の性質から

$\angle c=75^\circ+25^\circ=100^\circ$

平行線の同位角は等しいから

$\angle \boldsymbol{x} = \angle b + \angle c$

$= 30^\circ + 100^\circ = \mathbf{130^\circ}$

(2) 次の図のように各頂点を定める。

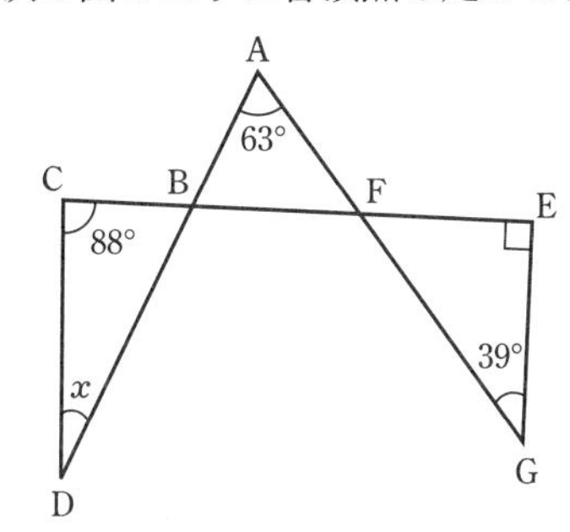

△EFG において，内角と外角の性質から

$\angle \mathrm{EFA} = 90^\circ + 39^\circ = 129^\circ$

△ABF において，内角と外角の性質から

$\angle \mathrm{ABF} = 129^\circ - 63^\circ = 66^\circ$

対頂角は等しいから

$\angle \mathrm{CBD} = 66^\circ$

よって，△BCD において

$\angle \boldsymbol{x} = 180^\circ - (88^\circ + 66^\circ) = \mathbf{26^\circ}$

問題 2 1つの外角の大きさを a° とすると，

内角の大きさは　$4a^\circ$

1つの外角と内角の和は 180° であるから

$5a = 180$

$a = 36$

正 n 角形の外角の大きさはすべて等しく，その和は 360° であるから

$36^\circ \times n = 360^\circ$

$n = 10$

よって，この正多角形は　**正十角形**

問題 3 正五角形 ABCDE の内角の和は

$180^\circ \times (5-2) = 540^\circ$

よって，正五角形の 1 つの内角の大きさは

$540^\circ \div 5 = 108^\circ$

Eを通り ℓ に平行な直線を引き，3 点 F，G，H を次の図のように定める。

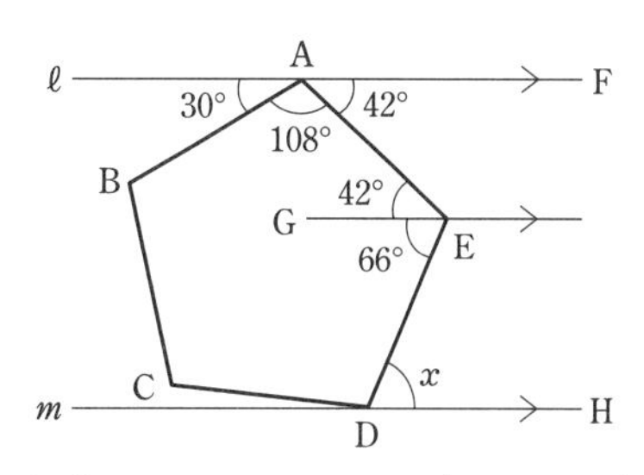

このとき　$\angle \mathrm{EAF} = 180^\circ - (30^\circ + 108^\circ) = 42^\circ$

よって，平行線の錯角は等しいから

$\angle \mathrm{AEG} = 42^\circ$

$\angle \mathrm{GED} = 108^\circ - 42^\circ = 66^\circ$

したがって，平行線の錯角は等しいから

$\angle \boldsymbol{x} = \mathbf{66^\circ}$

問題 4　[仮定]　AD＝CE, AB∥FC, BF∥GD

[結論]　△AGD≡△CFE

[証明]　△AGD と △CFE において

仮定から　　AD＝CE　　……①

AB∥FC より，錯角は等しいから

$\angle \mathrm{DAG} = \angle \mathrm{ECF}$　……②

また，対頂角は等しいから

$\angle \mathrm{CEF} = \angle \mathrm{AEB}$

BE∥GD より，同位角は等しいから

$\angle \mathrm{ADG} = \angle \mathrm{AEB}$

よって　　$\angle \mathrm{ADG} = \angle \mathrm{CEF}$　……③

①，②，③ より，1 組の辺とその両端の角がそれぞれ等しいから

△AGD≡△CFE

演習問題 B（テキスト 95 ページ）

問題 5 (1) 次の図のように各頂点を定め，A と D を結ぶ。

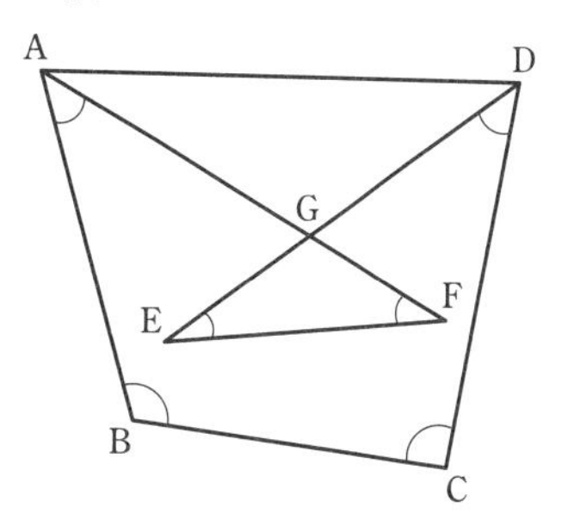

このとき，△GEF と △AGD において

$\angle GEF + \angle GFE = \angle EGA$

$= \angle GAD + \angle GDA$

したがって，印をつけた角の和は，四角形 ABCD の内角の和に等しいから，その大きさは　**360°**

(2) 次の図のように各頂点を定め，C と G，D と F をそれぞれ結ぶ。

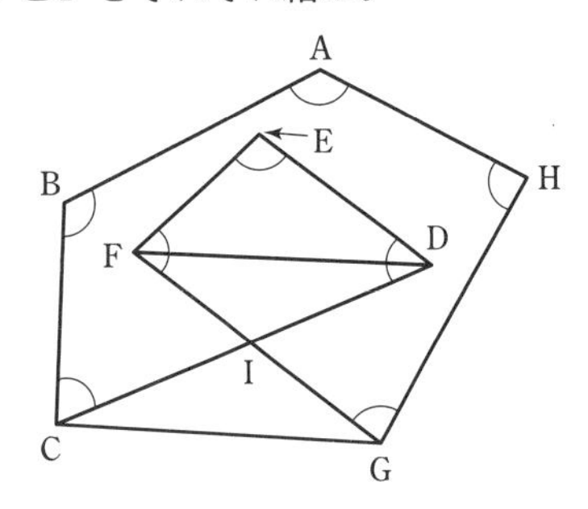

このとき，△FID と △CGI において

$\angle DFI + \angle FDI = \angle FIC$

$= \angle ICG + \angle IGC$

したがって，印をつけた角の和は，五角形 ABCGH の内角の和と △EFD の内角の和を合わせたものに等しいから，その大きさは

$540° + 180° =$ **720°**

問題 6 (1) 次の図のように，線分 AB で折る前のテープのふち上の点を F，G とする。

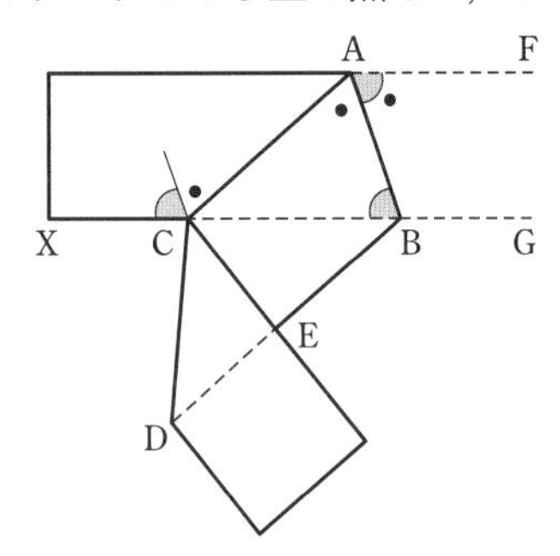

このとき，平行線の錯角は等しいから

$\angle FAB = \angle ABC = 70°$

また，折り返した角は等しいから

$\angle CAB = \angle FAB = 70°$

よって，△ACB において，内角と外角の性質から

$\angle$**ACX** $= 70° + 70° =$ **140°**

(2) 次の図のように，AC の延長上の点を H とし，$\angle ECD = z°$ とすると，折り返した角は等しいから

$\angle HCD = z°$

また，平行線の錯角は等しいから

$\angle EDC = z°$

よって，内角と外角の性質から

$\angle BEC = 2z°$

$\angle ABC = x°$ であるから　$\angle BAF = x°$

よって　$\angle BAC = \angle BAF = x°$

△ABC において，内角と外角の性質から

$\angle HCB = 2x°$

一方　$\angle HCB = y° + z°$

よって　$2x° = y° + z°$

$z° = 2x° - y°$

したがって　$\angle$**BEC** $= 2(2x° - y°)$

$= \boldsymbol{4x° - 2y°}$

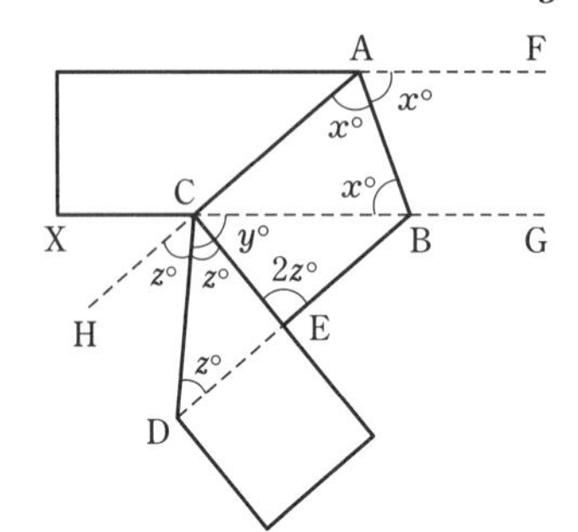

問題 7　[仮定]　$\angle AOB = 90°$，OA⊥QH，OH＝OP

(1) [結論]　$\angle OPA = 90°$

[証明]　△AOP と △QOH において

仮定から　OP＝OH　……①

A，Q は $\overset{\frown}{AB}$ 上の点であるから

OA＝OQ　……②

共通な角であるから

$\angle AOP = \angle QOH$　……③

①，②，③ より，2 組の辺とその間の角がそれぞれ等しいから

△AOP≡△QOH

合同な図形では対応する角の大きさは等しいから

$\angle OPA = \angle OHQ = 90°$

⑵ ［結論］ HR＝PR

［証明］ △AHR と △QPR において

A，Q は $\overset{\frown}{AB}$ 上の点であるから

OA＝OQ

仮定から OH＝OP

よって OA－OH＝OQ－OP

すなわち HA＝PQ ……④

また，⑴より △AOP≡△QOH であるから

∠HAR＝∠PQR ……⑤

また

∠OHQ＝∠OPA＝90°

であるから

∠AHR＝∠QPR ……⑥

④，⑤，⑥より，1 組の辺とその両端の角がそれぞれ等しいから

△AHR≡△QPR

合同な図形では対応する辺の長さは等しいから HR＝PR

⑶ ［結論］ 半直線 OR は ∠AOQ の二等分線

［証明］ △OHR と △OPR において

仮定から OH＝OP ……⑦

⑵より HR＝PR ……⑧

共通な辺であるから

OR＝OR ……⑨

⑦，⑧，⑨より，3 組の辺がそれぞれ等しいから

△OHR≡△OPR

合同な図形では対応する角の大きさは等しいから

∠HOR＝∠POR

したがって，半直線 OR は ∠AOQ の二等分線となる。

第4章　三角形と四角形

確認問題（テキスト 130 ページ）

問題 1　対頂角は等しいから

$\angle OPA'=\angle B'PB=83^\circ$

$\triangle OAB\equiv\triangle OA'B'$ であるから

$\angle A'=\angle A=90^\circ$

よって　$\angle POA'=180^\circ-90^\circ-83^\circ$

$=7^\circ$

また　$\angle BOA=180^\circ-90^\circ-60^\circ$

$=30^\circ$

したがって　$\angle \boldsymbol{x}=30^\circ-7^\circ=\mathbf{23^\circ}$

問題 2　(1)　四角形 ABCD は平行四辺形であるから

$\angle ABC=180^\circ-\angle BAD=80^\circ$

$\angle ABE=\angle EBC$ であるから

$\angle \mathbf{ABE}=80^\circ\div 2=\mathbf{40^\circ}$

(2)　平行四辺形の対角は等しいから

$\angle ADC=\angle ABC=80^\circ$

$\triangle CDE$ において，$EC=DC$ であるから

$\angle \mathbf{CED}=\angle CDE=\mathbf{80^\circ}$

(3)　(1) から　$\angle EBC=40^\circ$

錯角は等しいから

$\angle AEB=\angle EBC=40^\circ$

よって

$\angle \mathbf{BEC}=180^\circ-(\angle AEB+\angle CED)$

$=180^\circ-(40^\circ+80^\circ)$

$=\mathbf{60^\circ}$

問題 3　四角形 ABCD は平行四辺形であるから　$OA=OC$　…… ①

$OB=OD$

仮定から　$BE=DF$

また　$OE=OB-BE$，$OF=OD-DF$

よって　$OE=OF$　…… ②

①，② により，四角形 AECF は，対角線がそれぞれの中点で交わるから平行四辺形である。

問題 4　$AB /\!/ FC$ であるから

$\triangle ACF=\triangle BCF$

$EF /\!/ AC$ であるから

$\triangle ACF=\triangle ACE$

$AE /\!/ BC$ であるから

$\triangle ACE=\triangle ABE$

よって，$\triangle ACF$ と面積の等しい三角形は

$\boldsymbol{\triangle BCF}$，$\boldsymbol{\triangle ACE}$，$\boldsymbol{\triangle ABE}$

演習問題 A（テキスト 131 ページ）

問題 1　$\triangle CDE$ は正三角形であるから

$\angle CDA=60^\circ$

よって，$\triangle ACD$ において

$\angle \boldsymbol{x}=180^\circ-(60^\circ+36^\circ)=\mathbf{84^\circ}$

また，$\angle ECD=60^\circ$ であるから

$\angle ECA=60^\circ-36^\circ=24^\circ$

$AB=AC$ より，$\angle ABC=\angle ACB$ であるから

$\angle ACB=(180^\circ-50^\circ)\div 2=65^\circ$

よって　$\angle \boldsymbol{y}=65^\circ-24^\circ=\mathbf{41^\circ}$

問題 2　P から CH に引いた垂線の足を K とする。

このとき，四角形 PKHQ は長方形であるから

$PQ=KH$

$\triangle PCK$ と $\triangle CPR$ において

$\angle PKC=\angle CRP=90^\circ$　…… ①

$AB /\!/ KP$ より，同位角は等しいから

$\angle KPC=\angle ABC$

$\angle ABC=\angle ACB$ であるから

$\angle KPC=\angle RCP$　…… ②

共通な辺であるから

$PC=CP$　…… ③

①，②，③ より，直角三角形の斜辺と 1 つの鋭角がそれぞれ等しいから

$\triangle PCK\equiv\triangle CPR$

合同な図形では対応する辺の長さは等しいから　　$CK=PR$

よって　$PQ+PR=KH+CK=CH$

問題 3　$\triangle ABG$ と $\triangle CBG$ において

正方形の 4 辺は等しいから

$AB=CB$　……①

線分 BD は正方形の対角線であるから

$\angle ABG=\angle CBG\ (=45^\circ)$　……②

共通な辺であるから

$BG=BG$　……③

①, ②, ③ より，2 組の辺とその間の角がそれぞれ等しいから

$\triangle ABG \equiv \triangle CBG$

合同な図形では対応する角の大きさは等しいから　$\angle BAG=\angle BCG$　……④

$AB /\!/ DF$ より，錯角は等しいから

$\angle BAG=\angle CFG$　……⑤

④, ⑤ より　$\angle BCG=\angle CFG$

問題 4　$\triangle AEF$ と $\triangle CBF$ において

折り返した辺や角は等しいから

$AE=AD$

$\angle AEF=\angle ADC$

平行四辺形の対辺や対角は等しいから

$AD=CB$

$\angle ADC=\angle CBF$

よって　$AE=CB$　……①

$\angle AEF=\angle CBF$　……②

また，対頂角は等しいから

$\angle AFE=\angle CFB$　……③

②, ③ より，三角形の残りの角も等しいから

$\angle EAF=\angle BCF$　……④

①, ②, ④ より，1 組の辺とその両端の角がそれぞれ等しいから

$\triangle AEF \equiv \triangle CBF$

演習問題 B（テキスト 132 ページ）

問題 5　(1)　$\triangle ABE$ と $\triangle ACD$ において

仮定から　$AB=AC,\ AE=AD$

共通な角であるから

$\angle BAE=\angle CAD$

よって，2 組の辺とその間の角がそれぞれ等しいから

$\triangle ABE \equiv \triangle ACD$

(2)　$\angle ABC=\angle ACB$ であるから

$\angle ABC=(180^\circ-30^\circ)\div 2=75^\circ$

$\triangle ABE \equiv \triangle ACD$ より，

$\angle ABE=\angle ACD$ であるから

$\angle FBC=\angle FCB$

よって　$\angle FBC=(180^\circ-60^\circ)\div 2=60^\circ$

したがって

$\boldsymbol{\angle ABE}=75^\circ-60^\circ\boldsymbol{=15^\circ}$

(3)　$\triangle ABF$ と $\triangle ACF$ において

仮定から

$AB=AC$　……①

(2) から

$\angle BFC=\angle FBC$

$=\angle FCB$

$=60^\circ$

よって，$\triangle FBC$ は正三角形であるから

$FB=FC$　……②

共通な辺であるから

$AF=AF$　……③

①, ②, ③ より，3 組の辺がそれぞれ等しいから

$\triangle ABF \equiv \triangle ACF$

ゆえに

$\angle BAF=\angle CAF$

$=30^\circ\div 2=15^\circ$

$\angle ABF=\angle BAF$ であるから，$\triangle ABF$ は $FA=FB$ の二等辺三角形である。

よって　$\boldsymbol{AF}=BF=BC\boldsymbol{=2}$ **(cm)**

問題 6　BF は ∠B の二等分線であるから

$$\angle DBF = \angle FBC$$

DE∥BC より，錯角は等しいから

$$\angle FBC = \angle DFB$$

よって，∠DBF＝∠DFB であるから

$$DB = DF$$

△EFC について同様に考えると

$$EC = EF$$

したがって，△ADE の周の長さは

$$\begin{aligned} AD+DE+EA &= AD+(DF+FE)+EA \\ &= AD+DB+EC+EA \\ &= AB+AC \\ &= 7+9=\mathbf{16\,(cm)} \end{aligned}$$

問題 7　D を通り AC に平行な直線と直線 BC との交点を F とする。

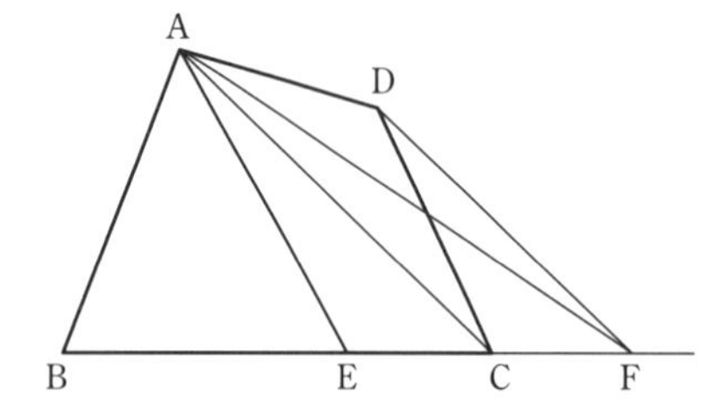

このとき，△ACD＝△ACF であるから，四角形 ABCD の面積は △ABF の面積に等しい。

したがって，上のような点 F に対して，線分 BF の中点の位置に点 E をとると，直線 AE は四角形 ABCD の面積を 2 等分する。

確かめの問題の解答

第1章　平面図形

（本書 10 ページ）

問題1　線分 AB が円の直径になるとき，2点A，B 間の距離は最も大きくなる。
よって　　$5\times2=\mathbf{10}$ **(cm)**

（本書 22 ページ）

問題1　①　点Aを中心とする円をかき，直線 m との交点をそれぞれ B，C とする。
②　2点B，C をそれぞれ中心として，等しい半径の円をかく。その交点の1つと点Aを通る直線を引き，ℓ との交点をOとする。
③　Oを中心とする半径 OA の円をかく。
[考察]　このとき，$OA\perp m$ であるから，この円は直線 m に接する。

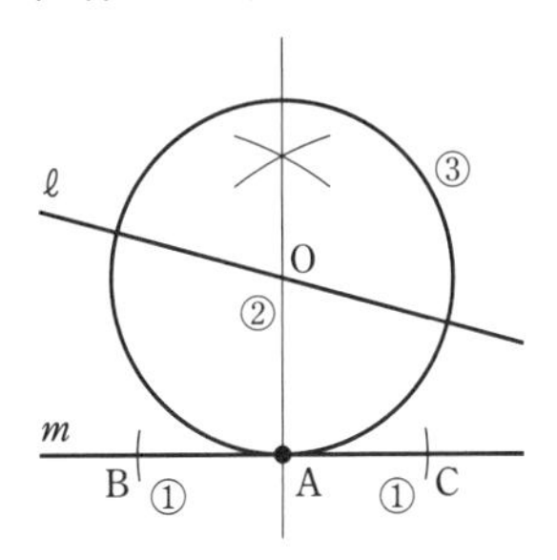

（本書 26 ページ）

問題1 (1)　$15\times11\div2=\mathbf{\dfrac{165}{2}}$ **(cm²)**

(2)　$17\times13=\mathbf{221}$ **(cm²)**

（本書 31 ページ）

問題1　弧の長さ

$$2\pi\times12\times\frac{100}{360}=\boldsymbol{\frac{20}{3}\pi}\ \textbf{(cm)}$$

面積　　$\pi\times12^2\times\dfrac{100}{360}=\boldsymbol{40\pi}$ **(cm²)**

問題2　$2\pi\times4\times\dfrac{120}{360}+4\times2=\boldsymbol{\dfrac{8}{3}\pi+8}$ **(cm)**

問題3　$\dfrac{1}{2}\times2\pi\times5=\boldsymbol{5\pi}$ **(cm²)**

（本書 33 ページ）

問題1　①　アの位置のひし形は，ウの位置のひし形に移る。
②　ウの位置のひし形は，キの位置のひし形に移る。
③　キの位置のひし形は，エの位置のひし形に移る。
したがって　　**エ**

第2章　空間図形

（本書 39 ページ）

問題1

(1)

	①	②	③	④
頂点の数	**8**	**10**	**6**	**4**
面の数	**6**	**7**	**5**	**4**
辺の数	**12**	**15**	**9**	**6**

(2)　(頂点の数)＋(面の数)−(辺の数) を計算すると
①　$8+6-12=\mathbf{2}$
②　$10+7-15=\mathbf{2}$
③　$6+5-9=\mathbf{2}$
④　$4+4-6=\mathbf{2}$

（本書 40 ページ）

問題1　(1)　**三角錐**
(2)　**四角錐**

（本書 47 ページ）

問題1　(1)　**辺 TS**
(2)　**平面 APQFE，QFR，THS，AUTHE**

(本書 55 ページ)

問題 1　最短となるのは，辺 DH，EH，CD，EF，BC，BF 上の点を通る場合で，全部で

6 通り

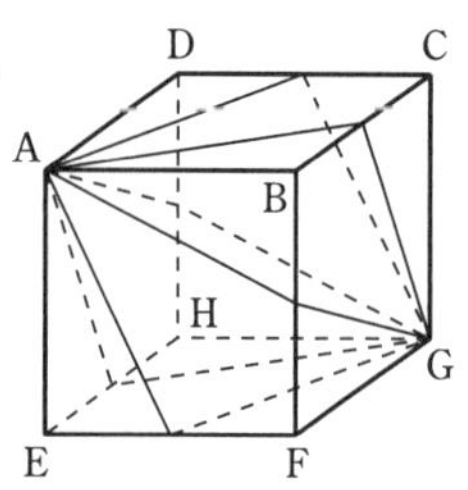

(本書 59 ページ)

問題 1　(1)　4×4×4=**64 (cm³)**

(2)　2×5×6=**60 (cm³)**

(本書 66 ページ)

問題 1　(1)　**ア**　　(2)　**ア**　　(3)　**イ**

問題 2　**5 本**

第 3 章　図形の性質と合同

(本書 71 ページ)

問題 1

(1)

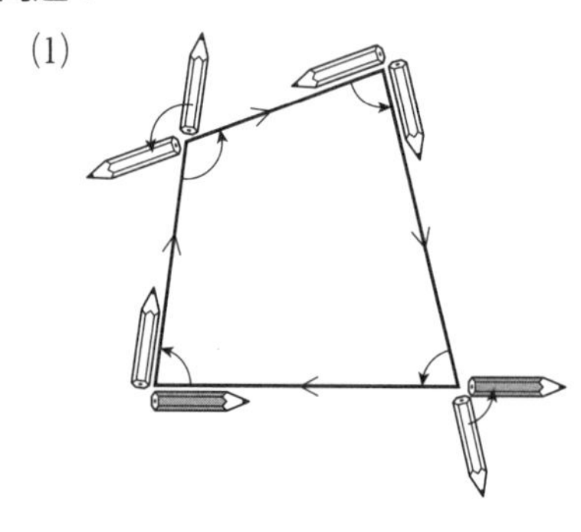

えんぴつは
ちょうど
1 回転する
↓
和は 360°

(2)

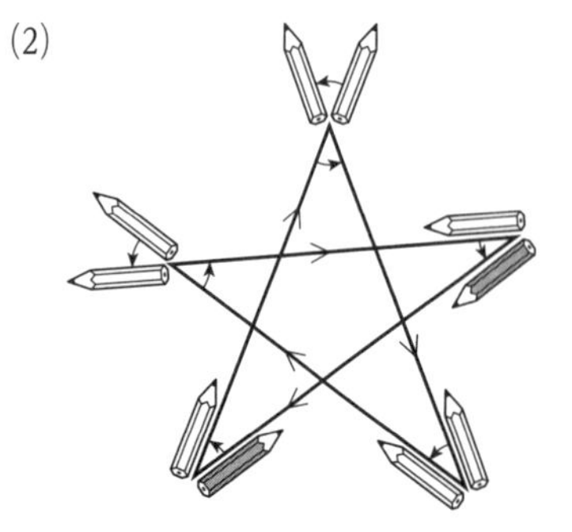

えんぴつは
ちょうど
半回転する
↓
和は 180°

(3)

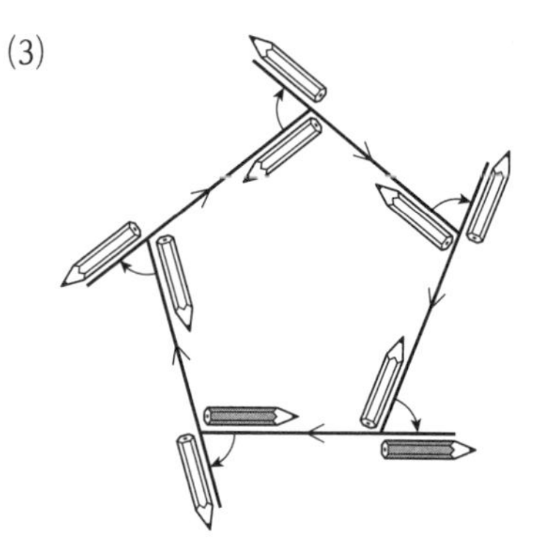

えんぴつは
ちょうど
1 回転する
↓
和は 360°

(4)

えんぴつは
ちょうど 1
回転半する
↓
和は 540°

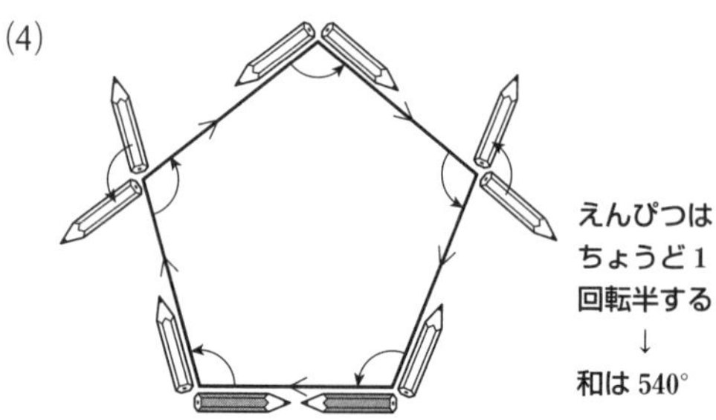

(本書 72 ページ)

問題 1　右の図において，対頂角は等しいから

$\angle c = \angle d$

よって

$\angle a + \angle b + \angle c$

$= \angle a + \angle b + \angle d$

$=$**180°**

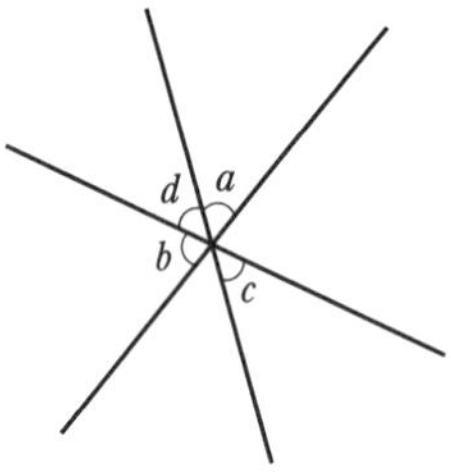

(本書 84 ページ)

問題 1　(1)　**AC=DF**

または　**∠ABC=∠DEF**

(2)　**AB=DE**

または　**∠ACB=∠DFE**

または　**∠BAC=∠EDF**

(本書 91 ページ)

問題 1　△ABD と △CDB において

仮定から

AB=DC ……①

AB∥DC であるから

∠ABD=∠CDB

……②

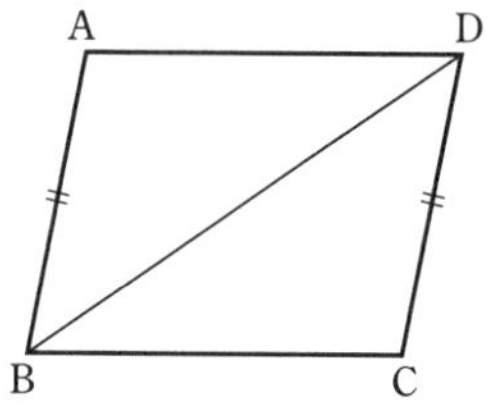

共通な辺であるから

$BD=DB$ ……③

①，②，③より，2組の辺とその間の角がそれぞれ等しいから

$\triangle ABD \equiv \triangle CDB$

合同な図形では対応する角の大きさは等しいから

$\angle ADB=\angle CBD$

よって，錯角が等しいから

$AD /\!/ BC$

（本書 93 ページ）

問題 1　(1)　三角形の内角と外角の性質から

$\angle x=104°-53°=\mathbf{51°}$

(2)　辺 DC の延長と辺 AB との交点を E とする。

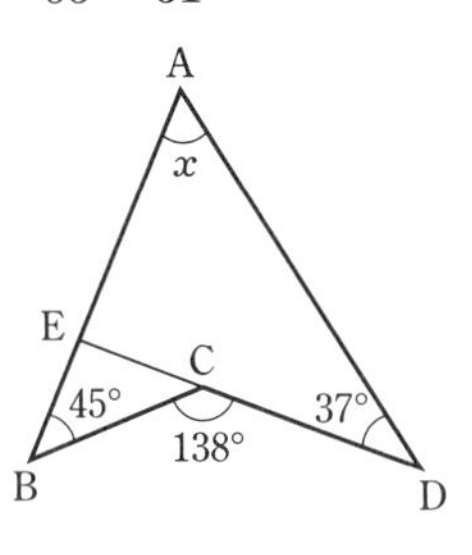

このとき，△CEB において，内角と外角の性質から

$\angle DEB=138°-45°=93°$

よって，△AED において，内角と外角の性質から　$\angle x=93°-37°=\mathbf{56°}$

問題 2　(1)　十五角形の内角の和は

$180°\times(15-2)=2340°$

正十五角形の内角の大きさはすべて等しいから，1つの内角の大きさは

$2340°\div 15=\mathbf{156°}$

(2)　多角形の外角の和は 360° で，正多角形の外角の大きさはすべて等しい。

よって，$360°\div 15°=24$ から　**正二十四角形**

（本書 94 ページ）

問題 1　(ア)「2組の辺とその間にない角がそれぞれ等しい」から，必ずしも合同になるとは限らない。

(イ)　三角形の内角の和は 180° で，

$\angle B=\angle E,\ \angle C=\angle F$

であるから　$\angle A=\angle D$

よって，1組の辺とその両端の角がそれぞれ等しいから，合同である。

(ウ)　2組の辺とその間の角がそれぞれ等しいから，合同である。

(エ)　3組の辺がそれぞれ等しいから，合同である。

(オ)　3組の角がそれぞれ等しいから，形は同じであるが，必ずしも合同になるとは限らない。

したがって　(イ)，(ウ)，(エ)

第4章　三角形と四角形

（本書 115 ページ）

問題 1　(1)　CF は ∠BCD の二等分線であるから

$\angle BCF=\angle DCF$

$AD /\!/ BC$ であるから，錯角は等しく

$\angle BCF=\angle DFC$

よって　$\angle DCF=\angle DFC$

したがって，△DFC において

$CD=FD$

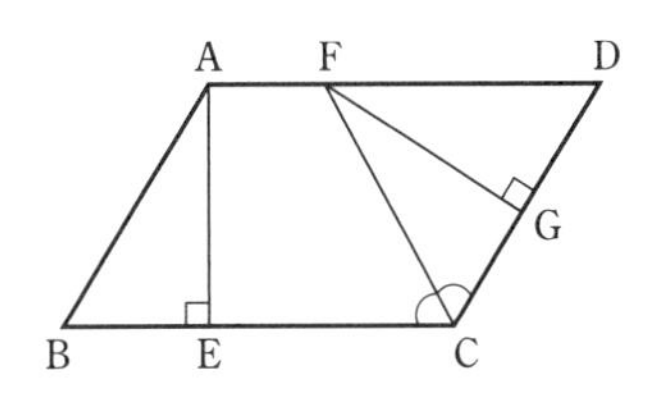

(2)　△ABE と △FDG において

$\angle AEB=\angle FGD=90°$ ……①

平行四辺形の対辺は等しいから

$AB=CD$

(1) より，$CD=FD$ であるから

$AB=FD$ ……②

平行四辺形の対角は等しいから

$\angle ABE=\angle FDG$ ……③

①，②，③より，直角三角形の斜辺と1つの鋭角がそれぞれ等しいから

$\triangle ABE \equiv \triangle FDG$

合同な図形では対応する辺の長さは等しいから　$AE=FG$

（本書 117 ページ）

問題 1　$AD /\!/ BC$ であるから

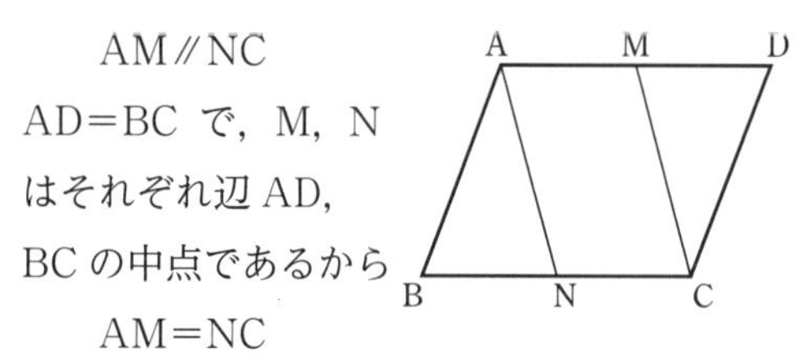

$AM /\!/ NC$

$AD=BC$ で，M，N はそれぞれ辺 AD，BC の中点であるから

$AM=NC$

したがって，四角形 ANCM は 1 組の対辺が平行でその長さが等しいから，平行四辺形である。

（本書 130 ページ）

問題 1　(1)　△DAC において，$AD=CD$ であるから　　$\angle DAC=\angle DCA$

$AD /\!/ BC$ であるから，錯角は等しく

$\angle DAC=\angle BCA$

よって　　$\angle BCA=\angle DCA$

したがって，CA は ∠BCD を 2 等分する。

(2)　△BCD において

$\angle BCD=180^\circ-(31^\circ+77^\circ)=72^\circ$

(1) の結果により

$\angle BCE=72^\circ\div 2=36^\circ$

よって，△BCE において

$\angle AEB=31^\circ+36^\circ=\mathbf{67^\circ}$

実力を試す問題の解答

第1章　平面図形

(本書 34 ページ)

問題1　点Aは点Cに，点Bは点Dに移るから，回転の中心は線分ACの垂直二等分線と線分BDの垂直二等分線との交点である。

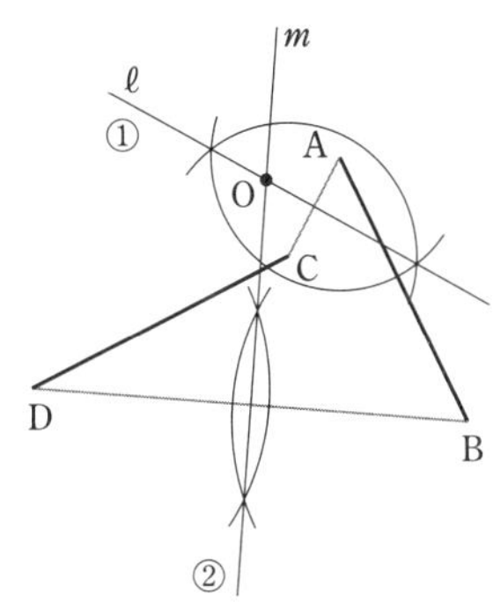

①　線分ACの垂直二等分線 ℓ を引く。

②　線分BDの垂直二等分線 m を引き，ℓ との交点をOとする。

問題2　①　半円Oの直径の延長線と直線 ℓ との交点をAとする。

点Oを中心として適当な半径の円をかき，ℓ との交点をB，Cとする。

2点B，Cをそれぞれ中心として半径OBの円をかき，2つの円の交点のうち，ℓ について点Oと反対側にある方をDとする。

②　直線ADを引く。

点Dを中心として，半径が半円Oと等しい半円を，ℓ と反対側に，直径が直線AD上にあるようにかく。

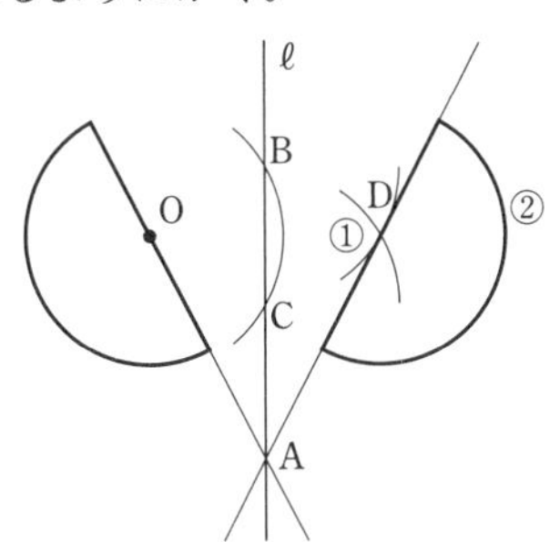

第2章　空間図形

(本書 56 ページ)

問題1　対角線ACに関して，△ABCを対称移動した図形を考え，ACの周りに1回転させればよい。

よって，見取図は，右のようになる。

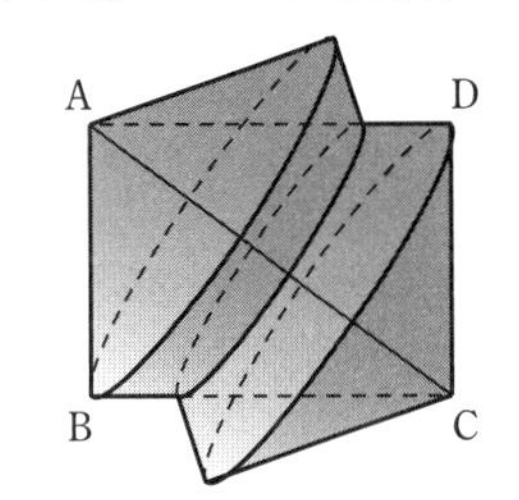

問題2　真上から見たとき，辺ADが見えて，辺BCが見えないから，平面図に必要な線をかき入れた投影図は，右のようになる。

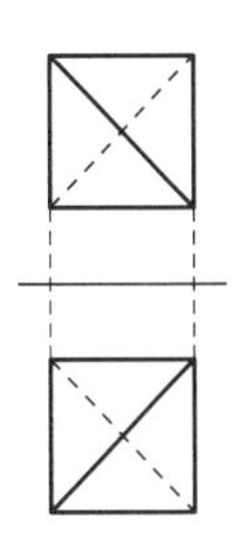

問題3　円柱の側面は長方形であり，点Aから点Bまで最短の線にそって切ったとき，

A　A′　A
B　B′　B

右の図のようになる。

よって　　**平行四辺形**

(本書 68 ページ)

問題1　(1)　四角錐ABPFCの，底面は台形BPFC，高さはABである。

よって，求める体積は

$$\frac{1}{3}\times\left\{\frac{1}{2}\times(3+8)\times6\right\}\times4=\mathbf{44}\ (\mathbf{cm^3})$$

(2)　2つに分けた立体のうち，Cを含む立体の表面積は

△ABC＋△ABP＋(台形BPFC)
　　＋△ACF＋△AFP

Dを含む立体の表面積は

△DEF＋△EFP＋△AFP
　　＋△ADF＋(台形ADEP)

△ABC と △DEF，△ACF と △ADF の面積はそれぞれ等しく，△AFP は共通である。

BP＝x cm とする。

2つの表面積が等しいとき

△ABP＋(台形 BPFC)

＝△EFP＋(台形 ADEP)

$$\frac{1}{2}\times x\times 4+\frac{1}{2}\times(x+8)\times 6$$

$$=\frac{1}{2}\times(8-x)\times 6+\frac{1}{2}\times\{8+(8-x)\}\times 4$$

これを解くと

$$2x+3x+24=24-3x+32-2x$$

$$10x=32$$

$$x=\frac{16}{5}$$

よって　BP＝$\mathbf{\frac{16}{5}}$ **cm**

第4章　三角形と四角形

(本書 132 ページ)

問題1　右の図のように，辺 AB と辺 DE をぴったりと重ねる。

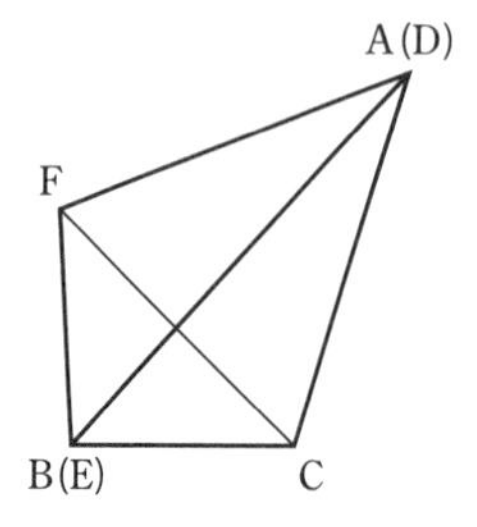

このとき，△BCF は，BC＝BF の二等辺三角形であるから

∠BCF＝∠BFC

∠ACB＝∠AFB であるから

∠ACF＝∠AFC

よって，△ACF において

AC＝AF　すなわち　AC＝DF

したがって，△ABC と △DEF は，2組の辺とその間の角がそれぞれ等しいから

△ABC≡△DEF

問題2　∠ADB＝∠CDB であるから

∠ADB＝70°÷2＝35°

よって，△ADE において

∠AEB＝15°＋35°＝50°

△ABE と △CBE において

AB＝CB，BE＝BE，

∠ABE＝∠CBE

2組の辺とその間の角がそれぞれ等しいから

△ABE≡△CBE

したがって，∠AEB＝∠CEB＝50° であるから

∠CEF＝180°－50°×2＝**80°**

(本書 134 ページ)

問題1　辺 CD の C を越える延長上に，CE＝CD となる点 E をとり，AE と BC の交点を N とする。

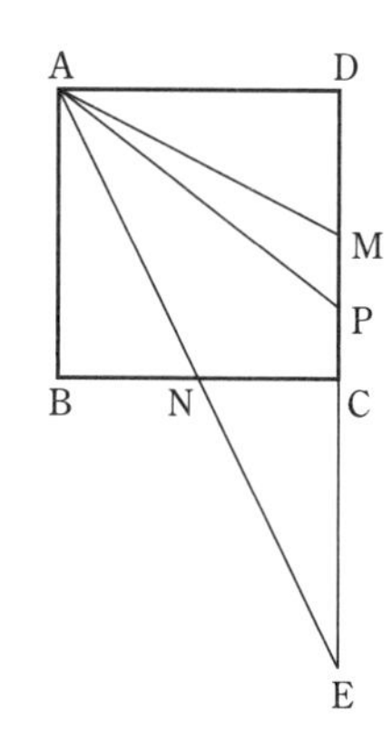

このとき，

PE＝PC＋CE

＝PC＋CD

＝PC＋BC＝AP

であるから，△AEP は，PE＝PA の二等辺三角形である。

よって　∠PEA＝∠PAE

AB∥DE であるから，錯角は等しく

∠PEA＝∠BAE

したがって　∠BAP＝2∠BAN　…… ①

△ABN と △ECN において

∠ABN＝∠ECN，∠BAN＝∠CEN，

AB＝EC

であるから　△ABN≡△ECN

よって，BN＝CN が成り立つから

BN＝DM

したがって，△ABN≡△ADM から

∠BAN＝∠DAM　…… ②

①，② から　∠BAP＝2∠DAM

新課程

実力をつける，実力をのばす

体系数学１　幾何編 パーフェクトガイド

初版
第１刷　2016年４月15日　発行
新課程
第１刷　2020年４月１日　発行
第２刷　2021年７月１日　発行
第３刷　2022年12月１日　発行
第４刷　2024年６月１日　発行

ISBN978-4-410-14415-8

編　者　数研出版編集部
発行者　星野 泰也
発行所　数研出版株式会社
〒101-0052 東京都千代田区神田小川町２丁目３番地３
〔振替〕00140-4-118431
〒604-0861 京都市中京区烏丸通竹屋町上る大倉町205番地
〔電話〕代表（075）231-0161
ホームページ　https://www.chart.co.jp
印刷　寿印刷株式会社